面向新工科普通高等教育系列教材

嵌入式系统原理与开发

——基于 STM32CubeIDE 和 RT-Thread

李正军 编著

机械工业出版社

本书全面系统地讲述了基于 STM32CubeMX+Keil MDK 和 STM32Cube（STM32CubeMX 和 STM32CubeIDE）开发方式的嵌入式系统设计与应用实例。全书共分 12 章，主要内容包括嵌入式系统概述、STM32F4 嵌入式微控制器、STM32CubeMX 配置工具、STM32CubeIDE 创建工程实例、GPIO 与开发实例、EXTI 与开发实例、定时器与开发实例、USART 与开发实例、RT-Thread 嵌入式实时操作系统、RT-Thread Studio 集成开发环境、RT-Thread I/O 设备和软件包、RT-Thread 开发应用实例。全书内容丰富，体系先进，结构合理，理论与实践相结合，尤其注重工程应用技术。

本书是在作者教学与科研实践经验的基础上，结合多年的 STM32 嵌入式系统的发展编写而成的。通过阅读本书，读者可以掌握 STM32Cube 开发方式和工具软件的使用，掌握基于 HAL 库的 STM32F407 系统功能和常用外设的编程开发方法、RT-Thread 开发应用方法。

本书可作为高等院校各类自动化、机器人、自动检测、机电一体化、人工智能、电子与电气工程、计算机应用、信息工程、物联网等相关专业的本科学生、专科学生及研究生的教材，也可作为从事 STM32 嵌入式系统和 RT-Thread 开发的工程技术人员的参考书。

为配合教学，本书配有电子课件、程序代码、教学大纲、习题答案及试卷（含答案）等电子资源，需要的教师可登录机工教育服务网（www.cmpedu.com）下载，或联系编辑索取（微信：18515977506，电话：010-88379753）。

图书在版编目（CIP）数据

嵌入式系统原理与开发：基于 STM32CubeIDE 和 RT-Thread / 李正军编著. -- 北京：机械工业出版社，2025.5. --（面向新工科普通高等教育系列教材）.
ISBN 978-7-111-77950-6

Ⅰ．TP360.21

中国国家版本馆 CIP 数据核字第 2025YU2477 号

机械工业出版社（北京市百万庄大街 22 号　邮政编码 100037）
策划编辑：李馨馨　　　　　责任编辑：李馨馨　张翠翠
责任校对：潘　蕊　张　薇　　责任印制：刘　媛
北京富资园科技发展有限公司印刷
2025 年 5 月第 1 版第 1 次印刷
184mm×260mm·17.75 印张·520 千字
标准书号：ISBN 978-7-111-77950-6
定价：69.00 元

电话服务　　　　　　　　　　网络服务

客服电话：010-88361066　　　机　工　官　网：www.cmpbook.com
　　　　　010-88379833　　　机　工　官　博：weibo.com/cmp1952
　　　　　010-68326294　　　金　书　网：www.golden-book.com
封底无防伪标均为盗版　　　机工教育服务网：www.cmpedu.com

前　言

随着嵌入式系统在现代科技中的迅速发展，其广泛应用于智能硬件、物联网、消费电子、汽车电子等各个领域，成为推动技术变革的重要力量。本书旨在为从事嵌入式系统开发的工程师以及相关专业的学生提供一部系统且实用的学习和参考书籍。

嵌入式系统作为一种硬件和软件相结合的技术系统，在实际应用中承担着重要的角色。STM32 系列微控制器凭借其强大的性能和广泛的市场应用，成为嵌入式系统领域的佼佼者。同时，RT-Thread 作为一款开源嵌入式实时操作系统，以其高效、灵活和易用性赢得了众多开发者的青睐。为此，本书结合 STM32 微控制器和 RT-Thread 操作系统，详细讲解如何进行嵌入式系统开发。

本书共分为 12 章，内容层层递进，涵盖了嵌入式系统的基础知识、具体开发技巧以及实战案例。

第 1 章嵌入式系统概述：介绍了嵌入式系统的定义、组成、应用及典型嵌入式操作系统，使读者对嵌入式系统有一个全面的认识。

第 2 章 STM32F4 嵌入式微控制器：介绍了 STM32 系列微控制器的基本知识、STM32F407ZGT6 的基本知识、内部结构、引脚和功能，以及最小系统设计的内容。

第 3 章 STM32CubeMX 配置工具：讨论 STM32CubeMX 工具的安装、MCU 固件包的安装、软件功能与基本使用，通过实例帮助读者快速上手配置工具。

第 4 章 STM32CubeIDE 创建工程实例：介绍 STM32CubeIDE 的安装、启动，如何建立新工程、修改代码及编译工程。并通过实例介绍 STM32CubeProgrammer 软件和 STM32CubeMonitor 软件，以及 STM32F407 开发板和 STM32 仿真器的选择。

第 5 章 GPIO 与开发实例：介绍了 STM32 GPIO 接口的基本知识、功能、HAL 驱动程序和使用流程，以及通过实例讲解使用 STM32Cube 和 HAL 库进行 GPIO 输出开发的方法。

第 6 章 EXTI 与开发实例：介绍了 STM32F4 的中断系统、外部中断/事件控制器 EXTI、中断HAL 驱动程序及设计流程，通过实例引导读者进行外部中断设计。

第 7 章定时器与开发实例：介绍 STM32F4 定时器的基本知识、基本定时器和通用定时器、相关 HAL 库函数，并通过实例展示定时器的应用设计流程。

第 8 章 USART 与开发实例：介绍了串行通信基础、USART 工作原理及其 HAL 驱动程序，结合实例讨论 USART 串行通信开发的方法。

第 9 章 RT-Thread 嵌入式实时操作系统：从 RT-Thread 的概述、架构、内核基础入手，深入解析线程管理、消息队列、信号、互斥量、事件集、软件定时器和邮箱的机制与实现。

第 10 章 RT-Thread Studio 集成开发环境：讨论 RT-Thread Studio 软件的下载、安装及测试过程，讲解如何创建项目、编译、下载程序并观察运行结果。

第 11 章 RT-Thread I/O 设备和软件包：介绍 I/O 设备的基础知识、创建与注册、访问方法及具体访问示例，并讲解 PIN 设备的使用与 RT-Thread 软件包的重要性。

第 12 章 RT-Thread 开发应用实例：介绍了 RT-Thread 线程管理应用实例，并通过 STM32F407-RT-SPARK 开发板的项目实例，解析 RT-Thread 项目架构及配置方法。

每章末都附有习题，可帮助读者巩固所学知识，并在实践中增强理解和应用能力。通过本书的学习，读者将系统掌握嵌入式系统的开发方法和技巧，具备自主进行嵌入式项目开发的能力。

　　本书结合作者多年的科研和教学经验，遵循"循序渐进，理论与实践并重，共性与个性兼顾"的原则，将理论实践一体化的教学方式融入其中。本书实例开发过程中用到的是目前使用最广的"野火 STM32F407 霸天虎开发板"，可由此开发各种功能，书中实例均进行了调试。读者也可以结合实际或者手里现有的开发板开展实验，均能获得实验结果。

　　对本书中所引用的参考文献的作者，在此向他们表示真诚的感谢。

　　由于编者水平有限，加上时间仓促，书中错误和不妥之处在所难免，敬请广大读者不吝指正。

编　者

目　录

前言

第1章　嵌入式系统概述 ··················· 1

1.1　嵌入式系统简介 ··················· 1

1.2　嵌入式系统的发展历程 ··········· 4

1.3　典型嵌入式操作系统 ············· 5

　1.3.1　FreeRTOS ······················· 6

　1.3.2　睿赛德 RT-Thread ············· 6

　1.3.3　μC/OS-II ······················· 7

　1.3.4　嵌入式 Linux ·················· 8

习题 ··· 8

第2章　STM32F4 嵌入式微控制器 ······· 9

2.1　STM32 微控制器概述 ············· 9

　2.1.1　STM32 微控制器产品线 ······· 9

　2.1.2　STM32 微控制器的选型 ······ 11

2.2　STM32F407ZGT6 概述 ··········· 12

　2.2.1　STM32F407 的主要特性 ······ 12

　2.2.2　STM32F407 的主要功能 ······ 13

2.3　STM32F407ZGT6 芯片内部结构 ··· 14

2.4　STM32F407VGT6 芯片引脚和
　　　功能 ······························· 15

2.5　STM32F407VGT6 最小系统设计 ··· 16

习题 ··· 18

第3章　STM32CubeMX 配置工具 ······· 19

3.1　安装 STM32CubeMX ··············· 19

3.2　安装 MCU 固件包 ················· 20

　3.2.1　软件库文件夹设置 ············· 20

　3.2.2　管理嵌入式软件包 ············· 22

3.3　软件功能与基本使用 ············· 23

　3.3.1　软件界面 ······················· 23

　3.3.2　新建项目 ······················· 25

　3.3.3　MCU 图形化配置界面总览 ···· 29

　3.3.4　MCU 配置 ····················· 30

　3.3.5　时钟配置 ······················· 35

　3.3.6　项目管理 ······················· 37

　3.3.7　生成报告和代码 ··············· 40

习题 ··· 40

第4章　STM32CubeIDE 创建工程
　　　实例 ······························· 41

4.1　STM32CubeIDE 的安装 ··········· 41

　4.1.1　STM32CubeIDE 软件包获取 ··· 41

　4.1.2　STM32FCubeIDE 的安装步骤 ·· 42

4.2　启动 STM32CubeIDE ·············· 45

4.3　建立新工程 ························· 47

　4.3.1　建立 STM32 工程 ············· 47

　4.3.2　选择目标器件 ·················· 47

　4.3.3　设置工程参数 ·················· 50

　4.3.4　硬件功能模块配置 ············· 50

　4.3.5　启动代码生成功能 ············· 55

4.4　修改代码 ··························· 56

　4.4.1　代码中的注释对及其作用 ······ 56

　4.4.2　初始化函数 ···················· 57

　4.4.3　添加用户代码 ·················· 59

　4.4.4　如何查找所需要的 HAL 库函数 ··· 60

　4.4.5　修改后的代码 ·················· 61

4.5　编译工程 ··························· 61

4.6　STM32CubeProgrammer 软件 ····· 63

4.7　STM32CubeMonitor 软件 ········· 66

4.8　STM32F407 开发板的选择 ········ 67

4.9　STM32 仿真器的选择 ············· 68

习题 ··· 69

第5章　GPIO 与开发实例 ··············· 70

5.1　STM32 GPIO 接口概述 ············ 70

　5.1.1　输入通道 ······················· 72

　5.1.2　输出通道 ······················· 73

5.2　STM32 的 GPIO 功能 ············· 73

　5.2.1　普通 I/O 功能 ················· 73

　5.2.2　单独的位设置或位清除 ········ 73

　5.2.3　外部中断/唤醒线 ·············· 73

　5.2.4　复用功能（AF） ··············· 73

　5.2.5　软件重新映射 I/O 复用功能 ··· 74

　5.2.6　GPIO 锁定机制 ················ 74

　5.2.7　输入配置 ······················· 74

　5.2.8　输出配置 ······················· 74

　5.2.9　复用功能配置 ·················· 75

　5.2.10　模拟输入配置 ················· 75

5.2.11　STM32 的 GPIO 操作 ·············· 76
5.2.12　外部中断映射和事件输出 ·········· 78
5.2.13　GPIO 的主要特性 ·················· 78
5.3　GPIO 的 HAL 驱动程序 ················ 78
5.4　STM32 的 GPIO 使用流程 ············ 81
　5.4.1　普通 GPIO 配置 ···················· 81
　5.4.2　I/O 复用功能 AFIO 配置 ·········· 82
5.5　采用 STM32Cube 和 HAL 库的
　　　GPIO 输出应用实例 ················ 82
　5.5.1　STM32 的 GPIO 输出应用硬件
　　　　　设计 ·································· 82
　5.5.2　STM32 的 GPIO 输出应用软件
　　　　　设计 ·································· 82
习题 ··· 104
第 6 章　EXTI 与开发实例 ··············· 106
6.1　STM32F4 中断系统 ··················· 106
　6.1.1　STM32F4 嵌套向量中断控制器
　　　　　(NVIC) ···························· 106
　6.1.2　STM32F4 中断优先级 ············ 107
　6.1.3　STM32F4 中断向量表 ············ 108
　6.1.4　STM32F4 中断服务函数 ·········· 110
6.2　STM32F4 外部中断/事件控制器
　　　(EXTI) ································ 111
　6.2.1　STM32F4 的 EXTI 内部结构 ···· 111
　6.2.2　STM32F4 的 EXTI 主要特性 ···· 114
6.3　STM32F4 中断 HAL 驱动程序 ······ 114
　6.3.1　中断设置相关 HAL 驱动函数 ···· 114
　6.3.2　外部中断相关 HAL 函数 ········· 116
6.4　STM32F4 外部中断设计流程 ········· 118
6.5　采用 STM32CubeMX 和 HAL 库的
　　　外部中断设计实例 ·················· 120
　6.5.1　STM32F4 外部中断的硬件设计 ··· 120
　6.5.2　STM32F4 外部中断的软件设计 ··· 120
习题 ··· 126
第 7 章　定时器与开发实例 ··············· 128
7.1　STM32F4 定时器概述 ················ 128
7.2　STM32F4 基本定时器 ················ 129
　7.2.1　基本定时器介绍 ·················· 129
　7.2.2　基本定时器的功能 ················ 130
　7.2.3　基本定时器的寄存器 ·············· 131
7.3　STM32F4 通用定时器 ················ 132
　7.3.1　通用定时器介绍 ·················· 132
　7.3.2　通用定时器的功能描述 ·········· 132
　7.3.3　通用定时器的工作模式 ·········· 136

7.3.4　通用定时器的寄存器 ·············· 138
7.4　STM32F4 定时器 HAL 库函数 ····· 139
　7.4.1　基础定时器 HAL 驱动程序 ······· 139
　7.4.2　外设的中断处理概念小结 ········ 144
7.5　采用 STM32CubeMX 和 HAL
　　　库的定时器应用实例 ·············· 147
　7.5.1　STM32F4 的通用定时器配置
　　　　　流程 ······························· 147
　7.5.2　STM32F4 的定时器应用的硬件
　　　　　设计 ······························· 150
　7.5.3　STM32F4 的定时器应用的软件
　　　　　设计 ······························· 150
习题 ··· 156
第 8 章　USART 与开发实例 ············ 157
8.1　串行通信基础 ·························· 157
　8.1.1　串行异步通信数据格式 ·········· 157
　8.1.2　串行同步通信数据格式 ·········· 158
8.2　USART 工作原理 ···················· 158
　8.2.1　USART 介绍 ······················ 158
　8.2.2　USART 的主要特性 ·············· 159
　8.2.3　USART 的功能 ··················· 159
　8.2.4　USART 的通信时序 ·············· 162
　8.2.5　USART 的中断 ··················· 163
　8.2.6　USART 的相关寄存器 ··········· 163
8.3　USART 的 HAL 驱动程序 ·········· 163
　8.3.1　常用功能函数 ···················· 163
　8.3.2　常用宏函数 ······················· 166
　8.3.3　中断事件与回调函数 ·············· 167
8.4　采用 STM32CubeMX 和 HAL 库
　　　的 USART 串行通信应用实例 ····· 168
　8.4.1　STM32F4 的 USART 基本配置
　　　　　流程 ······························· 168
　8.4.2　STM32F4 的 USART 串行通信应用
　　　　　硬件设计 ························· 171
　8.4.3　STM32F4 的 USART 串行通信应用
　　　　　软件设计 ························· 172
习题 ··· 179
第 9 章　RT-Thread 嵌入式实时操作
　　　　　系统 ······························· 180
9.1　RT-Thread 概述 ····················· 180
9.2　RT-Thread 架构 ····················· 184
9.3　内核基础 ······························· 185
　9.3.1　RT-Thread 内核介绍 ············· 185
　9.3.2　RT-Thread 启动流程 ············· 186

9.3.3　RT-Thread 程序内存分布 ………… 191

9.3.4　自动初始化机制 ……………… 191

9.3.5　内核对象模型 ………………… 192

9.4　线程管理 …………………………… 193

9.4.1　线程管理的功能特点 ………… 193

9.4.2　线程的工作机制 ……………… 194

9.4.3　线程的管理方式 ……………… 198

9.4.4　常用的线程函数 ……………… 200

9.4.5　创建线程 ………………………… 200

9.5　消息队列 …………………………… 205

9.5.1　消息队列的工作机制 ………… 206

9.5.2　消息队列控制块 ……………… 206

9.5.3　消息队列的管理方式 ………… 207

9.5.4　常用消息队列的函数 ………… 207

9.6　信号 ………………………………… 207

9.6.1　信号的工作机制 ……………… 208

9.6.2　信号的管理方式 ……………… 208

9.6.3　常用信号函数接口 …………… 209

9.7　互斥量 ……………………………… 210

9.7.1　互斥量的基本概念 …………… 210

9.7.2　互斥量的优先级继承机制 …… 210

9.7.3　互斥量的工作机制 …………… 211

9.7.4　互斥量控制块 ………………… 212

9.7.5　互斥量的管理方式 …………… 212

9.7.6　互斥量函数接口 ……………… 214

9.8　事件集 ……………………………… 214

9.8.1　事件集的基本概念 …………… 214

9.8.2　事件集的工作机制 …………… 215

9.8.3　事件集控制块 ………………… 216

9.8.4　事件集的管理方式 …………… 216

9.8.5　事件函数接口 ………………… 218

9.9　软件定时器 ………………………… 218

9.9.1　软件定时器的基本概念 ……… 218

9.9.2　软件定时器的工作机制 ……… 219

9.9.3　软件定时器的使用 …………… 221

9.10　邮箱 ……………………………… 221

9.10.1　邮箱的基本概念 …………… 221

9.10.2　邮箱的工作机制 …………… 222

9.10.3　邮箱控制块 ………………… 222

9.10.4　邮箱的管理方式 …………… 223

9.10.5　邮箱的函数接口 …………… 224

习题 ……………………………………… 225

第 10 章　RT-Thread Studio 集成开发
环境 ………………………………… 226

10.1　RT-Thread Studio 软件下载及
安装 ……………………………… 226

10.2　RT-Thread Studio 软件测试 …… 229

10.2.1　创建项目 …………………… 229

10.2.2　编译项目 …………………… 234

10.2.3　下载程序 …………………… 235

10.2.4　观察运行结果 ……………… 236

习题 ……………………………………… 240

第 11 章　RT-Thread I/O 设备和
软件包 ……………………………… 241

11.1　I/O 设备介绍 ……………………… 241

11.1.1　I/O 设备模型框架 ………… 241

11.1.2　I/O 设备模型 ……………… 242

11.1.3　I/O 设备类型 ……………… 244

11.2　创建和注册 I/O 设备 …………… 245

11.3　访问 I/O 设备 …………………… 246

11.4　设备访问示例 …………………… 247

11.5　PIN 设备 ………………………… 248

11.5.1　引脚简介 …………………… 248

11.5.2　访问 PIN 设备 ……………… 249

11.5.3　PIN 设备使用示例 ………… 253

11.6　RT-Thread 软件包 ……………… 254

习题 ……………………………………… 255

第 12 章　RT-Thread 开发应用实例 …… 256

12.1　RT-Thread 线程管理应用实例 … 256

12.1.1　线程的设计要点 …………… 256

12.1.2　线程管理实例 ……………… 257

12.2　STM32F407-RT-SPARK
开发板 …………………………… 265

12.2.1　STM32F407-RT-SPARK 开发板
简介 …………………………… 265

12.2.2　基于 STM32F407-RT-SPARK
开发板的模板工程创建项目实例 … 267

12.2.3　RT-Thread 项目架构 ……… 268

12.2.4　配置 RT-Thread 项目 ……… 269

12.3　基于 STM32F407-RT-SPARK
开发板的示例工程创建项目
实例 ……………………………… 273

习题 ……………………………………… 275

参考文献 ………………………………… 276

第1章 嵌入式系统概述

本章主要概述了嵌入式系统。嵌入式系统源于 20 世纪 70 年代，广泛应用于各种电子设备中。它是专门为特定功能设计的计算机系统，具有实时性高、资源受限等特点。嵌入式系统由硬件和软件两部分组成，其中，硬件包括处理器、存储器、输入/输出设备等，软件部分主要包括嵌入式操作系统和应用程序。本章简要介绍几种典型的嵌入式操作系统，如 FreeRTOS、RT-Thread、μC/OS-II 和嵌入式 Linux。嵌入式系统在智能消费电子产品、工业控制、医疗设备等领域有广泛应用。

1.1 嵌入式系统简介

1. 嵌入式系统的定义

随着计算机技术的不断发展，计算机的处理速度越来越快，存储容量越来越大，外围设备的性能越来越好，满足了高速数值计算和海量数据处理的需要，形成了高性能的通用计算机系统。

以往按照计算机的体系结构、运算速度、结构规模、适用领域，将计算机分为大型机、中型机、小型机和微型机，并以此来组织学科和产业分工，这种分类沿袭了约 40 年。近 20 年来，随着计算机技术的迅速发展以及计算机技术和产品对其他行业的广泛渗透，使得以应用为中心的分类方法变得更为切合实际。

国际电气和电子工程师学会（the Institute of Electrical and Electronics Engineers，IEEE）定义的嵌入式系统（Embedded Systems）是"用于控制、监视或者辅助操作机器和设备运行的装置"。这主要是从应用上加以定义的，从中可以看出嵌入式系统是软件和硬件的综合体，还可以涵盖机械等附属装置。

国内普遍认同的嵌入式系统的定义是，以计算机技术为基础，以应用为中心，软件、硬件可剪裁，适合应用系统对功能可靠性、成本、体积、功耗严格要求的专业计算机系统。在构成上，嵌入式系统以微控制器及软件为核心部件，两者缺一不可。在特征上，嵌入式系统具有能够方便、灵活地嵌入其他应用系统的特征，即具有很强的可嵌入性。

按嵌入式微控制器类型划分，嵌入式系统可分为以单片机为核心的嵌入式单片机系统、以工业计算机板为核心的嵌入式计算机系统、以 DSP 为核心组成的嵌入式数字信号处理器系统、以 FPGA 为核心的嵌入式可编程片上系统（System on a Programmable Chip，SOPC）等。

嵌入式系统在含义上与传统的单片机系统和计算机系统有很多重叠部分。为了方便区分，在实际应用中，嵌入式系统还应该具备下述 3 个特征。

1）嵌入式系统的微控制器通常是由 32 位及以上的精简指令集计算机（Reduced Instruction Set Computer，RISC）处理器组成的。

2）嵌入式系统的软件系统通常以嵌入式操作系统为核心，外加用户应用程序。

3）嵌入式系统在特征上具有明显的可嵌入性。

嵌入式系统应用经历了无操作系统、单操作系统、实时操作系统和面向 Internet 这 4 个阶段。21 世纪无疑是一个网络的时代，互联网的快速发展及广泛应用为嵌入式系统的发展及应用提供了良好的机遇。"人工智能"这一技术一夜之间人尽皆知。而嵌入式在其发展过程中扮演着重要角色。

嵌入式系统的广泛应用和互联网的发展导致了物联网概念的诞生，设备与设备之间、设备与人之间以及人与人之间要求实时互联，导致了大量数据的产生，大数据一度成为科技前沿，每天世界各地的数据量呈指数级增长，数据远程分析成为必然要求，云计算被提上日程。数据存储、传输、分析等技术的发展无形中催生了人工智能，因此人工智能看似突然出现在大众视野，实则经历了半个多世纪的漫长发展，其制约因素之一就是大数据。而嵌入式系统正是获取数据的最关键的系统之一。人工智能的发展可以说是嵌入式系统发展的产物，同时人工智能的发展要求更多、更精准的数据及更快、更方便的数据传输。这促进了嵌入式系统的发展，两者相辅相成，嵌入式系统必将进入一个快速的发展时期。

2. 嵌入式系统的组成

嵌入式系统的组成复杂多变，取决于其应用场景和功能要求。大多数嵌入式系统都包括以下基本组件。

（1）处理器（CPU 或微控制器）。处理器是嵌入式系统的核心，负责执行程序指令和处理数据。它可以是一个简单的微控制器（MCU）或更复杂的中央处理单元（CPU），具体取决于所需的处理能力。

（2）内存。内存分为两种主要类型：程序存储器和数据存储器。程序存储器通常是只读存储器（ROM）或闪存，用于存放系统启动和运行的固件或软件。数据存储器通常是随机访问存储器（RAM），用于存放运行时的数据和变量。

（3）输入/输出（I/O）接口。嵌入式系统需要与外部世界交互，这通常通过各种输入/输出接口实现。这些接口可以包括数字和模拟输入/输出端口、串行通信接口（如 UART、SPI、I2C）、网络接口（如以太网或 Wi-Fi）等。

（4）传感器和执行器。许多嵌入式系统需要监控外部环境，这需要使用传感器来收集环境数据（如温度、压力、光线等），以及使用执行器来影响环境（如电机、继电器、LED 灯等）。

（5）电源管理。电源管理包括电源转换器、电池管理系统和能效优化策略。这对于保证嵌入式系统的稳定运行来说至关重要，尤其是在便携式设备中。

（6）操作系统或固件。嵌入式系统通常需要一个操作系统或固件来管理硬件资源和运行程序，可以是一个简单的实时操作系统（RTOS）或更复杂的系统，如 Linux 或 Windows Embedded。

（7）通信模块。对于需要远程数据传输的嵌入式系统，可能会集成各种通信模块，如蓝牙、Wi-Fi、LTE 或专用的工业通信协议模块。

（8）用户界面。虽然不是所有的嵌入式系统都需要用户界面，但许多系统都包括至少一种形式的用户交互界面，如按钮、触摸屏、显示屏或声音反馈。

这些组件共同构成了嵌入式系统的基础架构，使其能够执行特定的任务，并在其应用领域内提供高效、可靠的性能。

嵌入式系统的核心部分由嵌入式硬件和嵌入式软件组成，从层次结构上看，嵌入式系统可划分为硬件层、驱动层、操作系统层以及应用层 4 个层次，如图 1-1 所示。

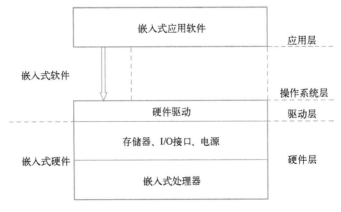

图 1-1　嵌入式系统的组成结构

　　嵌入式硬件（硬件层）是嵌入式系统的物理基础，主要包括嵌入式处理器、存储器、输入/输出（I/O）接口及电源等。

　　嵌入式处理器是嵌入式系统的硬件核心，通常可分为嵌入式微处理器、嵌入式微控制器、嵌入式数字信号处理器以及嵌入式片上系统等主要类型。

　　存储器包括 RAM、Flash、EEPROM 等主要类型，是嵌入式系统硬件的基本组成部分，承担着存储嵌入式系统程序和数据的任务。目前的嵌入式处理器中已经集成了较为丰富的存储器资源，同时也可通过 I/O 接口在嵌入式处理器外部扩展存储器。

　　I/O 接口及设备是嵌入式系统对外联系的纽带，负责与外部世界进行信息交换。I/O 接口主要包括数字接口和模拟接口两大类。其中，数字接口又可分为并行接口和串行接口，模拟接口包括模数转换器（ADC）和数模转换器（DAC）。并行接口可以实现数据的所有位同时并行传送，传输速度快，但通信线路复杂，传输距离短。串行接口则采用按数据位顺序传送的方式，通信线路少，传输距离远，但传输速度相对较慢。常用的串行接口有通用同步/异步收发器（USART）接口、串行外设接口（SPI）、芯片间总线（P2C）接口以及控制器局域网络（CAN）接口等，实际应用时可根据需要选择不同的接口类型。I/O 设备主要包括人机交互设备（按键、显示器件等）和机机交互设备（传感器、执行器等），可根据实际应用需求来选择所需的设备类型。

　　嵌入式软件运行在嵌入式硬件平台之上，用于指挥嵌入式硬件完成嵌入式系统的特定功能。嵌入式软件包括硬件驱动（驱动层）、嵌入式操作系统（操作系统层）及嵌入式应用软件（应用层）3个层次，有些系统还包含中间层，中间层也称为硬件抽象层（Hardware Abstract Layer，HAL）或板级支持包（Board Support Package，BSP）。底层硬件主要负责相关硬件设备的驱动；上层的嵌入式操作系统或应用软件提供操作和控制硬件的规则与方法。嵌入式操作系统（操作系统层）是可选的，简单的嵌入式系统无须嵌入式操作系统的支持，由应用层软件通过驱动层直接控制硬件层完成所需功能，也称为"裸金属"（Bare-Metal）运行。对于复杂的嵌入式系统而言，应用层软件通常需要在嵌入式操作系统内核以及文件系统、图形用户界面、通信协议栈等系统组件的支持下，完成复杂的数据管理、人机交互以及网络通信等功能。

3. 嵌入式系统的应用

　　嵌入式系统是一种专门为执行特定任务而设计的计算系统，它们通常被整合到设备中以增强或实现其功能。这些系统的应用广泛，涉及从普通家用电器到复杂的工业和科技设备。

　　嵌入式系统主要应用在以下领域。

　　（1）智能消费电子产品。嵌入式系统在智能消费电子产品中的应用尤为广泛，它们是智能手机、平板计算机、家庭音响系统和智能玩具等设备的核心。这些设备依赖于嵌入式系统进行数据处理、用户界面管理和网络通信，以提供丰富的多媒体体验和用户交互功能。例如，智能手机中的嵌入式系统负责处理从触摸输入到高清视频播放的所有操作。

　　（2）工业控制。在工业控制领域，嵌入式系统用于监控和控制机械或生产流程。这包括数字机床、打印机、电网设备和工业过程控制系统。这些系统通常需要高度的可靠性和实时性，以确保生产效率和安全。

　　（3）医疗设备。嵌入式系统在医疗设备中的应用提高了诊疗的准确性和效率。这些设备包括血糖仪、血氧计、人工耳蜗和心电监护仪等。它们能够实时监测患者的健康状况，并提供关键数据给医护人员，有时还能自动调整治疗参数。

　　（4）信息家电及家庭智能管理系统。随着物联网技术的发展，信息家电和家庭智能管理系统变得越来越普及。这些系统使得家电（如冰箱和空调）可以通过网络进行智能化管理，用户甚至可以远程控制家中的设备。此外，自动抄表和家庭安全系统等也依赖嵌入式系统来提升效率和安全性。

　　（5）网络与通信系统。嵌入式系统是现代通信设备的核心，包括智能手机、平板计算机、路由器和交换机等。这些设备中的嵌入式系统可处理复杂的数据传输、信号处理和用户认证任务。Arm

等架构在这一领域非常受欢迎，因为它们提供了必要的计算能力，同时保持低功耗。

（6）环境工程。在环境监测和工程项目中，嵌入式系统用于实时数据收集和处理，如水文资源监测、防洪系统、土质检测和气象信息网络。这些系统通常部署在恶劣或难以到达的环境中，提供持续的监控和预警服务。

（7）机器人技术。嵌入式系统推动了机器人技术的发展，使机器人更加微型化和智能化。在工业自动化和服务行业中，机器人依赖嵌入式系统实现精确的运动控制、任务执行和环境互动。

1.2　嵌入式系统的发展历程

嵌入式系统的产生与发展是一个跨越数十年的技术革新过程。从早期的简单机械控制到现代的高度复杂的电子系统，嵌入式技术已经成为现代科技不可或缺的一部分。本节将详细介绍嵌入式系统的起源、技术发展和技术革新。

1. 嵌入式系统的起源

嵌入式系统的起源可以追溯到 20 世纪 60 年代，特别是随着集成电路（IC）的诞生。集成电路的出现使得电子设备更加微型化、成本更低，同时提供了足够的计算能力，这为嵌入式系统的发展奠定了基础。

最初，嵌入式系统主要应用于军事和航空领域。例如，早期的导弹导航系统和航天器控制系统就采用了嵌入式技术来执行特定的任务。这些系统通常为了完成特定的、预定义的任务而设计，如实时数据处理和控制。

1971 年，英特尔推出了 4004 微处理器，这是世界上第一个商用的单芯片微处理器，它的出现为嵌入式系统的进一步发展提供了强大的动力。4004 微处理器的推出使得电子设备更加智能化，因为它允许更复杂的计算和控制任务在更小、更便宜的设备上实现。

此后，随着微处理器技术的快速发展和成本的降低，嵌入式系统开始广泛应用于各种民用和商业产品中，如汽车电子系统、家用电器、医疗设备等。这些系统通常被设计以执行一些特定的功能，如监控、控制或数据处理，而不是作为通用计算机使用。

嵌入式系统的起源与集成电路技术的发展密切相关，其发展历程展示了技术进步如何推动特定领域的创新和效率提升。随着技术的不断进步，嵌入式系统的应用领域和功能也在逐渐扩展和深化。

2. 嵌入式系统的技术发展

嵌入式系统的技术发展是一个涵盖硬件、软件和系统集成等多个方面的进程。从早期的简单控制器到现代的复杂智能系统，嵌入式技术经历了显著的变革。下面是嵌入式系统技术发展的几个关键阶段。

（1）微处理器的引入

微处理器的引入标志着现代电子技术的重大突破。英特尔推出的 4004 微处理器集成了计算机的核心功能，如算术逻辑单元、控制单元和寄存器，大幅缩小了计算机的体积和成本。这一创新使得微处理器能够被广泛应用于各种电子设备中，包括从简单的计算器到复杂的工业控制系统。微处理器的性能随着技术的进步不断提升，处理速度更快，能效更高，功能更强大。这促进了嵌入式系统的发展，使设备能够执行更复杂的任务，如运行多任务操作系统、处理大量数据等。微处理器的引入不仅革新了电子产品的设计和功能，也推动了整个信息技术和工业自动化的进步，为后续数字化和智能化的发展奠定了基础。

（2）实时操作系统（RTOS）

随着应用需求的增加，简单的固件控制不再满足复杂任务的需求。实时操作系统（RTOS）的出现解决了这一问题。RTOS 能够提供确定的执行时间和更高的可靠性，非常适合需要高度实时反应的应用，如工业控制、航空航天和医疗设备。RTOS 支持多任务处理，使得嵌入式系统能够同时处理多个操作并保持系统的稳定性和响应速度。

（3）系统芯片（SoC）的发展

系统芯片（SoC）集成了处理器核心、内存、输入/输出控制器和其他功能模块，这极大地提高了系统的整体性能和能效，同时减小了物理尺寸。SoC 是现代嵌入式系统中的核心组件，特别是在智能消费电子产品和移动设备中。

（4）通信技术的整合

随着无线通信技术的发展，嵌入式系统开始集成 Wi-Fi、蓝牙、NFC 等通信技术，使得设备能够连接到互联网或其他设备。这一能力为物联网（IoT）的兴起提供了技术基础，使得嵌入式系统不仅可以控制和监测，还可以进行数据收集和远程管理。

（5）人工智能与机器学习

最近几年，随着人工智能和机器学习技术的进步，嵌入式系统开始集成 AI 功能，如图像和语音识别。这些功能使得嵌入式设备能够提供更加智能化的用户交互和自动化服务。例如，智能家居设备可以通过学习用户的行为模式来优化家居环境。

（6）软件和开发工具的进步

嵌入式系统的软件开发也得到了极大的改进。现代嵌入式开发环境提供了丰富的工具和库，支持从低级硬件编程到高级应用开发。此外，开源社区的贡献（如 Linux、Arduino 等）也极大地促进了嵌入式系统的创新和普及。

嵌入式系统的技术发展是由硬件的微型化、软件的复杂化和系统功能的多样化共同推动的。随着新技术的不断涌现，嵌入式系统将继续朝着更智能、更互联、更高效的方向发展。

3．嵌入式系统的技术革新

进入 21 世纪，嵌入式系统的技术革新显著加速，特别是通过整合无线通信、物联网（IoT）、人工智能（AI）等前沿技术，极大地拓展了其功能和应用领域。这些系统不再局限于基础的硬件控制，而是演变成了能够处理复杂数据、执行远程监控和进行智能决策的多功能平台。

无线通信技术的集成使得嵌入式设备能够无缝连接到互联网，实现数据的即时传输和接收。这一点在物联网应用中尤为重要，设备通过网络互相连接、共享信息，实现环境的智能化管理和优化。同时，人工智能的引入为嵌入式系统赋予了前所未有的智能处理能力。AI 算法可以在设备上直接运行，使得设备能够学习用户行为，做出预测并自动调整操作，以提高效率和用户体验。

此外，这些技术的融合还推动了自动化技术的发展，特别是在工业、医疗和家庭自动化领域。通过高度集成的传感器和执行器，嵌入式系统可以实时监控环境状态，执行复杂的控制策略，从而实现更高水平的自动化和智能化。这些进步不仅提升了操作效率，还改善了人们的生活质量和工作环境。

嵌入式系统从简单的控制器发展到今天的高度集成化、智能化系统，其发展历程体现了科技进步的力量。随着新技术的不断涌现，嵌入式系统的未来将更加光明，其在现代社会中的作用将越来越不可替代。

1.3　典型嵌入式操作系统

使用嵌入式操作系统主要是为了有效地对嵌入式系统的软硬件资源进行分配、任务调度切换、中断处理，以及控制和协调资源与任务的并发活动。由于 C 语言可以更好地对硬件资源进行控制，因此嵌入式操作系统通常采用 C 语言来编写。当然，为了获得更快的响应速度，有时也需要采用汇编语言来编写部分代码或模块，以达到优化的目的。嵌入式操作系统与通用操作系统相比在两个方面有很大的区别。一方面，通用操作系统为用户创建了一个操作环境，在这个环境中，用户可以和计算机相互交互，执行各种各样的任务；而嵌入式系统一般只是执行有限类型的特定任务，不需要用户干预。另一方面，在大多数嵌入式操作系统中，应用程序通常作为操作系统的一部分内置于操作系统中，操作系统启动时自动在 ROM 或 Flash 中运行；而在通用操作系统中，应用程序一般是由用户来选择并加载到 RAM 中运行的。

随着嵌入式技术的快速发展，国内外先后问世了 150 多种嵌入式操作系统，较为常见的国外嵌入式操作系统有 μC/OS、FreeRTOS、Embedded Linux、VxWorks、QNX、RTX、Windows IoT Core、Android Things 等。虽然国产嵌入式操作系统的发展相对滞后，但在物联网技术与应用的强劲推动下，国内厂商也纷纷推出了多种嵌入式操作系统，并得到了日益广泛的应用。目前较为常见的国产嵌入式操作系统有华为 Lite OS、华为 HarmonyOS、阿里 AliOS Things、翼辉 SylixOS、赛睿德 RT-Thread 等。

1.3.1　FreeRTOS

FreeRTOS 是 Richard Barry 于 2003 年发布的一款开源嵌入式实时操作系统（Real Time Operating System，RTOS），其作为一个轻量级的实时操作系统内核，功能包括任务管理、时间管理、信号量、消息队列、内存管理、软件定时器等，可基本满足较小系统的需要。在过去的 20 年中，FreeRTOS 历经 10 个版本，与众多厂商合作密切，拥有数百万开发者，是目前市场占有率最高的 RTOS 之一。为了更好地反映内核不是发行包中唯一独立版本化的组件，自 FreeRTOS V10.4 起，系统发行将采用日期戳版本号代替原先的内核版本号。

FreeRTOS 体积小巧，支持抢占式任务调度。FreeRTOS 由 Richard Barry 开发，并由 Real Time Engineers Ltd 生产，支持市场上的大部分处理器架构。FreeRTOS 设计得十分小巧，可以在资源非常有限的微控制器中运行，甚至可以在 MCS-51 架构的微控制器上运行。此外，FreeRTOS 是一个开源的嵌入式实时操作系统，相较于 μC/OS-II 等付费的嵌入式实时操作系统具有显著的成本优势，尤其适合在嵌入式系统中使用，能有效降低产品生产成本。

FreeRTOS 是可裁剪的小型嵌入式实时操作系统，除开源、免费以外，还具有以下特点。

1）FreeRTOS 的内核支持抢占式、合作式和时间片 3 种调度方式。

2）支持的芯片种类多，已经在超过 30 种架构的芯片上进行了移植。

3）系统简单、小巧、易用。通常情况下，其内核仅占用 4~9KB 的 Flash 空间。

4）代码主要用 C 语言编写，可移植性高。

5）支持 ARM Cortex-M 系列中的内存保护单元（Memory Protection Unit，MPU），如 STM32F407、STM32F429 等芯片。

6）任务数量不限。

7）任务优先级不限。

8）任务与任务、任务与中断之间可以使用任务通知、队列、二值信号量、计数信号量、互斥信号量和递归互斥信号量进行通信和同步。

9）高效的软件定时器。

10）强大的跟踪执行功能。

11）有堆栈溢出检测功能。

12）提供低功耗 tickless 模式，适用于低功耗应用。

13）在创建任务通知、队列、信号量、软件定时器等系统组件时，可以选择动态或静态 RAM。

14）SafeRTOS 作为 FreeRTOS 的衍生品，具有比 FreeRTOS 更高的代码完整性。

1.3.2　睿赛德 RT-Thread

RT-Thread（Real Time-Thread），是由上海睿赛德电子科技有限公司推出的一款开源嵌入式实时多线程操作系统，目前的最新版本是 5.0.2。3.1.0 及更早版本遵循 GPL V2+协议，3.1.0 以后的版本遵循 Apache License 2.0 协议。RT-Thread 主要由内核层、组件与服务层、软件包 3 部分组成。

内核层包括 RT-Thread 内核和 Libcpu/BSP（芯片移植相关文件/板级支持包）。RT-Thread 内核是整个操作系统的核心部分，包括多线程及其调度、信号量、邮箱、消息队列、内存管理、定时器等内核系统对象的实现；而 Libcpu/BSP 与硬件密切相关，由外设驱动和 CPU 移植构成。

组件与服务层是 RT-Thread 内核之上的上层软件，包括虚拟文件系统、FinSH 命令行界面、网络框架、设备框架等，采用模块化设计，做到组件内部高内聚、组件之间低耦合。

软件包是运行在操作系统平台上且面向不同应用领域的通用软件组件，包括物联网相关的软件包、脚本语言相关的软件包、多媒体相关的软件包、工具类软件包、系统相关的软件包以及外设库与驱动类软件包等。

RT-Thread 支持所有主流的 MCU 架构，如 Arm Cortex-M/R/A、MIPS、x86、Xtensa、C-SKY、RISC-V，能适配市场上绝大多数 MCU 和 Wi-Fi 芯片。相较于 Linux 操作系统，RT-Thread 具有实时性高、占用资源少、体积小、功耗低、启动快速等特点，非常适用于各种资源受限的场合。经过多年的发展，RT-Thread 已经拥有一个国内规模较大的嵌入式开源社区，广泛应用于能源、车载、医疗、消费电子等多个行业，成为国产嵌入式操作系统的杰出代表。

1.3.3 μC/OS-II

μC/OS-II（Micro-Controller Operating System II）是一款基于优先级的可抢占式的硬实时内核。它是一种完整、可移植、可固化、可裁剪的抢占式多任务内核，包含任务调度、任务管理、时间管理、内存管理和任务间的通信和同步等基本功能，适用于 8 位单片机、16 位和 32 位微控制器和数字信号处理器等各类嵌入式平台。

μC/OS-II 源于 Jean J. Labrosse 在 1992 年编写的一个嵌入式多任务实时操作系统（RTOS），1999 年改写后命名为 μC/OS-II，并在 2000 年被美国航空管理局认证。μC/OS-II 系统具有足够的安全性和稳定性，可以运行在诸如航天器等对安全要求极为苛刻的系统之上。

μC/OS-II 系统是专门为计算机的嵌入式应用而设计的，系统中 90%的代码是用 C 语言编写的，CPU 硬件相关部分是用汇编语言编写的。总量约 200 行的汇编语言部分被压缩到最低限度，便于移植到任何一种 CPU 上。用户只要有标准的 ANSI（美国国家标准学会，American National Standards Institute）的 C 交叉编译器，有汇编器、连接器等软件工具，就可以将 μC/OS-II 系统嵌入所要开发的产品中。μC/OS-II 系统具有执行效率高、占用空间小、实时性能优良和可扩展性强等特点，目前几乎已经移植到了所有知名的 CPU 上。

μC/OS-II 系统的主要特点如下。

1）开源性。μC/OS-II 系统的源代码全部公开，用户可直接登录 μC/OS-II 的官方网站下载，网站上公布了针对不同微处理器的移植代码。用户也可以从有关出版物上找到详尽的源代码讲解和注释。这样可使系统变得透明，极大地方便了 μC/OS-II 系统的开发，提高了开发效率。

2）可移植性。绝大部分 μC/OS-II 系统的源码是用移植性很强的 ANSI C 语句写的，和微处理器硬件相关的部分是用汇编语言写的。使用汇编语言编写的部分已经压缩到最小限度，使得 μC/OS-II 系统便于移植到其他微处理器上。μC/OS-II 系统能够移植到多种微处理器上的条件是：该微处理器有堆栈指针，有 CPU 内部寄存器入栈、出栈指令。另外，使用的 C 编译器必须支持内嵌汇编（In-line Assembly），或者该 C 语言可扩展、可连接汇编模块，使得关中断、开中断能在 C 语言程序中实现。

3）可固化。μC/OS-II 系统是为嵌入式应用而设计的，只要具备合适的软硬件工具，就可以嵌入用户产品中，成为产品的一部分。

4）可裁剪。用户可以选择所需的系统服务。这种可裁剪性是靠条件编译实现的，只要在用户的应用程序中（用#define constants 语句）定义那些 μC/OS-II 系统中的功能是应用程序需要的就可以了。

5）抢占式的实时内核。μC/OS-II 系统总是运行就绪条件下优先级最高的任务。

6）μC/OS-II 系统 2.8.6 版本可以管理 256 个任务（其中 8 个预留给系统），因此应用程序最多可以有 248 个任务。系统赋予每个任务的优先级是不同的，μC/OS-II 系统不支持时间片轮转调度法。

7）μC/OS-II 系统全部的函数调用与服务的执行时间都具有可确定性。也就是说，所有函数调用与服务的执行时间是可知的，系统服务的执行时间不受应用程序任务数量影响。

8）μC/OS-II 系统的每一个任务都有自己单独的栈空间，以便压低应用程序对 RAM 的需求。使用 μC/OS-II 系统的栈空间校验函数，可以确定每个任务到底需要多少栈空间。

9）μC/OS-II 系统提供很多系统服务，如邮箱、消息队列、信号量、块大小固定的内存的申请与释放、时间相关函数等。

10）中断管理，支持嵌套。中断可以使正在执行的任务暂时挂起。如果优先级更高的任务被该中断唤醒，则高优先级的任务在中断嵌套全部退出后立即执行，中断嵌套层数可达 255 层。

1.3.4　嵌入式 Linux

Linux 诞生于 1991 年 10 月 5 日（首次公开发布时间），是一套开源、免费和自由传播的类 UNIX 操作系统。Linux 是一个基于 POSIX 和 UNIX 的支持多用户、多任务、多线程和多 CPU 的操作系统。它能运行主要的 UNIX 工具软件、应用程序和网络协议，支持 32 位和 64 位硬件。Linux 继承了 UNIX 以网络为核心的设计思想，是一个性能稳定的多用户网络操作系统。Linux 存在许多不同的版本，但它们都使用了 Linux 内核。Linux 可安装在计算机硬件中，如手机、平板计算机、路由器、视频游戏控制台、台式计算机、大型机和超级计算机中。

Linux 遵守通用公共许可证（General Public License，GPL）协议，用户无须为每例应用交纳许可证费。Linux 拥有大量免费且优秀的开发工具和庞大的开发人员群体，有大量开源应用软件，用户可以在稍加修改后应用于自己的系统，因此软件的开发和维护成本很低。Linux 完全使用 C 语言编写，应用入门简单，只要懂操作系统原理和 C 语言即可。Linux 运行所需资源少、稳定性强，并具备优秀的网络功能，十分适合嵌入式操作系统应用。

习题

1．嵌入式系统处理器有哪几种？如何选择？
2．简述冯·诺依曼结构和哈佛结构的区别。
3．嵌入式系统与计算机系统有什么区别？
4．什么是嵌入式系统？
5．嵌入式系统与通用计算机系统的异同点？
6．嵌入式系统的特点主要有哪些？
7．常见的嵌入式操作系统有哪几种？

第 2 章　STM32F4 嵌入式微控制器

本章重点介绍 STM32F4xx 系列嵌入式微控制器，尤其是 STM32F407ZGT6。首先概述了 STM32 微控制器的产品线及其选型，帮助读者理解如何根据应用需求选择合适的型号。随后详细介绍了 STM32F407ZGT6 的主要特性和功能，深入探讨了 STM32F407ZGT6 芯片的内部结构、引脚配置及功能分配，使得设计者能更好地进行电路设计。最后，提供了基于 STM32F407VGT6 的最小系统设计方案，方便读者构建基本的嵌入式应用系统。通过这一章的学习，读者可以全面了解 STM32F407ZGT6 的硬件特点及其应用。

2.1　STM32 微控制器概述

STM32 是意法半导体（STMicroelectronics）公司较早推向市场的基于 Cortex-M 内核的微处理器系列产品，具有成本低、功耗优、性能高、功能多等优势，并且以系列化方式推出，方便用户选型，在市场上获得了广泛好评。

STM32 目前常用的有 STM32F103～107 系列，简称"1 系列"，最近又推出了高端系列 STM32F4xx，简称"4 系列"。前者基于 Cortex-M3 内核，后者基于 Cortex-M4 内核。STM32F4xx 系列增加了浮点运算和 DSP 处理功能，存储空间更大（高达 1MB 字节以上），运算速度更高（以 168MHz 高速运行时可达到 210DMIPS 的处理能力），此外还配置了更高级的外设，包含照相机接口、加密处理器、USB 高速 OTG 接口等。具有更快的通信接口、更高的采样率，还配有带 FIFO 的 DMA 控制器。

2.1.1　STM32 微控制器产品线

目前，市场上常见的基于 Cortex-M3 的 MCU 有意法半导体（ST Microelectronics）有限公司的 STM32F103 微控制器、德州仪器（TI）公司的 LM3S8000 微控制器和恩智浦（NXP）公司的 LPC1788 微控制器等，其应用遍及工业控制、消费电子、仪器仪表、智能家居等各个领域。

意法半导体集团于 1987 年 6 月成立，由意大利的 SGS 微电子公司和法国 THOMSON 半导体公司合并而成。1998 年 5 月，改名为意法半导体有限公司（ST），是世界最大的半导体公司之一。从成立至今，意法半导体的增长速度超过了半导体工业的整体增长速度。自 1999 年起，意法半导体始终是世界十大半导体公司之一。据最新的工业统计数据，意法半导体是全球第五大半导体厂商，在多个细分市场居世界领先水平。

STM32 系列微控制器适合替代绝大部分 8/16 位 MCU、ARM7 等 32 位 MCU 的应用，以及小型操作系统和简单图形、语音处理相关的应用等。

但不适合程序代码大于 1MB 的应用、基于 Linux/Android 系统或高清/超高清的视频处理等应用。

STM32 系列微控制器包括高性能类型、主流类型和超低功耗类型三大系列产品，分别面向不同的应用，其具体产品系列如图 2-1 所示。

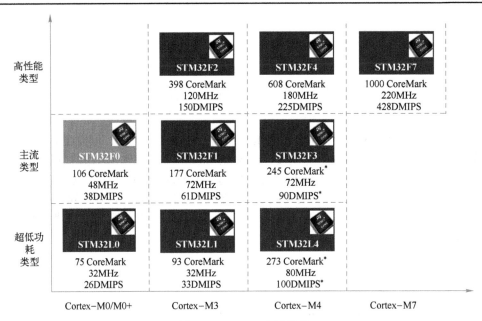

图 2-1   STM32 产品系列

1. STM32F1 系列（主流类型）

STM32F1 系列微控制器基于 Cortex-M3 内核，集高性能、低功耗、低压操作于一体。以可接受的价格、简单的架构和简便易用的工具实现了高集成度，能够满足工业、医疗和消费类市场的各种应用需求。凭借该系列产品，ST 公司在全球基于 ARM Cortex-M3 的微控制器领域占据领先地位。本书后续章节将基于 STM32F1 系列中的典型微控制器 STM32F103 进行讲述。

STM32F1 系列微控制器包含以下 5 个产品线，它们的引脚、外设和软件均兼容。

1）STM32F100：超值型，24MHzCPU，具有电机控制功能。

2）STM32F101：基本型，36MHz CPU，具有高达 1MB 的 Flash。

3）STM32F102：USB 基本型，48MHz CPU，支持 USBFS。

4）STM32F103：增强型，72MHz CPU，具有高达 1MB 的 Flash，支持电机控制、USB 和 CAN。

5）STM32F105/107：互联型，72MHz CPU，具有以太网 MAC、CAN 和 USB2.0 OTG。

2. STM32F4 系列（高性能类型）

STM32F4 系列微控制器基于 Cortex-M4 内核，采用意法半导体公司的 90nmNVM 工艺和 ART 加速器，在高达 180MHz 的工作频率下通过闪存执行时，其处理性能可达到 225 DMIPS/608CoreMark。由于采用了动态功耗调整功能，通过闪存执行时的电流消耗范围为 STM32F401 的 128μA/MHz 到 STM32F439 的 260μA/MHz。

STM32F4 系列包括 8 条互相兼容的数字信号控制器（Digital Signal Controller，DSC）产品线，是 MCU 实时控制功能与 DSP 信号处理功能的完美结合体。

1）STM32F401：84MHz CPU/105DMIPS，尺寸较小、成本较低的解决方案，具有卓越的功耗效率（动态效率系列）。

2）STM32F410：100MHz CPU/125DMIPS，采用新型智能 DMA，优化了数据批处理的功耗（采用批采集模式的动态效率系列），配备随机数发生器、低功耗定时器和 DAC，停机模式下功耗低至 89μA/MHz。

3）STM32F411：100MHz CPU/125DMIPS，具有卓越的功率效率、更大的 SRAM 和新型智能 DMA，优化了数据批处理的功耗（采用批采集模式的动态效率系列）。

4）STM32F405/415：168MHz CPU/210DMIPS，高达 1MB 的 Flash 闪存，支持先进连接功能和加密功能。

5）STM32F407/417：168MHz CPU/210DMIPS，高达 1MB 的 Flash 闪存，增加了以太网 MAC 和照相机接口。

6）STM32F446：180MHz CPU/225DMIPS，高达 512KB 的 Flash 闪存，具有 DualQuad SPI 和 SDRAM 接口。

7）STM32F429/439：180MHz CPU/225DMIPS，高达 2MB 的双区闪存，带 SDRAM 接口、Chrom-ART 加速器和 LCD-TFT 控制器。

8）STM32F427/437：180MHz CPU/225DMIPS，高达 2MB 的双区闪存，具有 SDRAM 接口、Chrom-ART 加速器、串行音频接口，性能更高，静态功耗更低。

9）SM32F469/479：180MHz CPU/225DMIPS，高达 2MB 的双区闪存，带 SDRAM 和 QSPI 接口、Chrom-ART 加速器、LCD-TFT 控制器和 MPI-DSI 接口。

2.1.2　STM32 微控制器的选型

在微控制器选型过程中，工程师常常会陷入这样一个闲局：一方面，8/16 位微控制器的指令和性能有限，另一方面，32 位处理器的成本和功耗太高。能否有效地解决这个问题，让工程师不必在性能、成本、功耗等因素中做出取舍和折中？

ST 公司于 2007 年推出的基于 ARM Cortex-M3 内核的 STM32 系列微控制器就很好地解决了上述问题。因为 Cortex-M3 内核的计算能力是 1.25DMIPS/MHz，较 ARM7 的 0.95DMIPS/MHz 有显著提升。而且 STM32 拥有 1μs 的双 12 位 ADC、4Mbit/s 的 UART、18Mbit/s 的 SPI、18MHz 的 I/O 翻转速度。在功耗表现上，STM32 在 72MHz 工作时的电流消耗只有 36mA（所有外设处于工作状态），而待机时的功耗只有 2μA。

通过前面的介绍，我们对 STM32 微控制器的分类和命名规则有了初步了解。在实际选型时，可以根据具体需求，大致确定所要选用的 STM32 微控制器的内核型号和产品系列。例如，对一般的工程应用，其数据运算量不是特别大，基于 Cortex-M3 内核的 STM32F1 系列微控制器即可满足要求；如果需要进行大量的数据运算，且对实时控制和数字信号处理能力要求很高，或者需要外接 RGB 大屏幕，则推荐选择基于 Cortex-M4 内核的 STM32F4 系列微控制器。

在明确了产品系列之后，可以进一步选择产品线。以基于 Cortex-M3 内核的 STM32F1 系列微控制器为例，如果仅需要用到电动机控制或消费类电子控制功能，则选择 STM32F100 或 STM32F101 系列微控制器即可；如果还需要用到 USB 通信、CAN 总线等模块，则推荐选用 STM32F103 系列微控制器；如果对网络通信要求较高，则可以选用 STM32F105 或 STM32F107 系列微控制器。对于同一个产品系列，不同的产品线采用的内核是相同的，但核外的片上外设存在差异。具体选型情况要视实际的应用场合而定。

确定好产品线之后，即可选择具体的型号。参照 STM32 微控制器的命名规则，可以先确定微控制器的引脚数目。引脚多的微控制器的功能相对多一些，当然价格也贵，具体要根据实际应用中的功能需求进行选择，一般够用就好。确定好引脚数目之后再选择 Flash 存储器容量。对于 STM32 微控制器而言，具有相同引脚数目的微控制器会有不同的 Flash 存储器容量可供选择，它也要根据实际需要进行选择，程序大就选择容量大的 Flash 存储器，够用即可。到这里，根据实际的应用需求，确定了所需的微控制器的具体型号，下一步的工作就是开发相应的应用。

微控制器除可以选择 STM32 外，还可以选择国产芯片。ARM 技术起源于国外，但通过研究人员十几年的研究和开发，我国的 ARM 微控制器技术已经取得了很大的进步，国产品牌已获得了较高的市场占有率，相关的产业也在逐步发展壮大。

1）兆易创新于 2005 年在北京成立，是一家领先的无晶圆厂半导体公司，致力于开发先进的存储器技术和 IC 解决方案。公司的核心产品线为 Flash、32 位通用型 MCU 及智能人机交互传感器芯片及整体解决方案，公司产品以"高性能、低功耗"著称，为工业、汽车、计算、消费类电子、物联网、移动应用以及网络和电信行业的客户提供全方位服务。与 STM32F103 兼容的产品为GD32VF103。

2）华大半导体是中国电子信息产业集团有限公司（CEC）旗下专业的集成电路发展平台公司，围绕汽车电子、工业控制、物联网三大应用领域，重点布局控制芯片、功率半导体、高端模拟芯片和安全芯片等，形成了竞争力强劲的产品矩阵及全面的解决方案。可以选择的 ARM 微控制器有 HC32F0、HC32F1 和 HC32F4 系列。

学习嵌入式微控制器的知识，掌握其核心技术，了解这些技术的发展趋势，有助于为我国培养该领域的后备人才，促进我国在微控制器技术上的长远发展，为国产品牌的发展注入新的活力。

2.2   STM32F407ZGT6 概述

和其他单片机一样，STM32 也是一个单片计算机或单片微控制器。所谓单片，就是在一个芯片上集成了计算机或微控制器的基本功能部件。这些功能部件通过总线连在一起。就 STM32 而言，这些功能部件主要包括 Cortex-M 内核、总线、系统时钟发生器、复位电路、程序存储器、数据存储器、中断控制、调试接口及各种功能部件（外设）。不同的芯片系列和型号，外设的数量和种类也不一样，常有的基本功能部件（外设）是输入/输出接口 GPIO、定时/计数器 TIMER/COUNTER、通用同步异步收发器（Universal Synchronous Asynchronous Receiver Transmitter，USART）、串行总线IIC 和 SPI 或 IIS、SDIO 接口、USB 接口等。

STM32F407 微控制器属于 STM32F4 系列微控制器，采用了最新的 168MHz 的 Cortex-M4 处理器内核，可取代当前基于微控制器和中低端独立数字信号处理器的双片解决方案，或者将两者整合成一个基于标准内核的数字信号控制器。微控制器与数字信号处理器整合还可提高能效，让用户使用支持 STM32 的强大研发生态系统。STM32 全系列产品在引脚、软件和外设上相互兼容，并配有巨大的开发支持生态系统，包括例程、设计 IP、低成本的探索工具和第三方开发工具，可提升设计系统扩展和软硬件再用的灵活性，使 STM32 平台的投资回报率最大化。因此，与 STM32F407 微控制器的相关结构、原理及使用方法适用于其他 STM32F4 系列微控制器，对于使用相同封装形式和相同功能的片上外设应用来讲，代码和电路可以公用。

2.2.1   STM32F407 的主要特性

STM32F407 的主要特性如下。

1）内核：带有 FPU 的 ARM 32 位 Cortex-M4 CPU、在 Flash 存储器中实现零等待状态运行性能的自适应实时加速器（ART 加速器），主频高达 168MHz，能够实现高达 210DMIPS/1.25DMIPS/MHz（Dhrystone 2.1）的性能，具有 DSP 指令集。

2）存储器。

① 具有高达 1MB Flash，组织为两个区，可读写同步。

② 具有高达 192KB+4KB 的 SRAM，包括 64KB 的 CCM（内核耦合存储器）数据 RAM。

③ 具有高达 32 位数据总线的灵活外部存储控制器：SRAM、PSRAM、SDRAM/LPSDRSDRAM、Compact Flash/NOR/NAND 存储器。

3）LCD 并行接口，兼容 8080/6800 模式。

4）LCD-TFT 控制器有高达 XGA 的分辨率，具有专用的 Chrom-ART Accelerator™，用于增强的图形内容创建（DMA2D）。

5）时钟、复位和电源管理。

　　① 1.7~3.6V 供电和 I/O。

　　② POR（Power On Reset，上电复位）、PDR（Power Down Reset，掉电复位）、PVD（Programmable Voltage Detector，可编程电压检测器）和 BOR（Brownout Reset，欠电压复位）。

　　③ 4~26MHz 晶振。

　　④ 内置经工厂调校的 16MHz RC 振荡器（1% 精度）。

　　⑤ 带校准功能的 32kHz RTC 振荡器。

　　⑥ 内置带校准功能的 32kHz RC 振荡器。

　　6）低功耗。

　　① 睡眠、停机和待机模式。

　　② VBAT 可为 RTC（实时时钟）、20 个 32 位备份寄存器及可选的 4KB 备份 SRAM 提供电源。

　　7）3 个 12 位 2.4 MSPS ADC：多达 24 通道，三重交叉模式下的性能高达 7.2MSPS。

　　8）2 个 12 位 D/A 转换器。

　　9）通用 DMA：具有 FIFO 和突发支持的 16 路 DMA 控制器。

　　10）17 个定时器：包括 10 个通用 16 位定时器、2 个通用 32 位定时器、2 个专用 16 位高级定时器，以及 3 个基本定时器。通用定时器的时钟频率可达 168MHz。每个通用定时器和高级定时器都支持 4 个输入捕获、输出比较、PWM 功能，或作为脉冲计数器与正交（增量）编码器输入使用。

　　11）调试模式。

　　① SWD 和 JTAG 接口。

　　② Cortex-M4 跟踪宏单元。

　　12）140 个具有中断功能的 I/O 端口。

　　① 136 个快速 I/O，工作频率最高 84MHz。

　　② 138 个可耐 5V 的 I/O。

　　13）15 个通信接口。

　　① 3 个 IIC 接口（SMBus/PMBus）。

　　② 4 个 USART、2 个 UART（10.5Mbit/s、ISO7816 接口、LIN、IrDA、调制解调器控制）。

　　③ 3 个 SPI（37.5Mbit/s）、2 个具有复用的全双工 IIS，通过内部音频 PLL 或外部时钟达到音频级精度。

　　④ 2 个 CAN（2.0B 主动）以及 SDIO 接口。

　　14）高级连接功能。

　　① 具有片上 PHY 的 USB 2.0 全速器件/主机/OTG 控制器。

　　② 具有专用 DMA、片上全速 PHY 和 ULPI 的 USB 2.0 高速/全速器件/主机/OTG 控制器。

　　③ 具有专用 DMA 的 10/100 以太网 MAC：支持 IEEE 1588v2 硬件、MII/RMII。

　　15）8 位 14 位并行照相机接口：速度高达 54MB/s。

　　16）真随机数发生器。

　　17）CRC 计算单元。

　　18）RTC：亚秒级精度、硬件日历。

　　19）96 位唯一 ID。

2.2.2　STM32F407 的主要功能

　　STM32F407xx 器件基于高性能的 Arm Cortex-M4 32 位 RISC 内核，工作频率高达 168MHz。Cortex-M4 内核带有单精度浮点运算单元（FPU），支持所有 Arm 单精度数据处理指令和数据类型。它还具有一组 DSP 指令和一个存储器保护单元（MPU），用于提高应用安全性。

　　STM32F407xx 器件集成了高速嵌入式存储器（Flash 存储器和 SRAM 的容量分别高达 2MB 和

256KB）和高达 4KB 的后备 SRAM，以及大量通过 2 条 APB 总线、2 条 AHB 总线和 1 个 32 位多 AHB 总线矩阵连接的增强型 I/O 与外设。

所有型号均带有 3 个 12 位 ADC、2 个 DAC、1 个低功耗 RTC、12 个通用 16 位定时器（包括 2 个用于电机控制的 PWM 定时器），以及 2 个通用 32 位定时器。

STM32F407xx 还带有标准与高级通信接口，主要功能如下：

1）3 个 IIC。

2）3 个 SPI、2 个 IIS 全双工接口。为达到音频级精度，IIS 外设可通过专用内部音频 PLL 提供时钟，或使用外部时钟实现同步。

3）4 个 USART 及 2 个 UART。

4）一个 USB OTG 全速接口和一个具有全速能力的 USB OTG 高速接口（配有 ULPI 低引脚数接口）。

5）2 个 CAN 接口。

6）一个 SDIO/MMC 接口。

7）配有以太网和摄像头接口。

高级外设包括一个 SDIO 接口、一个灵活存储器控制（FMC）接口，以及用于 CMOS 传感器的摄像头接口。

STM32F405xx 和 STM32F407xx 器件的工作温度范围是-40～105℃，供电电压范围是 1.8～3.6V。若使用外部供电监控器，则供电电压可低至 1.7V。

该系列提供了一套全面的节能模式，可实现低功耗应用设计。

STM32F405xx 和 STM32F407xx 器件有不同的封装，范围为 64～176 引脚。所包括的外设因所选的器件而异。

2.3　STM32F407ZGT6 芯片内部结构

STM32F407ZGT6 芯片主系统由 32 位多层 AHB 总线矩阵构成，STM32F407ZGT6 芯片内部通过 8 条主控总线（S0～S7）和 7 条被控总线（M0～M6）组成的总线矩阵将 Cortex-4 内核、存储器及片上外设连在一起。

1. 8 条主控总线

（1）Cortex-M4 内核

包括 I 总线（S0）、D 总线（S1）和 S 总线（S2）。

S0：I 总线。用于将 Cortex-M4 内核的指令总线连接到总线矩阵，使内核获取指令。访问对象是包含代码的存储器（内部 Flash/SRAM 或通过 FSMC 的外部存储器）。

S1：D 总线。用于将 Cortex-M4 内核的数据总线和 64KB CCM 数据 RAM 连接到总线矩阵，从而执行立即数加载和调试访问，访问对象是包含代码或数据的存储器（内部 Flash 或通过 FSMC 的外部存储器）。

S2：S 总线。用于将 Cortex-M4 内核的系统总线连接到总线矩阵，用于访问位于外设或 SRAM 中的数据，也可用于获取指令（效率低于 I 总线）。访问对象是内部 SRAM（112KB、64KB 和 16KB）、包括 APB 外设在内的 AHB1 外设和 AHB2 外设，以及通过 FSMC 的外部存储器。

（2）DMA1 存储器总线（S3）、DMA2 存储器总线（S4）。

S3、S4：DMA 存储器总线。用于将 DMA 存储器总线主接口连接到总线矩阵，以执行存储器数据的传入和传出。访问对象是内部 SRAM（112KB、64KB、16KB）及通过 FSMC 的外部存储器。

（3）DMA2 外设总线（S5）

用于将 DMA2 外设总线主接口连接到总线矩阵，以访问 AHB 外设或执行存储器间的数据传输。访问对象是 AHB 和 APB 外设及数据存储器（内部 SRAM 及通过 FSMC 的外部存储器）。

（4）以太网 DMA 总线（S6）

用于将以太网 DMA 主接口连接到总线矩阵，以向存储器存取数据。访问对象是内部 SRAM（112KB、64KB 和 16KB）及通过 FSMC 的外部存储器。

（5）USB OTG HS DMA 总线（S7）

用于将 USB OTG HS DMA 主接口连接到总线矩阵，以向存储器加载/存储数据。访问对象是内部 SRAM（112KB、64KB 和 16KB）及通过 FSMC 的外部存储器。

2．7 条被控总线

1）内部 Flash I 总线（M0）。

2）内部 Flash D 总线（M1）。

3）主要内部 SRAM1（112KB）总线（M2）。

4）辅助内部 SRAM2（16KB）总线（M3）。

5）辅助内部 SRAM3（64KB）总线（仅适用于 STM32F42 系列和 STM32F43 系列器件）（M7）。

6）AHB1 外设（包括 AHB-APB 总线桥和 APB 外设）总线（M5）。

7）AHB2 外设总线（M4）。

8）FSMC 总线（M6）。FSMC 借助总线矩阵，可以实现主控总线到被控总线的访问，这样即使在多个高速外设同时运行期间，系统也可以实现并发访问和高效运行。

主控总线所连接的设备是数据通信的发起端，通过矩阵总线可以和与其相交的被控总线上连接的设备进行通信。例如，Cortex-M4 内核可以通过 S0 总线与 M0 总线、M2 总线和 M6 总线连接 Flash、SRAM1 及 FSMC 进行数据通信。STM32F407ZGT6 芯片总线矩阵结构如图 2-2 所示。

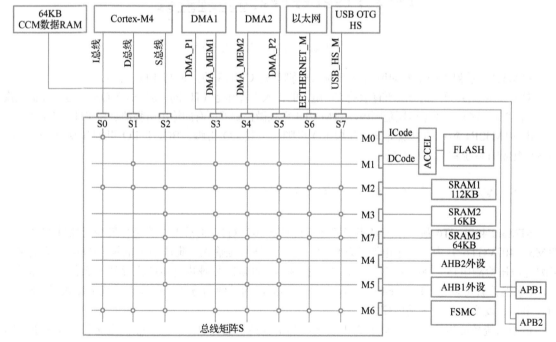

图 2-2　STM32F407ZGT6 芯片总线矩阵结构

2.4　STM32F407VGT6 芯片引脚和功能

STM32F407VGT6 芯片引脚示意图如图 2-3 所示。图 2-3 只列出了每个引脚的基本功能。由于芯片内部集成的功能较多，实际引脚有限，因此多数引脚为复用引脚（一个引脚可复用为多个功能）。

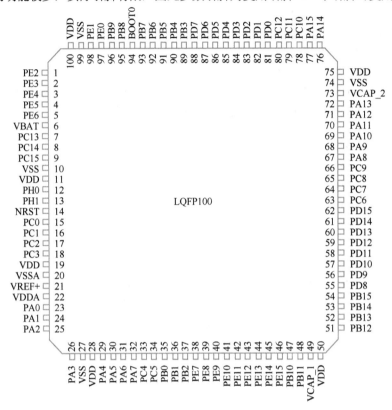

图 2-3　STM32F407VGT6 芯片引脚示意图

STM32F4 系列微控制器的所有标准输入引脚都是 CMOS 的，但与 TTL 兼容。

STM32F4 系列微控制器的所有承受 5V 电压的输入引脚都是 TTL 的，但与 CMOS 兼容。在输出模式下，在 2.7～3.6V 的供电电压范围内，STM32F4 系列微控制器所有的输出引脚都是与 TTL 兼容的。

由 STM32F4 芯片的电源引脚、晶振 I/O 引脚、下载 I/O 引脚、BOOT I/O 引脚和复位 I/O 引脚 NRST 组成的系统称为最小系统。

2.5　STM32F407VGT6 最小系统设计

STM32F407VGT6 最小系统是指能够让 STM32F407VGT6 正常工作的包含最少元器件的系统。STM32F407VGT6 片内集成了电源管理模块（包括滤波复位输入、集成的上电复位/掉电复位电路、可编程电压检测电路）、8MHz 高速内部 RC 振荡器、40kHz 低速内部 RC 振荡器等部件，外部只需 7 个无源器件就可以让 STM32F407VGT6 工作。然而，为了使用方便，在最小系统中加入了 USB 转 TTL 串口、发光二极管等功能模块。

最小系统核心电路原理图如图 2-4 所示，其中包括了复位电路、晶体振荡电路和启动设置电路等模块。

1. 复位电路

STM32F407VGT6 的 NRST 引脚输入中使用 CMOS 工艺，它连接了一个不能断开的上拉电阻 Rpu，其典型值为 40kΩ，外部连接了一个上拉电阻 R4、按键 RST 及电容 C5。当 RST 按键按下时，NRST 引脚电位变为 0，通过这个方式实现手动复位。

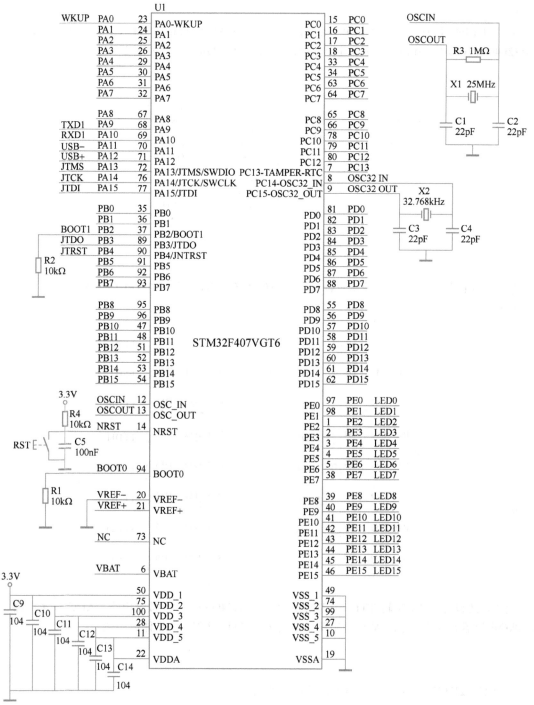

图 2-4　STM32F407VGT6 的最小系统核心电路原理图

2. 晶体振荡电路

STM32F407VGT6 一共外接了两个高振：一个 25MHz 的晶振 X1 提供给高速外部时钟，一个 32.768kHz 的晶振 X2 提供给全低速外部时钟。

3. 启动设置电路

启动设置电路由启动设置引脚 BOOT1 和 BOOT0 构成。二者均通过 10kΩ的电阻接地，从用户 Flash 启动。

4．JTAG 接口电路

采用 J-Link 仿真器进行下载和在线仿真，在最小系统中预留了 JTAG 接口电路，用来实现 STM32F407VGT6 与 J-Link 仿真器进行连接，JTAG 接口电路原理图如图 2-5 所示。

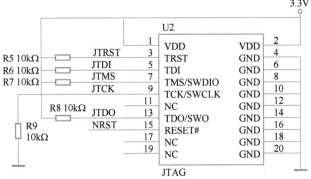

图 2-5　JTAG 接口电路原理图

5．流水灯电路

最小系统板载 16 个 LED 流水灯，对应 STM32F407VGT6 的 PE0～PE15 引脚，电路原理图如图 2-6 所示。

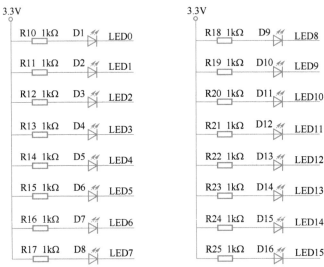

图 2-6　流水灯电路原理

另外，还设计了 USB 转 TTL 串口电路（采用 CH340G）、独立按键电路、ADC 采集电路（采用 10kΩ电位器）和 5V 转 3.3V 电源电路（采用 AMS1117-3.3V），具体电路略。

习题

1．STM32F407x 系列微控制器支持几种时钟源？

2．简要说明 HSE 时钟的启动过程。

3．如果 HSE 晶体振荡器失效，那么哪个时钟被作为备用时钟源？

4．简要说明 LSI 校准的过程。

5．当 STM32F407x 系列处理器采用 25MHz 的高速外部时钟源时，通过 PLL 倍频后能够得到的最高系统频率是多少？此时 AHB、APB1、APB2 总线的最高频率分别是多少？

6．简要说明在 STM32F407x 上不使用外部晶振时 OSC_IN 和 OSC_OUT 的接法。

7．简要说明在使用 HSE 时钟时程序设置时钟参数的流程。

第 3 章　STM32CubeMX 配置工具

本章主要介绍 STM32CubeMX 配置工具的安装及使用方法。首先，指导读者如何安装 STM32CubeMX 软件，并进一步详细说明 MCU 固件包的安装，包括软件库文件夹的设置和嵌入式软件包的管理方法。接着，详尽解说 STM32CubeMX 的软件功能及基本使用流程，涵盖软件界面、新建项目、MCU 图形化配置界面总览及 MCU 配置、时钟设置、项目管理等各个方面。最后，讲解如何生成项目的报告和代码。通过本章学习，读者可以掌握 STM32CubeMX 的基本操作，从而更高效地进行 STM32 微控制器的配置和开发工作，使嵌入式系统设计更加便捷和精准。

3.1　安装 STM32CubeMX

STM32CubeMX 软件是 ST 公司为 STM32 系列微控制器快速建立工程并快速初始化使用到的外设、GPIO 等而设计的，大大缩短了开发时间。同时，该软件不仅能配置 STM32 外设，还能进行第三方软件系统的配置，如 FreeRTOS、FAT 32、LWIP 等。而且还有功耗预估功能。此外，这款软件可以输出 PDF、TXT 文档，显示所开发工程中的 GPIO 等外设的配置信息，供开发者进行原理图设计。

STM32CubeMX 是针对 ST 的 MCU/MPU 跨平台的图形化工具，支持在 Linux、Mac OS、Window 系统中开发。支持 ST 的全系列产品，目前包括 STM32L0、STM32L1、STM32L4、STM32L5、STM32F0、STM32F1、STM32F2、STM32F3、STM32F4、STM32F7、STM32G0、STM32G4、STM32H7、STM32WB、STM32WL、STM32MP1，其对接的底层接口是 HAL 库，STM32CubeMX 除了集成 MCU/MPU 的硬件抽象层外，还集成了 RTOS、文件系统、USB、网络、显示、嵌入式 AI 等中间件，这样，开发者就能够很轻松地完成 MCU/MPU 的底层驱动的配置，留出更多精力开发上层功能逻辑，从而提高开发效率。

STM32CubeMX 架构如图 3-1 所示。

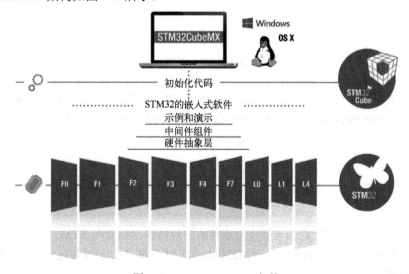

图 3-1　STM32CubeMX 架构

STM32CubeMX 软件的特点：

1）集成了 ST 有限公司的每一款型号的 MCU/MPU 的可配置图形界面，能够自动提示 I/O 冲突并对复用 I/O 可自动分配。

2）具有动态验证的时钟树。

3）能够很方便地使用所集成的中间件。

4）能够估算 MCU/MPU 在不同主频运行下的功耗。

5）能够输出不同编译器的工程，比如能够直接生成 MDK、EWARM、STM32CubeIDE、MakeFile 等工程。

为了使开发人员能够更加快捷、有效地进行 STM32 的开发，ST 有限公司推出了一套完整的 STM32Cube 开发组件。STM32Cube 主要包括两部分：一是 STM32CubeMX 图形化配置工具，它可直接在图形界面的简单配置下生成初始化代码，并对外设做了进一步的抽象，让开发人员只专注于应用的开发；二是基于 STM32 微控制器的固件集 STM32Cube 软件资料包。

从 ST 公司官网可下载 STM32CubeMX 软件最新版本的安装包，本书使用的版本是 6.6.1。安装包解压后，运行其中的安装程序，按照安装向导的提示进行安装。安装过程中会出现图 3-2 所示的界面，需要勾选第一个复选框才可以继续安装。第二个复选框可以不用勾选。

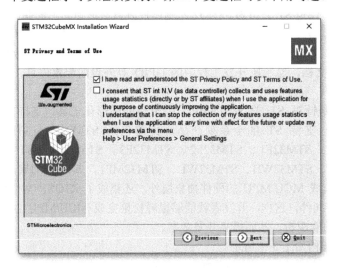

图 3-2　需要同意 ST 的隐私政策和使用条款才可以继续安装

在安装过程中，用户要设置软件安装的目录。安装目录不能带有汉字、空格和非下画线。STM32Cube 开发方式还需要安装器件的 MCU 固件包，所以最好将它们安装在同一个根目录下，如一个根目录 "C:\Program Files\ STMicroelectronics\STM32Cube\"，然后将 STM32CubeMX 的安装目录设置为 "C:\Program Files\ STMicroelectronics\STM32Cube\STM32CubeMX"。

3.2　安装 MCU 固件包

3.2.1　软件库文件夹设置

在安装完 STM32CubeMX 后，若要进行后续的各种操作，必须在 STM32CubeMX 中设置一个软件库文件夹（Repository Folder）。在 STM32CubeMX 中安装 MCU 固件包和 STM32Cube 扩展包时都安装到此目录下。

双击桌面上的 STM32CubeMX 图标运行该软件，软件启动后的界面如图 3-3 所示。

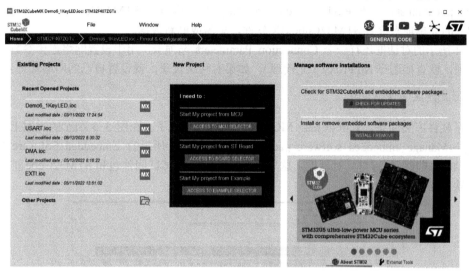

图 3-3　软件启动后的界面

在图 3-3 界面的最上方有 3 个主菜单项，选择菜单项 Help→Updater Settings，会出现图 3-4 所示的对话框。首次启动 STM32CubeMX 后，立刻选择这个菜单项可能会提示软件更新已经在后台运行，需要稍微等待一段时间。

在图 3-4 中，Repository Folder 就是需要设置的软件库文件夹，所有 MCU 固件包和扩展包要安装到此目录下。这个文件夹一经设置且安装了一个固件包之后就不能再更改。不要使用默认的软件库文件夹，因为默认的是用户工作目录下的文件夹，可能带有汉字或空格，安装后会导致使用出错。设置软件库文件夹为 "C:\Users\lenovo\STM32Cube/Repository"。

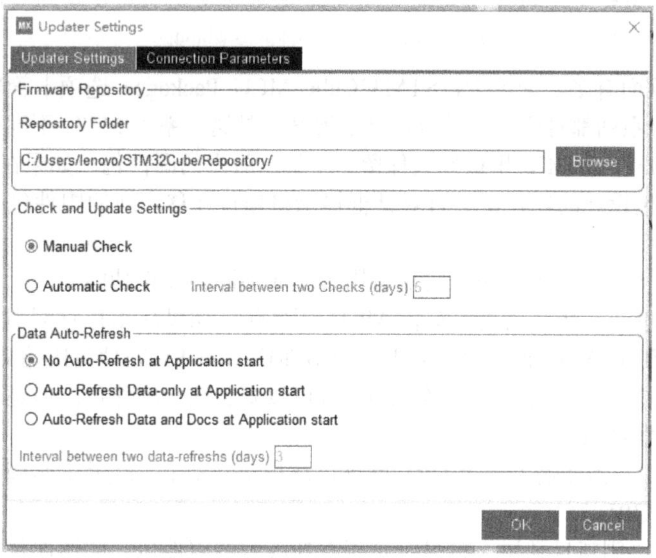

图 3-4　Updater Settings 对话框

图 3-4 界面上的 Check and Update Settings 选项组用于设置 STM32CubeMX 软件的更新方式，Data Auto-Refresh 选项组用于设置在 STM32CubeMX 启动时是否自动刷新已安装软件库的数据和文

档。为了加快软件启动速度，可以将其设置为 Manual Check（手动检查更新软件）和 No Auto-Refresh at Aplication start（不在 STM32CubeMX 启动时自动刷新）。STM32CubeMX 启动后，用户可以通过相应的菜单项来检查 STM32CubeMX 软件，更新或刷新数据。

图 3-4 所示的对话框还有一个 Connection Parameters 选项卡，用于设置网络连接参数。如果没有网络代理，就直接选择 No Proxy（无代理）；如果有网络代理，就设置自己的网络代理参数。

3.2.2   管理嵌入式软件包

设置了软件库文件夹，就可以安装 MCU 固件包和扩展包了。在图 3-3 所示的界面上，选择菜单项 Help→Manage embedded software packages，出现图 3-5 所示的 Embedded Software Packages Manager（嵌入式软件包管理）对话框。这里将 STM32Cube MCU 固件包和 STM32Cube 扩展包统称为嵌入式软件包。

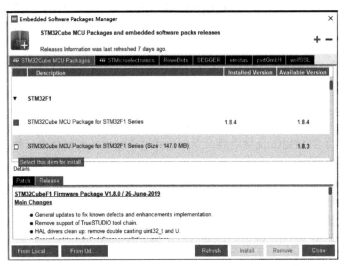

图 3-5   Embedded Software Packages Manager 对话框

图 3-5 所示的界面有多个选项卡，STM32Cube MCU Packages 选项卡管理 STM32 所有系列MCU 的固件包。每个系列都对应一个节点，节点展开后是这个系列 MCU 不同版本的固件包。固件包经常更新，在 STM32CubeMX 里最好只保留一个最新版本固件包。如果在 STM32CubeMX 里打开一个用旧的固件包设计的项目，会有对话框提示将项目迁移到新的固件包版本，一般都能成功自动迁移。

在图 3-5 界面的下方有几个按钮，它们可用于完成不同的操作功能。

1）From Local 按钮：从本地文件安装 MCU 固件包。如果从 ST 官网下载了固件包的压缩文件，如 en.stm32cubef1_vl-8-4.zip 是 1.8.4 版本的 STM32CubeF1 固件包压缩文件，那么单击 From Local 按钮后，选择这个压缩文件（无须解压），就可以安装这个固件包。但是要注意，这个压缩文件不能放置在软件库根目录下。

2）From Url 按钮：需要输入一个 URL 网址，从指定网站上下载并安装固件包。一般不使用这种方式，因为不知道 URL。

3）Refresh 按钮：刷新目录树，以显示是否有新版本的固件包。应该偶尔刷新一下，以保持更新到最新版本。

4）Install 按钮：在目录树里勾选一个版本的固件包，如果这个版本的固件包还没有安装，这个按钮就可用。单击这个按钮，将自动从 ST 官网下载相应版本的固件包并安装。

5）Remove 按钮：在目录树里选择一个版本的固件包，如果已经安装了这个版本的固件包，这个按钮就可用。单击这个按钮，将删除这个版本的固件包。

　　本章是基于 STM32F103ZET6 讲述的，所以需要安装 STM32CubeF1 固件包。在图 3-5 所示的界面中选择最新版本的 STM32Cube MCU Package for STM32F1 Series，然后单击 Install 按钮，将会联网自动下载和安装 STM32CubeF1 固件包。固件包自动安装到所设置的软件库目录下，并自动建立一个子目录。将固件包安装后，目录下的所有程序称为固件库，例如，1.8.0 版本的 STM32CubeF1 固件包安装后的固件库目录如下：

C:\Users\lenovo\Repository \STM32Cube_FW_F1_V1.8.4

　　如果是开发 STM32F 系列微控制器，则需要安装 STM32CubeF4 固件包，但安装和使用方法是一样的。

　　STMicroelectronics 选项卡如图 3-6 所示，这个选项卡是 ST 有限公司提供的一些 STM32Cube 扩展包，包括人工智能库 X-CUBE-AI、图形用户界面库 X-CUBE-TOUCHGFX 等，以及一些芯片的驱动程序，如 MEMS、BLE、NFC 芯片的驱动库。用户可以根据设计需要安装相应的扩展包，例如，安装 4.20.0 版本的 TouchGFX 后，TouchGFX 库保存在如下的目录之下：

C:\Users\lenovo\Repository\Packs\STMicroelectronics\X CUBE-TOUCHGFX\4.20.0

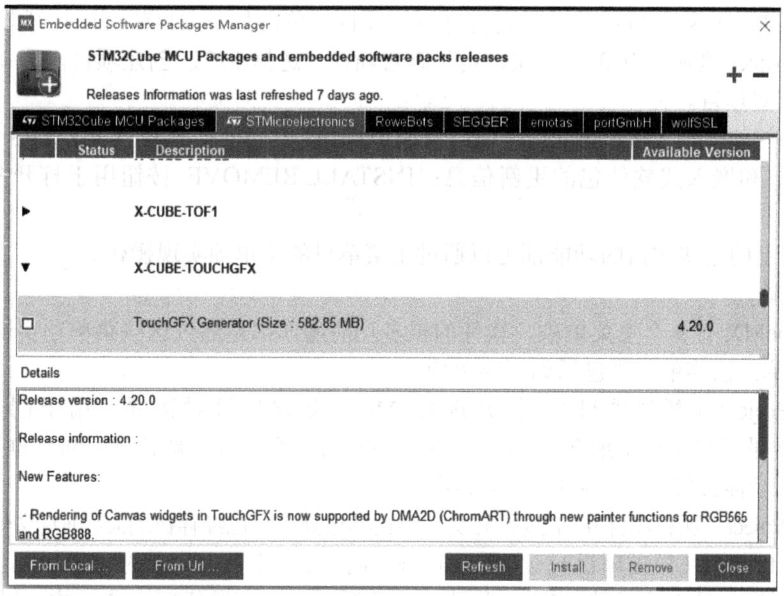

图 3-6　STMicroelectronics 选项卡

3.3　软件功能与基本使用

　　在设置了软件库文件夹并安装了 STM32CubeF1 固件包之后，就可以开始用 STM32CubeMX 创建项目并进行操作了。在开始针对开发板开发实际项目之前，我们需要先熟悉 STM32CubeMX 的一些界面功能和操作。

3.3.1　软件界面

1. 初始主界面

　　启动 STM32CubeMX 之后的初始界面如图 3-3 所示。STM32CubeMX 从 5.0 版本开始使用了一种比较新颖的用户界面，与一般的 Windows 应用软件界面不太相同，也与 4.x 版本的 STM32CubeMX 界面相差很大。

图 3-3 的界面主要分为 3 个功能区，分别描述如下。

1）主菜单栏。窗口最上方是主菜单栏，有 3 个主菜单项，分别是 File、Window 和 Help。这 3 个菜单项有下拉菜单，可供用户通过下拉菜单项进行一些操作。主菜单栏右端是一些快捷按钮，单击这些按钮就会用浏览器打开相应的网站，如 ST 社区、ST 官网等。

2）标签导航栏。主菜单栏下方是标签导航栏。在新建或打开项目后，标签导航栏可以在 STM32CubeMX 的 3 个主要视图之间快速切换。这 3 个视图如下。

① Home（主页）视图：即图 3-3 所示的界面。

② 新建项目视图：新建项目时显示的一个对话框，用于选择具体型号的 MCU 或开发板创建项目。

③ 项目管理视图：用于对创建或打开的项目进行 MCU 图形化配置、中间件配置、项目管理等操作。

3）工作区。窗口的其他区域都是工作区。STM32CubeMX 使用的是单文档界面，工作区会根据当前操作的内容显示不同的界面。

图 3-3 的工作区显示的是 Home 视图。Home 视图的工作区可以分为如下 3 个功能区域。

① Existing Projects 区域：显示最近打开过的项目，单击某个项目就可以打开此项目。

② New Project 区域：有 3 个按钮，用于新建项目，选择 MCU 创建项目，选择开发板创建项目或交叉选择创建项目。

③ Manage software installations 区域：有两个按钮：CHECK FOR UPDATES 按钮用于检查 STM32CubeMX 和嵌入式软件包的更新信息；INSTALL/REMOVE 按钮用于打开图 3-4 所示的对话框。

Home 视图上的这些按钮的功能都可以通过主菜单里的菜单项实现操作。

2. 主菜单功能

STM32CubeMX 有 3 个主菜单项，软件的很多功能操作都是通过这些菜单项实现的。

1）File 菜单。该菜单主要包括如下菜单项。

① New Project（新建项目）：打开选择 MCU 新建项目对话框，用于创建新的项目。STM32CubeMX 的项目文件扩展名是.ioc，一个项目只有一个文件。新建项目对话框是软件的 3 个视图之一，界面功能比较多，在后面具体介绍。

② Load Project（加载项目）：通过打开文件对话框选择一个已经存在的.ioc 项目文件并载入项目。

③ Import Project（导入项目）：选择一个 ioc 项目文件并导入其中的 MCU 设置到当前项目。注意，只有新项目与导入项目的 MCU 型号一致且新项目没有做任何设置，才可以导入其他项目的设置。

④ Save Project（保存项目）：保存当前项目。如果新建的项目第一次保存，那么会提示选择项目名称，需要选择一个文件夹，项目会自动以最后一级文件夹的名称作为项目名称。

⑤ Save Project As（项目另存为）：将当前项目保存为另一个项目文件。

⑥ Close Project（关闭项目）：关闭当前项目。

⑦ Generate Report（生成报告）：为当前项目的设置内容生成一个 PDF 报告文件，PDF 报告文件名称与项目名称相同，并自动保存在项目文件所在的文件夹里。

⑧ Recent Projects（最近的项目）：显示最近打开过的项目列表，用于快速打开项目。

⑨ Exit（退出）：退出 STM32CubeMX。

2）Window 菜单。该菜单主要包括如下菜单项。

① Outputs（输出）：一个复选的菜单项，被勾选时，在工作区的最下方显示一个输出子窗口并

显示一些输出信息。

② Font size（字体大小）：有 3 个子菜单项，用于设置软件界面字体大小，需重启 STM32CubeMX 后才生效。

3）Help 菜单。该菜单主要包括如下菜单项。

① Help（帮助）：显示 STM32CubeMX 的英文版用户手册 PDF 文档，文档有 300 多页，是一个很齐全的使用手册。

② About（关于）：显示关于本软件的对话框。

③ Docs & Resources（文档和资源）：只有在打开或新建一个项目后此菜单项才有效。选择此项会打开一个对话框，显示与项目所用 MCU 型号相关的技术文档列表，包括数据手册、参考手册、编程手册、应用笔记等。这些都是 ST 有限公司官方的资料文档，单击即可打开 PDF 文档。首次单击一个文档时会自动从 ST 官网下载文档并保存到软件库根目录下，例如，目录 "D:\STM32Dev\Repository"。这避免了每次查看文档都要上 ST 有限公司官网搜索的麻烦，也便于管理。

④ Refresh Data（刷新数据）：会显示图 3-7 所示的 Data Refresh 对话框，用于刷新 MCU 和开发板的数据，或下载所有官方文档。

⑤ User Preferences（用户选项）：会打开一个对话框用于设置用户选项，只有一个需要设置的选项，即是否允许软件收集用户使用习惯。

⑥ Check for Updates（检查更新）：会打开一个对话框，用于检查 STM32CubeMX 软件、各系列 MCU 固件包、STM32Cube 扩展包是否有新版本需要更新。

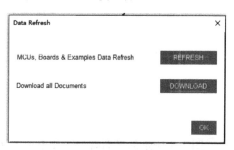

图 3-7　Data Refresh 对话框

⑦ Manage embedded software packages（管理嵌入式软件包）：会打开图 3-5 所示的对话框，对嵌入式软件包进行管理。

⑧ Updater Settings（更新设置）：会打开图 3-4 所示的对话框，用于设置软件库文件夹，设置软件检查更新方式和数据刷新方式。

3.3.2　新建项目

1. 选择 MCU 创建项目

选择菜单项 File→New Project，或单击 Home 视图中的 ACCESS TO MCU SELECTOR 按钮，都可以打开图 3-8 所示的 New Project 对话框。该对话框用于新建项目，是 STM32CubeMX 的 3 个主要视图之一，用于选择 MCU 或开发板以新建项目。

STM32CubeMX 界面上的一些地方使用了 "MCU/MPU"，是为了表示 STM32 系列 MCU 和 MPU。STM32MP 系列推出较晚，型号较少，STM32 系列一般指 MCU。除非特殊说明或为了与界面上的表示一致，为了表达的简洁，本书后面用 MCU 统一表示 MCU 和 MPU。

New Project 对话框有 4 个选项卡。MCU/MPU Selector 选项卡用于选择具体型号的 MCU 来创建项目。Board Selector 界面用于选择一个开发板创建项目。Example Selector 选项卡用于提供预设代码示例，可以帮助用户更快地开始开发项目。通过这个选项卡，用户可以寻找并选择各种应用场景下的代码实例，这些实例通常包括底层驱动、外设初始化及常见功能的实现代码。Cross Selector 选项卡用于对比某个 STM32 MCU 或其他厂家的 MCU，选择一个合适的 STM32 MCU 创建项目。

图 3-8 所示的是 MCU/MPU Selector 选项卡，用于选择 MCU。

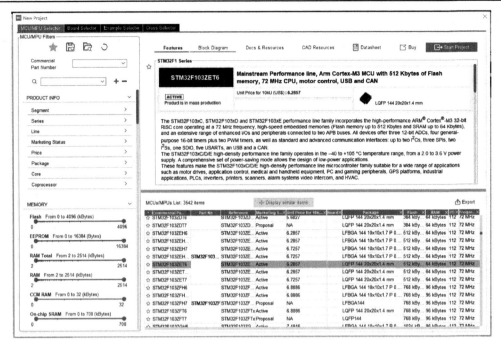

图 3-8   New Project 对话框

图 3-8 所示的界面有如下几个功能区域。

1）MCU/MPU Filters 区域：用于设置筛选条件，缩小 MCU 的选择范围。有一个局部工具栏、一个型号搜索框，以及各组筛选条件，如 Core、Series、Package 等，单击某个条件可以展开其选项。

2）MCUs/MPUs List 区域：通过筛选或搜索的 MCU 列表，列出了器件的具体型号、封装、Flash、RAM 等参数。在这个区域可以进行如下操作。

① 单击列表项左端的星星图标，可以收藏条目（★）或取消收藏（☆）。

② 单击列表上方的 Display similar items 按钮，可以将相似的 MCU 添加到列表中显示，然后单击按钮切换标题为 Hide similar items，再单击就隐藏相似条目。

③ 单击右端的 Export 按钮，可以将列表内容导出为一个 Excel 文件。

④ 在列表上双击一个条目时就以所选的 MCU 新建一个项目，关闭此对话框进入项目管理视图。

⑤ 在列表上单击一个条目时，将在其上方的资料区域里显示该 MCU 的资料。

3）MCU 资料显示区域：在 MCU 列表里单击一个条目时，就在此区域显示这个具体型号 MCU 的资料，有多个界面和按钮操作。

① Features 界面：显示选中型号 MCU 的基本特性参数，界面左侧的星星图标表示是否收藏此 MCU。

② Block Diagram 界面：会显示 MCU 的功能模块图，如果是第一次显示某 MCU 的模块图，那么会自动从网上下载模块图片并保存到软件库根目录下。

③ Docs & Resources 界面：这个界面显示 MCU 相关的文档和资源列表，包括数据手册、参考手册、编程手册、应用笔记等。单击某个文档时，如果没有下载，就会自动下载并保存到软件库根目录下；如果已经下载，就会用 PDF 阅读器打开文档。

④ Datasheet 按钮：如果数据手册未下载，就会自动下载数据手册然后显示，否则会用 PDF 阅读器打开数据手册。数据手册自动保存在软件库根目录下。

⑤ Buy 按钮：用浏览器打开 ST 有限公司网站上的购买界面。

⑥ Start Project 按钮：用选择的 MCU 创建项目。

图 3-8 左侧的 MCU/MPU Filters 框内是用于 MCU 筛选的一些功能操作，上方有一个工具栏，有 4 个按钮。

1）Show favorites 按钮：显示收藏的 MCU 列表。单击 MCU 列表条目前面的星星图标，可以收藏或取消收藏某个 MCU。

2）Save Search 按钮：保存当前搜索条件为某个搜索名称。在设置了某种筛选条件后可以保存为一个搜索名称，然后单击 Load Searches 按钮时选择此搜索名称，就可以快速使用以前用过的搜索条件。

3）Load Searches 按钮：会显示一个弹出菜单，列出所有保存的搜索名称，单击某一项就可以快速载入以前设置的搜索条件。

4）Reset all filters 按钮：复位所有筛选条件。

在此工具栏的下方有一个 Part Number 编辑框，用于设置器件型号进行搜索。可以在文本框里输入 MCU 的型号，如 STM32F103，就会在 MCU 列表里看到所有 STM32F103xx 型号的 MCU。

MCU 的筛选主要通过以下几组条件进行设置。

1）Core（内核）：筛选内核，选项中列出了 STM32 支持的所有 Cortex 内核，如图 3-9 所示。

2）Series（系列）：选择内核后会自动更新可选的 STM32 系列列表，图 3-10 只显示了列表的一部分。

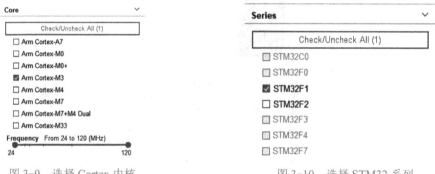

图 3-9　选择 Cortex 内核　　　　　　　图 3-10　选择 STM32 系列

3）Line（产品线）：选择某个 STM32 系列后会自动更新产品线列表中的可选范围。例如，选择了 STM32F1 系列之后，产品线列表中只有 STM32F1xx 的器件可选。图 3-11 是产品线列表的一部分。

4）Package（封装）：根据封装选择器件。用户可以根据已设置的其他条件缩小封装的选择范围。图 3-12 是封装列表的一部分。

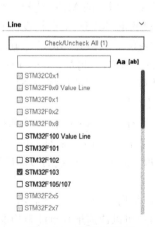
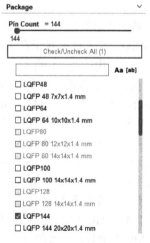

图 3-11　选择产品线　　　　　　　　　图 3-12　选择封装

5）Other（其他）：还可以设置价格、I/O 引脚数、Flash 大小、RAM 大小、主频等筛选条件。

MCU 筛选的操作非常灵活，并不需要按照条件顺序依次设置，可以根据自己的需要进行设置。例如，如果已知 MCU 的具体型号，则可以直接在器件型号搜索框里输入型号；如果根据外设选择 MCU，则可以直接在外设里进行设置后筛选，如果得到的 MCU 型号比较多，再根据封装、Flash 容量等进一步筛选。设置好的筛选条件可以保存为一个搜索名，通过 Load Searches 按钮选择保存的搜索名，可以重复执行搜索。

2．选择开发板新建项目

用户还可以在 New Project 对话框里选择开发板新建项目，其界面如图 3-13 所示。STM32CubeMX 目前仅支持 ST 官方的开发板。

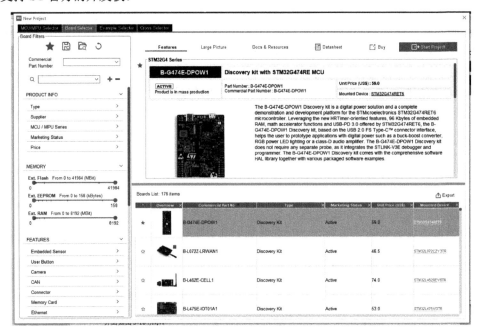

图 3-13　选择开发板新建项目

New Project 对话框的第 4 个选项卡是 Cross Selector，用于交叉选择 MCU 新建项目，界面如图 3-14 所示。

交叉选择就是针对其他厂家的一个 MCU 或一个 STM32 具体型号的 MCU 选择一个性能和外设资源相似的 MCU。交叉选择对于在一个已有设计基础上选择新的 MCU 来重新设计非常有用，例如，原有的一个设计用的是 TI 的 MSP4305529 单片机，需要换用 STM32 MCU 重新设计，就可以通过交叉选择找到一个性能、功耗、外设资源相似的 STM32 MCU。再如，一个原有的设计是用 STM32F103 做的，但是发现 STM32F103 的 SRAM 和处理速度不够，需要选择一个性能更高，而引脚和 STM32F103 完全兼容的 STM32 MCU，就可以使用交叉选择。

在图 3-14 中，左上方的 Part Number Search 部分用于选择原有 MCU 的厂家和型号，厂家有 NXP、Microchip、ST、TI 等，选择厂家后会在第二个下拉列表框中列出厂家的 MCU 型号。选择厂家和 MCU 型号后，会在下方的 Matching ST candidates（500）框中显示可选的 STM32MCU，并且用一个匹配百分比表示匹配程度。

在候选 STM32 MCU 列表上可以选择一个或多个 MCU，然后右边的区域会显示原来的 MCU 与候选 STM32 MCU 的具体参数的对比。通过这样的对比，用户可以快速地找到能替换原来 MCU 的 STM32 MCU。图 3-14 所示界面上的一些按钮的功能操作就不具体介绍了，请读者自行尝试使用。

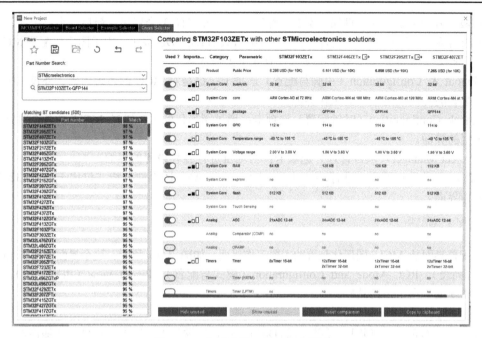

图 3-14　交叉选择 MCU 新建项目

3.3.3　MCU 图形化配置界面总览

选择一个 MCU 创建项目后，界面上显示的是项目操作视图。因为本书所用开发板上的 MCU
型号是 STM32F103ZET6，所以选择 STM32F10ZET6 新建一个项目进行操作。这个项目只是用于熟
悉 STM32CubeMX 软件的基本操作，并不需要下载到开发板上，所以可以随意操作。读者选择其他
型号的 MCU 创建项目也是可以的。

新建项目后的 MCU 引脚配置界面如图 3-15 所示，界面主要由主菜单栏、标签导航栏和工作区
3 部分组成。

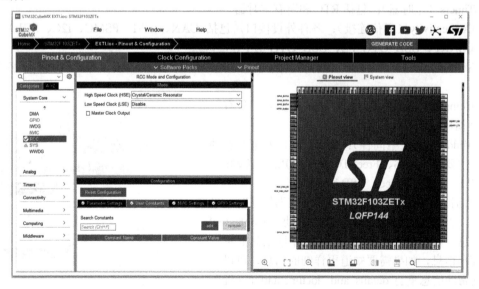

图 3-15　MCU 引脚配置界面

窗口最上方的主菜单栏一直保持不变。标签导航栏现在有 3 个层级，最后一个层级显示了当前工作界面的名称。标签导航栏的最右侧有一个 GENERATE CODE 按钮，用于图形化配置 MCU 后生成 C 语言代码。工作区是一个多页选项卡，有 4 个工作选项卡。

1）Pinout & Configuration（引脚与配置）选项卡：这是对 MCU 的系统内核、外设、中间件和引脚进行配置的界面，是主要的工作界面。

2）Clock Configuration（时钟配置）选项卡：通过图形化的时钟树对 MCU 的各个时钟信号频率进行配置的界面。

3）Project Manager（项目管理）选项卡：对项目进行各种设置的界面。

4）Tools（工具）界面：进行功耗计算、DDR SDRAM 适用性分析（仅用于 STM32MP1 系列）的操作界面。

3.3.4　MCU 配置

引脚配置界面是 MCU 图形化配置的主要工作界面，如图 3-15 所示。这个界面包括 Component List（组件列表）、RCC Mode and Configuration（模式与配置）、Pinout view（引脚视图）、System view（系统视图）和一个工具栏。

1. 组件列表

位于工作区左侧的是 MCU 可以配置的系统内核、外设和中间件列表，每一项都称为一个组件（Component）。组件列表有两种显示方式：分组显示和按字母顺序显示。单击界面上的 Categories 或 A->Z 标签，就可以在这两种显示方式之间切换。

在列表上方的搜索框内输入文字，按〈Enter〉键就可以根据输入的文字快速定位某个组件，如搜索 "RTC"。搜索框右侧的一个图标按钮有两个弹出菜单项，分别是 Expand All 和 Collapse All，在分组显示时可以展开全部分组或收起全部分组。

在分组显示状态下，主要有如下一些分组（每个分组的具体条目与 MCU 型号有关，这里选择的 MCU 是 STM32F103ZE）。

① System Core（系统内核）：有 DMA、GPIO、IWDG、NVIC、RCC、SYS 和 WWDG。

② Analog（模拟）：片上的 ADC 和 DAC。

③ Timers（定时器）：包括 RTC 和所有定时器。

④ Connectivity（通信连接）：各种外设接口，包括 CAN、ETH、FSMC、I2C、SDIO、SPI、UART、USART、USB_OTG_FS、USB_OTG_HS 等接口。

⑤ Multimedia（多媒体）：各种多媒体接口，包括数字摄像头接口 DCMI 和数字音频接口 12S。

⑥ Computing（计算）：计算相关的资源，只有一个 CRC（循环冗余校验）。

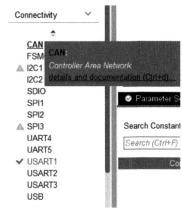

⑦ Middleware（中间件）：MCU 固件库里的各种中间件，主要有 FatFS、FreeRTOS、LibJPEG、LwIP、PDM2PCM、USB_Device、USB_Host 等。

当鼠标指针在组件列表的某个组件上面停留时，界面中显示的是这个组件的上下文帮助（Contextual Help）信息，如图 3-16 所示。上下文帮助信息显示了组件的简单信息，如果需要知道更详细的信息，可以单击上下文帮助信息里的 details and documentation（细节和文档）链接，显示其数据手册、参考手册、应用笔记等文档的连接。单击就可以下载并显示 PDF 文档，而且

图 3-16　组件的上下文帮助信息和可用标记

会自动定位文档中的相应界面。

在初始状态下，组件列表的各个项前面没有任何图标，在对 MCU 的各个组件做一些设置后，组件列表的各个项前面会出现一些图标（如图 3-16 所示），表示组件的可用性信息。MCU 引脚基本都有复用功能，设置某个组件可用后，其他一些组件和可用标记可能就不能使用了。这些图标的意义如表 3-1 所示。

表 3-1　组件列表条目前图标的意义

图标示例	意义
CAN1	组件前面没有任何图标，黑色字体，表示这个组件还没有被配置，其可用引脚也没有被占用
√ SPI1	表示这个组件的模式和参数已经配置好了
⊘ UART1	表示这个组件的可用引脚已经被其他组件占用，不能再配置这个组件了
▲ ADC1	表示这个组件的某些可用引脚或资源被其他组件占用，不能完全随意配置，但还是可以配置的。例如，ADC2 有 16 个可用输入引脚，当部分引脚被占用后，不能再配置为 ADC2 的输入引脚，就会显示这样的图标
USB_HOST	灰色字体，表示这个组件因为一些限制不能使用。例如，要使用中间件 USB_HOST，需要启用 USB_OTG 接口并配置为 Host，这样才可以使用中间件 USB_HOST

2. 组件的模式和配置

在图 3-15 的组件列表中单击一个组件后，就会在其右侧显示模式与配置（Mode and Configuration）界面。这个界面分为上、下两个部分，上方是模式设置界面，下方是参数配置界面，这两个界面的显示内容与选择的具体组件有关。

例如，图 3-15 所示的是 System Core 分组里 RCC 组件的模式和配置界面。RCC 用于设置 MCU 的两个外部时钟源，模式选择界面中，高速外部（High Speed External，HSE）时钟源的下拉列表框有如下 3 个选项。

1）Disable：禁用外部时钟源。

2）BYPASS Clock Source：使用外部有源时钟信号源。

3）Crystal/Ceramic Resonator：使用外部晶体振荡器作为时钟源。

当 HSE 的模式选择为 Disable 时，MCU 使用内部高速 RC 振荡器产生的 16MHz 信号作为时钟源。其他两项要根据实际的电路进行选择。例如，正点原子 STM32F103 开发板上使用了 8MHz 的无源晶体振荡电路产生 HSE 时钟信号，就可以选择 Crystal/Ceramic Resonator。

低速外部（Low Speed External，LSE）时钟可用作 RTC 的时钟源，其下拉列表框的选项与 HSE 的相同。若 LSE 模式设置为 Disable，RTC 就使用内部低速 RC 振荡器产生的 32kHz 时钟信号。开发板上有外接的 32.768kHz 晶体振荡电路，所以可以将 LSE 设置为 Crystal/Ceramic Resonator。如果设计中不需要使用 RTC，不需要提供 LSE 时钟，就可以将 LSE 设置为 Disable。

在模式设置界面中，当某些设置不能使用时，其底色会显示为紫红色，这是因为这个功能用到的引脚 PC9 被其他功能占用了。

下半部分的 Configuration 界面用于对组件的一些参数进行配置，分为多个界面，且界面内容与选择的组件有关，一般有如下一些界面。

1）Parameter Settings（参数设置）：组件的参数设置。例如，对于 USART1，参数设置包括波特率、数据位数（8 位或 9 位）、是否有奇偶校验位等。

2）NVIC Settings（中断设置）：能设置是否启用中断，但不能设置中断的优先级，只能显示中断优先级设置结果。中断的优先级需要在 System Core 分组的 NVIC 组件里设置。

3）DMA Settings（DMA 设置）：是否使用 DMA，以及 DMA 的具体设置。DMA 流的中断优先级需要到 System Core 分组的 NVIC 组件里设置。

4）GPIO Settings（GPIO 设置）：显示组件的 GPIO 引脚设置结果，不能在此修改 GPIO 设置。

外设的 GPIO 引脚是自动设置的，GPIO 引脚的具体参数（如上拉或下拉、引脚速率等）需要在 System Core 分组的 GPIO 组件里设置。

　　5）User Constants（用户常量）：用户自定义的一些常量，这些自定义常量可以在 STM32CubeMX 中使用。生成代码时，这些自定义常量会被定义为宏，放入 main.h 文件中。

　　每一种组件的模式和参数设置界面都不一样，我们将在后续章节介绍各种系统功能和外设时会具体介绍它们的模式和参数设置操作。

　　3. MCU 引脚视图

　　图 3-15 工作区的右侧显示了 MCU 的引脚图，在图上直观地表示了各引脚的设置情况。通过组件列表对某个组件进行模式和参数设置后，系统会自动在引脚图上标识出使用的引脚。例如，设置 RCC 组件的 HSE 使用外部晶振后，系统会自动将 Pin23 和 Pin24 引脚设置为 RCC_OSC_IN 和 RCC_OSC_OUT，这两个名称就是引脚的信号（signal）。

　　在 MCU 的引脚视图上，亮黄色的引脚是电源或接地引脚。黄绿色的引脚是只有一种功能的系统引脚，包括系统复位引脚 NRST、BOOT0 引脚和 PDR_ON 引脚，这些引脚不能进行配置。其他未配置功能的引脚为灰色，已经配置功能的引脚为绿色。

　　引脚视图下方有一个工具栏，通过工具栏按钮可以进行放大、缩小、旋转等操作，通过鼠标滚轮也可以缩放，按住鼠标左键可以拖动 MCU 引脚图。

　　对引脚功能的分配一般通过组件的模式设置进行，STM32CubeMX 会根据 MCU 的引脚使用情况自动为组件分配引脚。例如，USART1 可以定义在 PA9 和 PA10 上，也可以定义在 PB6 和 PB7 上。如果 PA9 和 PA10 未被占用，定义 USART1 的模式为 Asynchronous（异步）时，就自动定义在 PA9 和 PA10 上。如果这两个引脚被其他功能占用了，例如，定义为 GPIO 输出引脚以用于驱动 LED，那么定义 USART1 为异步模式时就会自动使用 PB6 和 PB7 引脚。

　　所以，如果是在电路的初始设计阶段，就可以根据电路的外设需求在组件里设置模式，让软件自动分配引脚，这样可以减少工作量，而且更准确。当然，用户也可以直接在引脚图上定义某个引脚的功能。

　　在 MCU 的引脚图上，当鼠标指针移动到某个引脚上时会显示这个引脚的上下文帮助信息，主要显示的是引脚编号和名称。在引脚上单击鼠标左键时，会出现一个引脚功能选择菜单。图 3-17 是单击引脚 PA9 时出现的引脚功能选择菜单。这个菜单里列出了引脚 PA9 所有可用的功能，其中的几个解释如下。

图 3-17　引脚 PA9 的引脚功能选择菜单

　　1）Reset_State：恢复为复位后的初始状态。

　　2）GPIO_Input：作为 GPIO 输入引脚。

　　3）GPIO_Output：作为 GPIO 输出引脚。

　　4）TIM1_CH2：作为定时器 TIM1 的输入通道 2。

　　5）USART1_TX、作为 USART1 的 TX 引脚。

　　6）GPIO_EXTI9、作为外部中断 EXTI9 的输入引脚。

　　引脚功能选择菜单的菜单项由具体的引脚决定，手动选择了功能的引脚上会出现一个图钉图标，表示这是绑定了信号的引脚。不管是软件自动设置的引脚还是手动设置的引脚，都可以重新为引脚手动设置信号。例如，通过设置组件 USART1 为 Asynchronous 模式，软件会自动设置引脚 PA9 为 USART1_TX，设置引脚 PA10 为 USART1_RX。但是如果电路设计需要将 USART1_RX 改用引脚 PB7，就可以手动将 PB7 设置为 USART1_RX，这时 PA10 会自动变为复位初始状态。

　　手动设置引脚功能时，容易引起引脚功能冲突或设置不全的错误，出现这类错误的引脚会自动用橘黄色显示。例如，直接手动设置 PA9 和 PA10 为 USART1 的两个引脚，引脚会显示为橘黄色。

这是因为在组件里没有启用 USART1 并为其选择模式，在组件列表里选择 USART1 并设置其模式为 Asynchronous 之后，PA9 和 PA10 引脚就变为绿色了。

用户还可以在一个引脚上单击鼠标右键调出一个快捷菜单，如图 3-18 所示。不过，只有设置了功能的引脚，才有右键快捷菜单。此快捷菜单有 3 个菜单项。

图 3-18　引脚的快捷菜单

1）Enter User Label（输入用户标签）：用于输入一个用户定义的标签，这个标签将取代原来的引脚信号名称显示在引脚旁边。例如，在将 PA10 设置为 USART1_RX 引脚后，可以再为其定义标签 GPS_RX，这样在实际的电路中更容易看出引脚的功能。

2）Signal Pinning（信号绑定）：选择此菜单项后，引脚上将会出现一个图钉图标，表示将这个引脚与功能信号（如 USART1_TX）绑定了，这个信号就不会再自动改变引脚，只可以手动改变引脚。对于已经绑定信号的引脚，此菜单项会变为 Signal Unpinning，就是解除绑定。对于未绑定信号的引脚，软件在自动分配引脚时可能会重新为此信号分配引脚。

3）Pin Stacking/Pin Unstacking（引脚叠加/引脚解除叠加）：这个菜单项的功能不明确，手册里没有任何说明，ST 官网上也没有明确解答。不要单击此菜单项，否则影响生成的 C 语言代码。

4. Pinout 菜单

在引脚视图的上方还有一个工具栏，上面有两个按钮：Additional Software 和 Pinout。单击 Additional Software 按钮会打开一个对话框，用于选择已安装的 STM32Cube 扩展包，并添加到组件面板的 Additional Software 组里。

单击 Pinout 按钮会出现一个下拉菜单，菜单项如图 3-19 所示。

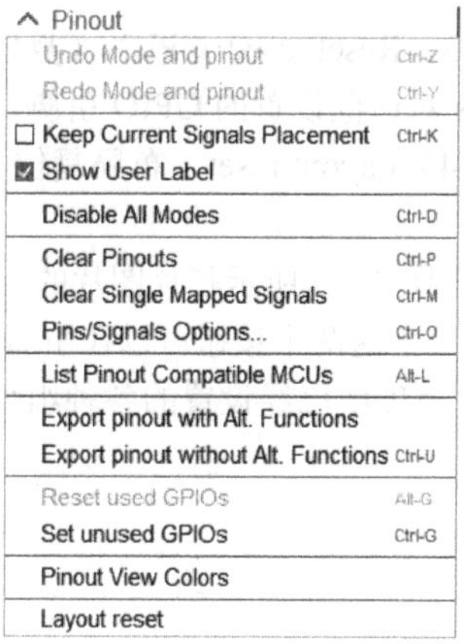

各菜单项的功能描述如下。

1）Undo Mode and pinout：撤销上一次的模式设置和引脚分配操作。

2）Redo Mode and pinout：重做上一次的撤销操作。

3）Keep Current Signals Placement（保持当前信号的配置）：如果勾选此项，那么将保持当前设置的各个信号的引脚配置，也就是在后续自动配置引脚时，前面配置的引脚不会再改动。这样有时会引起引脚配置困难，如果是在设计电路阶段，则可以取消此选项，让软件自动分配各外设的引脚。

图 3-19　引脚视图上方的 Pinout 菜单项

4）Show User Label（显示用户标签）：如果勾选此项，则将显示引脚的用户定义标签，否则显示其已设置的信号名称。

5）Disable All Modes（禁用所有模式）：取消所有外设和中间件的模式设置，复位全部相关引脚，但是不会改变设置的普通 GPIO 输入或输出引脚，例如，不会复位用于 LED 的 GPIO 输出引脚。

6）Clear Pinouts（清除引脚分配）：可以让所有引脚变成复位初始状态。

7）Clear Single Mapped Signals（清除单边映射的信号）：清除那些定义了引脚的信号，但是没有关联外设的引脚，也就是橘黄色底色标识的引脚。必须先解除信号的绑定才可以清除，也就是去除引脚上的图钉图标。

8）Pins/Signals Options（引脚/信号选项）：会打开一个图 3-20 所示的对话框，显示 MCU 已经设置的所有引脚名称、关联的信号名称和用户定义标签。可以按住〈Shift〉键或〈Ctrl〉键选择多个行，然后单击鼠标右键调出快捷菜单，通过菜单项进行引脚与信号的批量绑定或解除绑定。

9）List Pinout Compatible MCUs（列出引脚分配兼容的 MCU）：会打开一个对话框，显示与当前项目的引脚配置兼容的 MCU 列表。此功能可用于在电路设计阶段选择与电路兼容的不同型号的 MCU，例如，可以选择一个与电路完全兼容，但是 Flash 更大，或主频更高的 MCU。

10）Export pinout with Alt.Functions：将具有复用功能的引脚的定义导出为一个 .csv 文件。

11）Export pinout without Alt.Functions：将没有复用功能的引脚的定义导出为一个 .csv 文件。

12）Set unused GPIOs（设置未使用的 GPIO 引脚）：用于打开一个图 3-21 所示的对话框，对 MCU 未使用的 GPIO 引脚进行设置，可设置为 Input、Output 或 Analog 模式。一般设置为 Analog，以降低功耗。注意，要进行此项的设置，必须在 SYS 组件中设置了调试引脚，如设置为 5 线 JTAG。

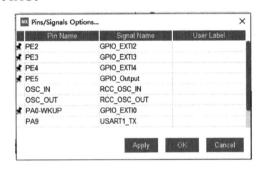

图 3-20　Pins/Signals Options 对话框

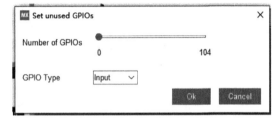

图 3-21　设置未使用 GPIO 引脚的对话框

13）Reset used GPIOs（复位已用的 GPIO 引脚）：打开一个对话框，复位那些通过 Set unused GPIOs 对话框设置的 GPIO 引脚，可以选择复位的引脚个数。

14）Layout reset（布局复位）：将 Pinout & Configuration 界面的布局恢复为默认状态。

5．系统视图

在图 3-15 所示芯片图片的上方有两个按钮：Pinout view（引脚视图）和 System view（系统视图），单击这两个按钮可以在引脚视图和系统视图之间切换显示。图 3-22 是系统视图界面，界面上显示了 MCU 已经设置的各种组件，便于对 MCU 已经设置的系统资源和外设有一个总体的了解。

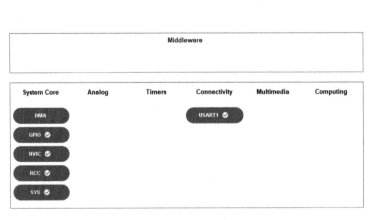

图 3-22　系统视图界面

在图 3-22 中单击某个组件时，在工作区的组件列表里就会显示此组件，在模式与配置视图里就会显示此组件的设置内容，以便进行查看和修改。

3.3.5　时钟配置

MCU 图形化设置的第二个工作界面是时钟配置界面。为了充分演示时钟配置的功能，我们先设置 RCC 的模式，将 HSE 和 LSE 都设置为 Crystal/Ceramic Resonator，并且启用 Master Clock Output（MCO），RCC 模式设置界面如图 3-23 所示。

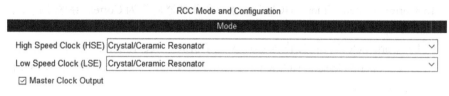

图 3-23　RCC 模式设置界面

MCO（Master Clock Output）是 MCU 向外部提供时钟信号的引脚，其中 MCO2 与音频时钟输入（Audio Clock Input, I2S_CKIN）共用引脚 PC9，所以使用 MCO2 之后就不能再使用 I2S_CKIN 了。此外，我们需要启用 RTC，以便演示设置 RTC 的时钟源。

在 STM32CubeMX 的工作区打开 Clock Configuration 选项卡，它非常直观地显示了 STM32F103MCU 的时钟树，使得各种时钟信号的配置变得非常简单。

时钟源、时钟信号或选择器的作用如下。

1）HSE（高速外部）时钟源。当设置 RCC 的 HSE 模式为 Crystal/Ceramic Resonator 时，用户可以设置外部振荡电路的晶振频率。比如开发板上使用的是 8MHz 晶振，在其中输入 8 之后按〈Enter〉键，软件就会根据 HSE 的频率自动计算所有相关时钟频率并刷新显示。注意，HSE 的频率设置范围是 4～16MHz。

2）HSI（高速内部）RC 振荡器。MCU 内部的高速 RC 振荡器，可产生频率为 8MHz 的时钟信号。

3）PLL 时钟源选择器和主锁相环。锁相环（Phase Locked Loop, PLL）时钟源选择器可以选择 HSE 或 HSI 作为锁相环的时钟信号源，PLL 的作用是通过倍频和分频产生高频的时钟信号。在 Clock Configuration 选项卡中带有除号（/）的下拉选择框是分频器，用于将一个频率除以一个系数，产生分频的时钟信号；带有乘号（x）的下拉列表框是倍频器，用于将一个频率乘以一个系数，产生倍频的时钟信号。

主锁相环（Main PLL）输出两路时钟信号：一路是 PLLCLK，进入系统时钟选择器；另一路输出 72MHz 时钟信号。USB-OTG FS、USB-OTG HS、SDIO、RNG 都需要使用这个 72MHz 时钟信号。

4）系统时钟选择器。系统时钟 SYSCLK 是直接或间接为 MCU 上的绝大部分组件提供时钟信号的时钟源，系统时钟选择器可以从 HSI、HSE、PLLCLK 这 3 个信号中选择一个作为 SYSCLK。

系统时钟选择器的下方有一个 Enable CSS 按钮。CSS（Clock Security System）是时钟安全系统，只有直接或间接使用 HSE 作为 SYSCLK 时，此按钮才有效。如果开启了 CSS，MCU 内部会对 HSE 时钟信号进行监测。当 HSE 时钟信号出现故障时，会发出一个 CSSI（Clock Security System Interrupt）中断信号，并自动切换到使用 HSI 作为系统时钟源。

5）系统时钟 SYSCLK。STM32F103 的 SYSCLK 最高频率是 72MHz，但是在 Clock Configuration 选项卡中，SYSCLK 文本框中不能直接修改 SYSCLK 的值。从 Clock Configuration 选项卡中可以看出，SYSCLK 直接作为 Ethernet 精确时间协议（Precision Time Protocol, PTP）的时钟信号，经过 AHB Prescaler（AHB 预分频器）后生成 HCLK 时钟信号。

6）HCLK 时钟。SYSCLK 经过 AHB 分频器后生成 HCLK 时钟，HCLK 就是 CPU 的时钟信号，CPU 的频率由 HCLK 的频率决定。HCLK 还为 APB1 总线和 APB2 总线等提供时钟信号。

HCLK 最高频率为 72MHz。用户可以在 HCLK 文本框中直接输入需要设置的 HCLK 频率，按〈Enter〉键后，软件将自动配置计算。

在 Clock Configuration 选项卡中可以看到，HCLK 为其右侧的多个部分直接或间接提供时钟信号。

① HCLK to AHB bus, core, memory and DMA。HCLK 直接为 AHB 总线、内核、存储器和 DMA 提供时钟信号。

② To Cortex System timer。HCLK 经过一个分频器后作为 Cortex 系统定时器（也就是 Systick 定时器）的时钟信号。

③ FCLK Cortex clock。直接作为 Cortex 的 FCLK（free-running clock）时钟信号。

④ APB1 peripheral clocks。HCLK 经过 APB1 分频器后生成外设时钟信号 PCLK1，为外设总线 APB1 上的外设提供时钟信号。

⑤ APB1 Timer clocks。PCLK1 经过 2 倍频后生成 APB1 定时器时钟信号，为 APB1 总线上的定时器提供时钟信号。

⑥ APB2 peripheral clocks。HCLK 经过 APB2 分频器后生成外设时钟信号 PCLK2，为外设总线 APB2 上的外设提供时钟信号。

⑦ APB2 timer clocks。PCLK2 经过 2 倍频后生成 APB2 定时器时钟信号，为 APB2 总线上的定时器提供时钟信号。

7）音频时钟输入。如果在 Clock Configuration 选项卡中的 RCC 模式设置中勾选了 Audio Clock Input（I2S_CKIN）复选框，就可以在此输入一个外部的时钟源，作为 IIS 接口的时钟信号。

8）MCO 时钟输出和选择器。MCO 是 MCU 为外部设备提供的时钟源，当在 Clock Configuration 选项卡中勾选 Master Clock Output 后，就可以在相应引脚输出时钟信号。

在 Clock Configuration 选项卡中，显示了 MCO2 的时钟源选择器和输出分频器，另一个 MCO1 的选择器和输出通道也与此类似，由于幅面限制没有显示出来。MCO2 的输出可以从 4 个时钟信号源中选择，还可以再分频后输出。

9）LSE（低速外部）时钟源。如果在 RCC 模式设置中启用 LSE，就可以选择 LSE 作为 RTC 的时钟源。LSE 固定为 32.768kHz，经过多次分频，可以得到精确的 1Hz 信号。

10）LSI（低速内部）RC 振荡器。MCU 内部的 LSI RC 振荡器产生频率为 32kHz 的时钟信号，它可以作为 RTC 的时钟信号，也直接作为 IWDG（独立看门狗）的时钟信号。

11）RTC 时钟选择器。如果启用 RTC，就可以通过 RTC 时钟选择器为 RTC 设置一个时钟源。RTC 时钟选择器有 3 个可选的时钟源：LSI、LSE 和 HSE 经分频后的时钟信号 HSE_RTC。要使 RTC 的精确度高，应该使用 32.768kHz 的 LSE 作为时钟源，因为 LSE 经过多次分频后可以产生 1Hz 的精确时钟信号。

明白了 Clock Configuration 选项卡中的这些时钟源和时钟信号的作用后，进行 MCU 上的各种时钟信号的配置就很简单了，因为都是图形化界面的操作，所以不用像传统编程那样搞清楚相关寄存器并计算寄存器的值了，这些底层的寄存器设置将由 STM32CubeMX 自动完成，并生成代码。

在 Clock Configuration 选项卡中可以进行如下的一些操作。

1）直接在某个时钟信号的编辑框中输入数值，按〈Enter〉键后由软件自动配置各个选择器、分频器、倍频器。例如，如果希望设置 HCLK 为 50MHz，在 HCLK 的编辑框里输入 50 后按〈Enter〉键即可。

2）可以手动修改选择器、分频器、倍频器的设置，以便手动调节某个时钟信号的频率。

3）当某个时钟的频率设置错误时，其所在的编辑框会以紫色底色显示。

4）在某个时钟信号编辑框上单击鼠标右键，会弹出一个快捷菜单，其中包含 Lock 和 Unlock 两个菜单项，用于对时钟频率进行锁定和解锁。如果一个时钟频率被锁定，则其编辑框会以灰色底色显示。在软件自动计算频率时，系统会尽量不改变已锁定时钟信号的频率，如果必须改动，就会出现一个对话框提示解锁。

5）单击工具栏上的 Reset Clock Configuration 按钮，会将整个时钟树复位到初始默认状态。

6）工具栏上的其他一些按钮可以进行撤销、重复、缩放等操作。

用户所做的这些时钟配置都涉及寄存器的底层操作，STM32CubeMX 在生成代码时会自动生成时钟初始化配置的程序。

3.3.6 项目管理

1．功能概述

对 MCU 系统功能和各种外设的图形化配置，主要是在引脚配置和时钟配置两个工作界面完成的。完成这些工作后，一个 MCU 的配置就完成了。STM32CubeMX 的重要作用就是将这些图形化的配置结果导出为 C 语言代码。

STM32CubeMX 工作区的第 3 个选项卡是 Project Manager，如图 3-24 所示。这个选项卡是一个多页界面，有如下 3 个工作界面。

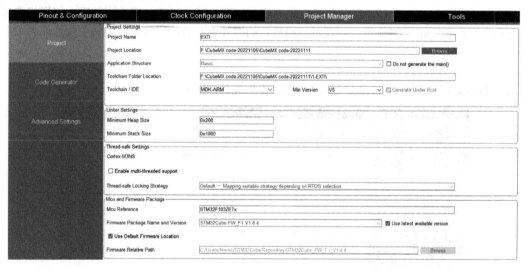

图 3-24　项目管理器的 Project Manager 选项卡

1）Project 界面：用于设置项目名称、保存路径、导出代码的 IDE 软件等。

2）Code Generator 界面：用于设置生成 C 语言代码的一些选项。

3）Advanced Settings 界面：生成 C 语言代码的一些高级设置，例如，外设初始化代码是使用 HAL 库还是 LL 库。

2．项目基本信息设置

新建的 STM32CubeMX 项目首次保存时会出现一个选择文件夹的对话框。用户选择一个文件夹后，项目会被保存到文件夹下，并且项目名称与最后一级文件夹的名称相同。

例如，保存项目时选择的文件夹是："D:\Demo\MDK\1-LED\"，那么，项目会被保存到此目录下，并且项目文件名是 LED.ioc。

对于保存过的项目，就不能再修改图 3-24 中的 Project Name 和 Project Location 两个文本框中的内容了。图 3-24 所示的界面上还有如下一些设置项。

1）Application Structure（应用程序结构）：有 Basic 和 Advanced 两个选项。

① Basic：建议用于只使用一个中间件或者不使用中间件的项目。在这种结构里，IDE 配置文件夹与源代码文件夹同级，用子目录组织代码。

② Advanced：当项目里使用多个中间件时，建议使用这种结构，这样对于中间件的管理容易一点。

2）Do not generate the main()复选框：如果勾选此复选框，那么导出的代码将不生成 main()函数。但是 C 语言的程序肯定是需要一个 main()函数的，所以不勾选此复选框。

3）Toolchain Folder Location：也就是导出的 IDE 项目所在的文件夹，默认与 STM32CubeMX 项目文件在同一个文件夹中。

4）Toolchain/IDE：从一个下拉列表框里选择导出 C 语言程序的工具链或 IDE 软件，下拉列表的选项如图 3-25 所示。

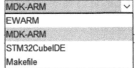

本书使用的 IDE 软件是 Keil MDK，Toolchain/IDE 选择 MDK-arm。

图 3-25   可选的工具链/IDE 软件下拉列表

5）Linker Settings（链接器设置）：用于设置应用程序的堆（Heap）的最小大小，默认值是 0x200 和 0x400。

6）Mcu and Firmware Package（MCU 和固件包）：MCU 固件库默认使用已安装的最新固件库版本。如果系统中有一个 MCU 系列的多个版本的固件库，就可以在此重选固件库。如果勾选 Use Default Firmware Location 复选框，则表示使用默认的固件库路径，也就是所设置的软件库目录下的相应固件库目录。

3．代码生成器设置

Code Generator 界面如图 3-26 所示，用于设置生成代码时的一些特性。

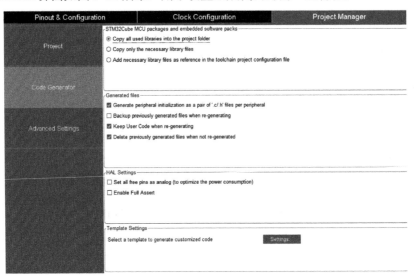

图 3-26   Code Generator 界面

1）STM32Cube MCU packages and embedded software packs 选项：用于设置固件库和嵌入式软件库复制到 IDE 项目里的方式，有如下 3 种方式。

① Copy all used libraries into the project folder：将所有用到的库都复制到项目文件夹下。

② Copy only the necessary library files：只复制必要的库文件，即只复制与用户配置相关的库文件，默认选择这一项。

③ Add necessary library files as reference in the toolchain project configuration file：将必要的库文件以引用的方式添加到项目的配置文件中。

2）Generated files 选项：生成 C 语言代码文件的一些选项。

① Generate peripheral initialization as a pair of′.c/.h′files per peripheral：勾选此复选框后，为

每一种外设生成的初始化代码将会有.c/.h 两个文件。例如，对于 GPIO 引脚的初始化程序，将有 gpio.h 和 gpio.c 两个文件，否则所有外设初始化代码都在 main.c 文件里。虽然默认是不勾选此复选框的，但推荐勾选此复选框，特别是当项目用到的外设比较多时，而且使用.c/.h 文件对更方便，也是更好的编程习惯。

② Backup previously generated files when re-generating：如果勾选此复选框，STM32CubeMX 在重新生成代码时，就会将前面生成的文件备份到一个名为 Backup 的子文件夹里，并在.c/.h 文件名后面再增加一个.bak 扩展名。

③ Keep User Code when re-generating：重新生成代码时保留用户代码。这个选项只应用于 STM32CubeMX 自动生成的文件中代码沙箱段（在后面会具体介绍此概念）的代码，不会影响用户自己创建的文件。

④ Delete previously generated files when not re-generated：删除那些以前生成的不需要再重新生成的文件。例如，前一次配置中用到了 SDIO，前次生成的代码中有文件 sdio.h 和 sdio.c，而重新配置时取消了 SDIO。如果勾选了此复选框，重新生成代码时就会删除前面生成的文件 sdio.h 和 sdio.c。

3）HAL Settings 选项：用于设置 HAL。

① Set all free pins as analog(to optimize power consumption)：设置所有自由引脚的类型为 Analog，这样可以优化功耗。

② Enable Full Assert：启用或禁用 Full Assert 功能。在生成的文件 stm32f1xx_hal_conf.h 中有一个宏定义 USE_FULL_ASSERT，如果禁用 Full Assert 功能，这行宏定义代码就会被注释掉：

    #define　USE_FULL_ASSERT　1U

如果启用 Full Assert 功能，那么 HAL 库中的每个函数都会对函数的输入参数进行检查，如果检查出错，就会返回出错代码的文件名和所在行。

4）Template Settings 选项：用于设置自定义代码模板。一般不用此功能，直接使用 STM32CubeMX 自己的代码模板就很好。

4. 高级设置

Advanced Settings 界面如图 3-27 所示，分为上、下两个列表。

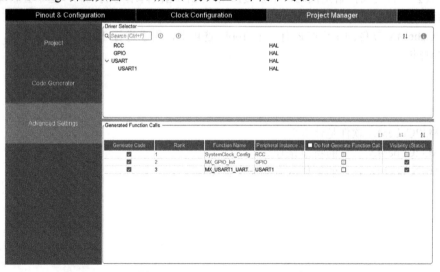

图 3-27　Advanced Settings 界面

1）Driver Selector 列表：用于选择每个组件的驱动库类型。该列表列出了所有已配置的组件，如 USART、RCC 等。第 2 列是组件驱动库类型，有 HAL 和 LL 两种库可选。

HAL 是高级别的驱动程序，MCU 上所有的组件都有 HAL 驱动程序。HAL 的代码与具体硬件的关联度低，易于在不同系列的器件之间移植。

LL 是进行寄存器级别操作的驱动程序，它的性能更加优化，但是需要对 MCU 的底层和外设比较熟悉，与具体硬件的关联度高，在不同系列之间进行移植时的工作量大。并不是 MCU 上所有的组件都有 LL 驱动程序，软件复杂度高的外设没有 LL 驱动程序，如 SDIO、USB-OTG 等。

本书完全使用 HAL 库进行示例程序设计，不会混合使用 LL 库，以保持总体的统一。

2）Generated Function Calls 列表：对生成函数的调用方法进行设置。图 3-27 所示界面下方的表格列出了 MCU 配置的系统功能和外设的初始化函数。列表中的各列如下。

① Function Name 列：是生成代码时将要生成的函数名称，这些函数名称是自动确定的，不能修改。

② Do Not Generate Function Call 列：如果勾选了此复选框，在 main()函数的外设初始化部分不会调用这个函数，但是函数的完整代码还是会生成的，如何调用由编程者自己处理。

③ Visibility（Static）列：用于指定是否在函数原型前面加上关键字 static，使函数变为文件内的私有函数。如果在图 3-26 中勾选了 Generate peripheral initialization as a pair of '.c/.h' files per peripheral 复选框，则无论是否勾选 Visibility（Static）复选框，外设的初始化函数原型前面都不会加 static 关键字，因为在.h 文件里声明的函数原型对外界就是可见的。

3.3.7　生成报告和代码

在对 MCU 进行各种配置以及对项目进行设置后，用户就可以生成报告和代码。

选择主菜单项 File→Generate Report，会在 STM32CubeMX 项目文件目录下生成一个同名的 PDF 文件。这个 PDF 文件里有对项目的基本描述、MCU 型号描述、引脚配置图、引脚定义表格、时钟树、各种外设的配置信息等，是对 STM32CubeMX 项目的一个很好的总结性报告。

保存 STM32CubeMX 项目并在项目管理界面做好生成代码的设置后，用户随时可以单击导航栏右端的 GENERATE CODE 按钮，为选定的 MDK-ARM 软件生成代码。如果是首次生成代码，将自动生成 MDK-ARM 项目框架，生成项目所需的所有文件；如果 MDK-arm 项目已经存在，再次生成代码时只会重新生成初始化代码，不会覆盖用户在沙箱段内编写的代码，也不会删除用户在项目中创建的程序文件。

STM32CubeMX 软件的工作区还有一个 Tools 选项卡，用于进行 MCU 的功耗计算，这会涉及 MCU 的低功耗模式。

习题

1．STM32CubeMX 软件是什么？

2．STM32CubeMX 软件的特点是什么？

3．STM32CubeMX 软件的工作区有哪 4 个界面？

第 4 章　STM32CubeIDE 创建工程实例

本章详细介绍了通过 STM32CubeIDE 创建工程的具体流程。首先，指导读者获取 STM32CubeIDE 软件包并完成安装步骤。接着，讲解启动 STM32CubeIDE 软件的方法。然后，详细描述建立新工程的具体步骤，包括建立 STM32 工程、选择目标器件、设置工程参数、配置硬件功能模块，以及启动代码生成功能等关键信息。对于代码修改，本章涵盖了代码中注释的重要性及其作用、初始化函数的编写、用户代码的添加、如何查找所需的 HAL 库函数及修改后的代码说明。完成代码编写后，还介绍了工程的编译步骤，引出了 STM32CubeProgrammer 和 STM32CubeMonitor 软件的使用，便于读者了解如何将生成的代码烧录到开发板上以及如何进行调试和监控。最后，给出了选择 STM32F407 开发板及仿真器的建议。通过这一章的学习，读者可以系统掌握使用 STM32CubeIDE 进行项目开发的每个环节，为实际项目的实现奠定坚实的基础。

4.1　STM32CubeIDE 的安装

4.1.1　STM32CubeIDE 软件包获取

首先登录 ST 公司官网，网址如下：

https://www.st.com.cn/zh/development-tools/stm32cubeide.html#

登录 ST 公司官网后，选择 STM32CubeIDE 安装包版本（如 STM32CubeIDE1.15.1），单击图 4-1 中的"获取软件"按钮 获取软件 ，进入 STM32CubeIDE 安装包下载许可协议选择界面，需要登录 MyST，步骤同 STM32CubeMX 的操作方式，这里略。

图 4-1　STM32CubeIDE 安装包下载界面

下载后的 STM32CubeIDE 软件包如图 4-2 所示。

en.st-stm32cubeide_1.15.1_21094_20240412_1041_x86_64.exe

图 4-2   STM32CubeIDE 软件包

4.1.2   STM32FCubeIDE 的安装步骤

将图 4-2 所示的 STM32CubeIDE 软件包解压缩后，得到图 4-3 所示的 STM32CubeIDE 应用程序。

st-stm32cubeide_1.15.1_21094_20240412_1041_x86_64.exe

图 4-3   STM32CubeIDE 应用程序

双击 st-stm32cubeide_1.15.1_21094_20240412_1041_x86_64 应用程序，弹出图 4-4 所示的 STM32CubeIDE 安装向导界面。

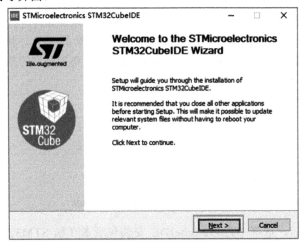

图 4-4   STM32CubeIDE 安装向导界面

单击图 4-4 中的 Next 按钮，弹出图 4-5 所示的 License Argreement（许可协议）接受界面，选择 Accept:I accept the agreement。

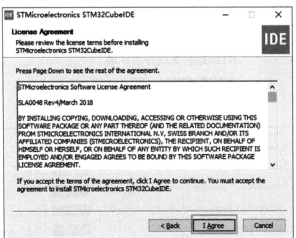

图 4-5   License Argreement（许可协议）接受界面

单击图 4-5 中的 I Agree 按钮，弹出图 4-6 所示的 STM32CubeIDE 安装路径选择界面。

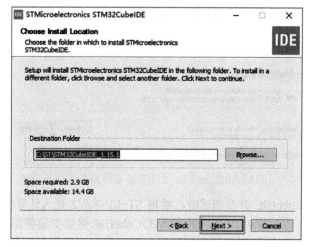

图 4-6　STM32CubeIDE 安装路径选择界面

　　一般选择默认路径，单击图 4-6 中的 Next 按钮，弹出图 4-7 所示的 Choose Components（选择组件）界面。

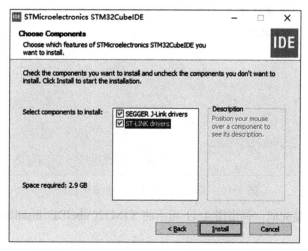

图 4-7　Choose Components（选择组件）界面

单击图 4-7 中的 Install 按钮，弹出图 4-8 所示的 Installing（安装）界面。

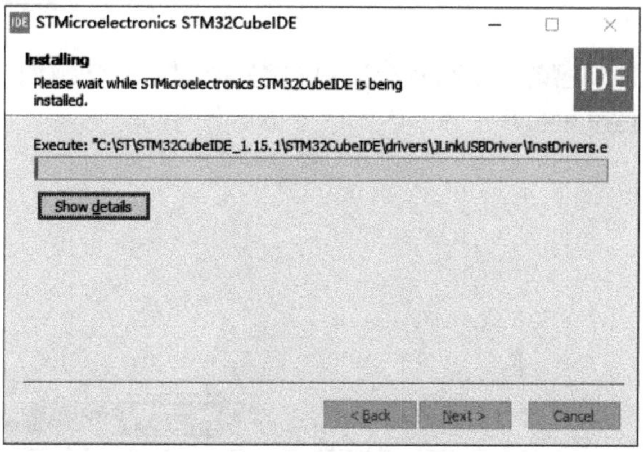

图 4-8　Installing（安装）界面

在 STM32CubeIDE 安装工程中，会弹出图 4-9 所示的 STMicroelectronics 通用串行总线设备安装选择界面。

图 4-9 STMicroelectronics 通用串行总线设备安装选择界面

由于在应用 STM32CubeIDE 开发调试时，要将 ST-LINK/V2 插入计算机的 USB 接口，所以单击图 4-9 中的安装按钮，弹出图 4-10 所示的 STM32CubeIDE 继续安装界面。

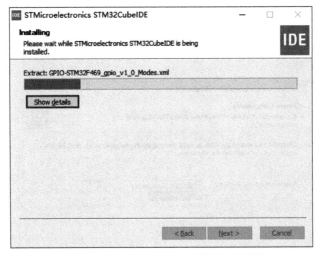

图 4-10 STM32CubeIDE 继续安装界面

STM32CubeIDE 安装完成，弹出图 4-11 所示的 STM32CubeIDE Installation Complete（安装完成）界面。

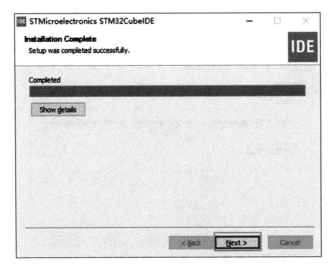

图 4-11 STM32CubeIDE Installation Complete（安装完成）界面

单击图 4-11 中的 Next 按钮，弹出图 4-12 所示的创建桌面图标界面。

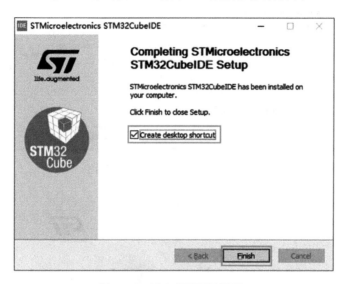

图 4-12　创建桌面图标界面

单击图 4-12 中的 Finish（完成）按钮，在计算机桌面生成图 4-13 所示的 STM32CubeIDE 图标。

4.2　启动 STM32CubeIDE

启动 STM32CubeIDE，首先将会出现图 4-14 所示的欢迎界面。

图 4-13　STM32CubeIDE 图标

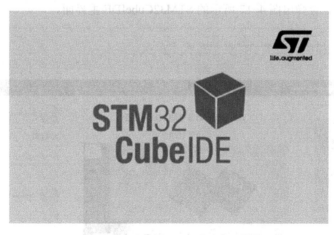

图 4-14　STM32CubeIDE 的欢迎界面

随后，会显示 STM32CubeIDE 启动（STM32CubeIDE Launcher）界面，如图 4-15 所示。

图 4-15 中的文本框可让用户选择在计算机中放置工作空间的地址，用于存放工程文件；勾选 Use this as the default and do not ask again 复选框，可将所选择的地址作为默认地址，以后启动时就不再弹出图 4-15 所示的界面。上述内容设置完毕后，单击界面右下的 Launch 按钮，即可启动 STM32CubeIDE，如图 4-16 所示。

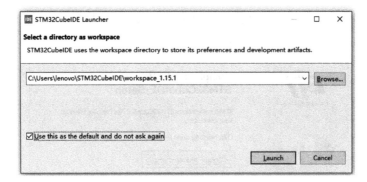

图 4-15   STM32CubeIDE 启动界面

图 4-16   启动 STM32CubeIDE

启动过程结束后，会弹出图 4-17 所示的 STM32CubeIDE 主界面。

图 4-17   STM32CubeIDE 主界面

STM32CubeIDE 主界面为信息中心（Information Center），可以从该界面建立新工程（Start New STM32 Project）或导入已有工程（Import Project），然后通过 STM32CubeIDE 菜单栏建立新工程。

4.3 建立新工程

4.3.1 建立 STM32 工程

在 STM32CubeIDE 的主界面中，选择菜单项 File→New→STM32 Project，就可以建立一个新的 STM32 工程，如图 4-18 所示。

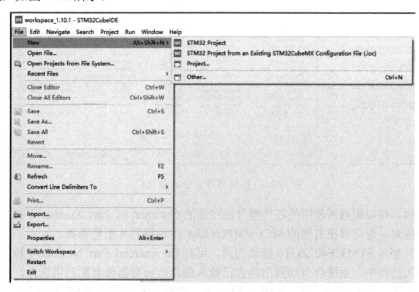

图 4-18 建立一个新的 STM32 工程

此时会显示图 4-19 所示的初始化目标选择器进度框。这个过程实际上是调用 STM32 各系列芯片信息的过程。在这个初始化的过程中会弹出图 4-20 所示的下载选择文件（Download selected Files）对话框（初次启动 STM32CubeIDE 时才有）。如果网络连接正常，这个过程很快就会完成。

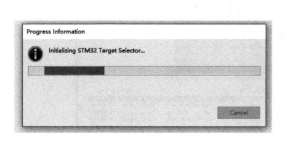

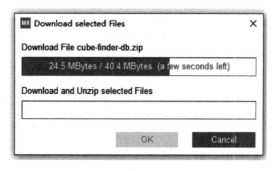

图 4-19 显示初始化目标选择器的进度　　　　图 4-20 下载选择文件（Download selected Files）对话框

4.3.2 选择目标器件

目标选择器初始化过程结束后，会弹出图 4-21 所示的目标器件选择（Target Selection）界面。从这个界面中，可以选择项目工程所用的具体器件。

图 4-21　目标器件选择界面（1）

选择器件时，可以根据所使用的芯片型号在左侧的 Commercial Part Number 下拉列表框中输入器件型号进行搜索，也可以在右侧的 MCUs/MPUs List 中根据芯片型号选择。

这里以芯片型号 STM32F407ZGT6 搜索为例，可在 Commercial Part Number 下拉列表框中输入该型号。在输入过程中，系统会自动列出包含已输入信息的所有器件名称以供选择，同时在右下侧信息框内显示所选器件的详细信息。如图 4-22 所示，选择的器件型号是 STM32F407ZGT6。

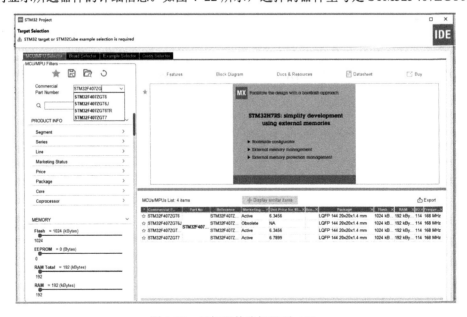

图 4-22　目标器件选择界面（2）

在图 4-22 中根据型号找到所用芯片，然后在右下侧列表项中选中该芯片，如图 4-23 所示。

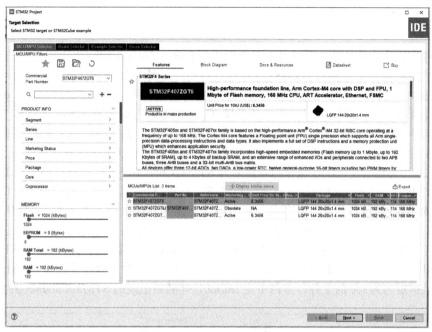

图 4-23　选中具体的芯片

　　如果在 Commercial Part Number 下拉列表框内输入完整的器件型号，在 MCUs/MPUs List 中就会出现唯一一行对应该型号芯片的信息。

　　一旦选中了具体的器件，在该界面上方就可以查看该芯片的特性参数（Features）、框图（Block Diagram）、文件和资源（Docs & Resources）以及数据手册（Datasheet）。如果想要查看具体文件，那么系统会连接网络，从 ST 网站上下载。譬如，单击 Datasheet，则会弹出图 4-24 所示的对话框，从 ST 网站上下载该器件的数据手册。

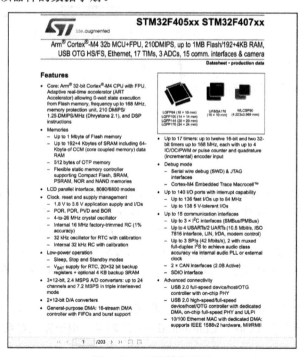

图 4-24　下载数据手册

4.3.3   设置工程参数

目标器件选择完成后，单击图 4-21 所示界面右下侧的 Next 按钮（在上述器件选择步骤完成后，该按钮才允许单击），会弹出 STM32 工程建立界面，如图 4-25 所示。

在工程建立界面中，需要给所建立的工程命名。这里将所建立的工程命名为 ex_led_chl；Options 选项保持默认设置，即目标语言选择 C；二进制类型（Targeted Binary Type）选择 Executable（可执行的），目标工程类型（Targeted Project Type）选择 STM32Cube。然后单击 Next 按钮，弹出图 4-26 所示的固件库（Firmware Library Package Setup）设置界面。

从图 4-26 中可以看出，IDE 选择的固件库为 STM32Cube FW_F4，版本为 V1.27.1。固件库包可提前从 ST 网站上下载并放到计算机某一目录下。此处该固件库包的放置路径为 C:\Users\xxx\STM32Cube\Repository（xxx 为计算机用户名）。这个目录是默认目录（建议使用该默认目录）。

图 4-26 所示的界面中，固件库包的存放位置不可修改。如果要修改，则必须在工程建立过程结束后，打开 IDE 主菜单，选择菜单项 Window→Preferences，在显示的界面中选择 STM32Cube→Firmware Updater，即可修改固件库包的存放目录。只有在关闭硬件配置文件后才允许此操作。硬件配置文件就是扩展名为.ioc 的文件，本例中是 led.ioc，即随后出现的 STM32CubeMx 界面。

　　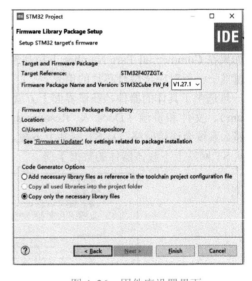

图 4-25　工程建立界面　　　　　　　　　　图 4-26　固件库设置界面

4.3.4   硬件功能模块配置

单击图 4-26 中的 Finish 按钮会弹出一个提示框，询问是否进入 STM32CubeMx 界面。在 STM32CubeMx 界面中可以完成对 MCU 各硬件功能模块的配置。

单击 Yes 按钮会显示一个初始化硬件配置过程的进度条（如图 4-27 所示），然后就会启动项目工程的建立过程。工程建立过程结束后会出现图 4-28 所示的 led.ioc 硬件配置界面，其中，led 为所建立的工程名。此硬件配置（.ioc）界面也可以随时从图 4-28 左侧的工程文件列表中打开，即双击文件 led.ioc。

图 4-28 中，打开器件引脚及配置（Pinout & Configuration）选项卡，可以配置引脚功能等参数。除此之外，还有时钟配置（Clock Configuration）选项卡，用于完成对系统时钟及 ADC 等功能模块时钟的配置。

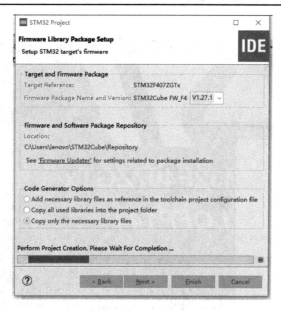

图 4-27　提示是否进入 STM32CubeMx 界面

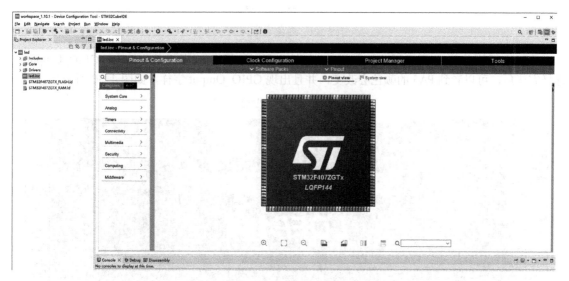

图 4-28　led.ioc 硬件配置界面

本例的任务是点亮一只发光二极管，并以此为例讲解硬件配置过程和 IDE 的使用方法。

这里用 STM32F407ZGT6 控制一个发光二极管。在硬件上，该发光二极管的亮灭是由 MCU 的 PA5 引脚控制的。PA5 引脚输出高电平时 LED 点亮，输出低电平时 LED 熄灭。

1. 配置 GPIO

首先介绍如何配置 PA5。

因为 STM32 芯片的很多引脚都是功能复用的，所以使用时需要在多个功能中选择其中一种。

在图 4-28 所示的界面中，给出了 STM32F407ZGTx 芯片的外形图，四周都是引脚。用放大工具将该图放大后（进入 Pinout view 界面，滑动鼠标中间的滚轮即可放大或缩小，或者单击图 4-29 中的放大、缩小工具），可以找到 PA5 引脚；单击该引脚，弹出图 4-29 所示的选项列表，用来选择 PA5 功能。

图 4-29　选择引脚功能

由于在硬件上 PA5 用于驱动一个发光二极管，所以选择 PA5 的功能为输出（GPIO_Output）。选择完毕后，可以看到 PA5 的颜色会改变，并且出现 GPIO_Output 字样，如图 4-30 所示。

图 4-30　选择引脚功能为 GPIO_Output

单击图 4-28 中的 System Core，会显示芯片内核中几种主要模块的模式与配置（Pinout & Configuration）选项卡，如 DMA、GPIO、IWDG、NVIC、RCC、SYS 等。再单击其中的 GPIO，会在右侧出现图 4-30 中所配置引脚的更详细的信息。由于此处仅配置了 PA5，所以在该界面中只有关于 PA5 的一行信息。选中该行（PA5）后面的复选框，就会在下面出现 PA5 引脚的具体配置信息，其中包括初始时的 GPIO 输出电平、GPIO 模式、GPIO 上拉/下拉、最大输出速度及用户标识。图 4-31 所示为 GPIO 的模式与配置。

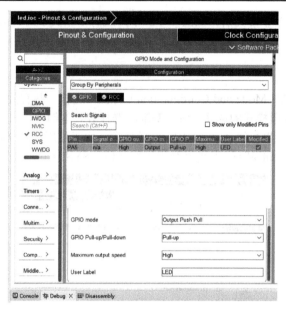

图 4-31 GPIO 的模式与配置

在图 4-31 中，可以修改 PA5 的所有配置信息，也可先按图中给出的参数进行配置。例如图 4-31 最下侧参数的 "User Label"，是 PA5 引脚的用户标识，可以先随意起个名字，在后面写代码的时候可以用它来代表 PA5。此处，图中将其命名为 LED。

2. 配置 RCC（Reset and Clock Control，复位和时钟控制）

这里介绍如何配置 RCC（Reset and Clock Control，复位和时钟控制）参数。

单击 System Core→RCC，会显示 RCC 的模式与配置界面。在模式（Mode）区，高速时钟（High Speed Clock）选择 Crystal/Ceramic Resonator，就可以使用 25MHz 晶振。这是外接的高速时钟。选择 Crystal/Ceramic Resonator 后，在配置（Configuration）区的 GPIO Settings 中就会出现连接时钟晶振的引脚 PH0-OSC_IN 和 PH1-OSC_OUT 的信息。在右侧的芯片引脚图中，这两个引脚也会显示出来。RCC 的模式与配置界面如图 4-32 所示。

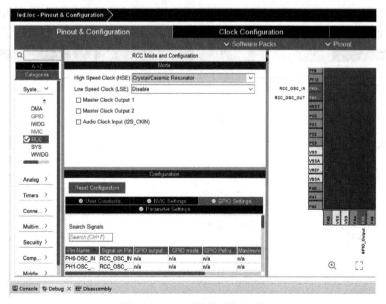

图 4-32 RCC 的模式与配置

STM32 中的时钟配置非常灵活。在图 4-32 中，还有多个关于时钟的配置参数，暂时还用不到，此处不做进一步的说明。当前，在图 4-32 中只是配置了 HSE 时钟，启用了 PHO 和 PH1，作为时钟的引脚。

3. 配置 SYS

SYS 模式与配置（SYS Mode and Configuration）界面中包含一些有关系统的配置参数，如调试（Debug）的方式、系统唤醒模式的选择、时间基准的选择等。本例中，只选择了调试方式，其下拉列表框中有常用的 JTAG、串行线（Serial Wire）等选项。由于使用的是 NUCLEO-G474RE 板上自带的调试器，因此选择 Serial Wire。其他参数采用默认值。SYS 模式与配置界面如图 4-33 所示。

图 4-33　SYS 模式与配置界面

4. 配置系统时钟

这里介绍系统时钟的配置。

打开图 4-32 中的 Clock Configuration 选项卡，会显示关于 STM32 的详细时钟配置图，也称时钟树。由于完整的时钟配置图中包含的内容很多，为了清晰起见，图 4-34 只给出了局部信息。

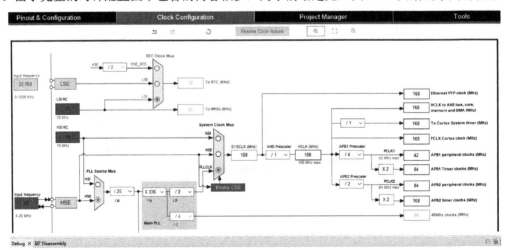

图 4-34　时钟配置图

由于本例中仅使用 HSE 作为时钟，因此此处只介绍 HSE 相关的时钟配置。如前所述，HSE 指的是高速外部时钟信号，是需要外接时钟器件的，在 NUCLEO-G474RE 板上用的是 24MHz 的晶振。

图 4-34 中，在 HSE 左侧有一个可修改的框，上面写着"Input Frequency"（输入频率），下面有"4-26MHz"字样，也就是说，外接 HSE 时钟源的频率范围是 4～48 MHz。在此框内可以写入实际外接时钟晶振的频率值。由于 STM32F407ZGT6 选择 25MHz 晶振，所以在此框内需输入 25。随后，可以使能时钟系统中的锁相环（PLL）。在 HSE 右侧的 PLL 源多路选择器（PLL Source Mux）中，选中下部的 HSE，在右侧的系统时钟多路选择器（System Clock Mux）中，将系统时钟源选为 PLLCLK（最下侧的那个选项）。然后设置锁相环参数中的 PLLM 为"/25"，N 为"×336"，P 为"/2"。设置好以后，系统时钟（SYSCLK）的频率即为 168MHz，如图 4-35 所示。

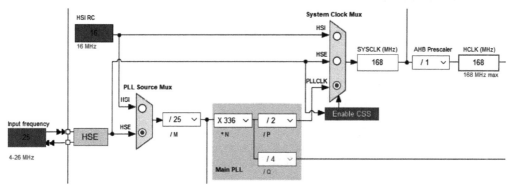

图 4-35　配置系统时钟

在图 4-35 中，通过配置锁相环参数，设置了系统时钟为 168MHz。这个频率也是 STM32F407ZGT6 MCU 的最高时钟频率，当然，也可以不将时钟频率设置为最高频率。此时，可以直接修改图 4-35 中最右侧的 HCLK 框内的数值，修改后按〈Enter〉键，锁相环的系数就会根据所设置的频率值自动调整（有时可能无法自动调整）。

4.3.5　启动代码生成功能

系统时钟配置完毕后，保存 led.ioc 文件。

如图 4-36 所示，选择菜单项 Project→Generate Code，此时会弹出图 4-37 所示的对话框。在该过程中，系统会将上面所配置的信息自动转换成代码。

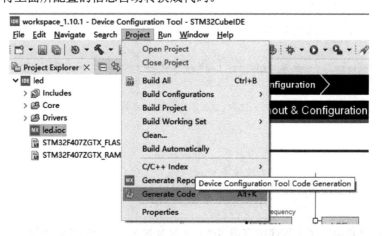

图 4-36　生成代码

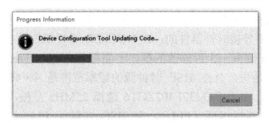

图 4-37　代码生成进度显示对话框

展开工程界面左侧浏览条目中的 Core→Src，其中的 main.c 就是自动生成代码的主程序。双击，可打开 main.c 程序代码，如图 4-38 所示。

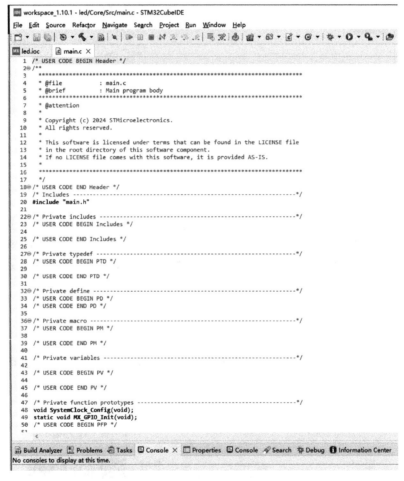

图 4-38　查看自动生成的 main.c 程序代码

4.4　修改代码

4.4.1　代码中的注释对及其作用

查看 main.c 文件会发现主程序中有很多/*××××××*/，此为注释语句。在程序编译时，这些注释语句是不会被编译的，而且这些注释基本都是成对出现的。譬如，在 main()函数的最后有个

while(1)语句：

```
    /* Infinite loop */                      //提示如下代码为无限循环
    /* USER CODE BEGIN WHILE * /             //提示 while 中的用户代码段开始
    while(1)
    {
        /* USER CODE END WHILE */            //提示 while 中的用户代码段结束
        /* USER CODE BEGIN 3 * /             //提示用户代码段 3 开始
    }
    /* USER CODE END 3 * /                    //提示用户代码段 3 结束
```

上面这段代码中，第一行的注释语句/*Infinite loop*/提示下面是一个无限循环。后面紧跟着的是两对注释：

```
    / * USER CODE BEGIN WHILE*/
    …
    / * USER CODE END WHILE */
```

和

```
    /* USER CODE BEGIN 3 */
    …
    /* USER CODE END 3 * /
```

在这两个注释对中，明确说明了这是用户代码的开始（USER CODE BEGIN）和结束（USER CODE END）的位置。此为提示信息，提示编程者把代码写在这对注释语句之间。

代码不写在注释对之间，难道就不能正常编译吗？当然不是。如果不再修改硬件配置，不重启代码自动生成，那么将添加的代码写在哪里都不会有影响。但是，如果要修改 .ioc 文件，也就是修改硬件配置参数后重新生成代码，那么凡是没有写在注释对之间的用户代码都会被删除。在实际开发过程中，修改硬件的配置参数是不可避免的，所以在写代码或修改代码时，一定要将它们放置在这些注释对中。

4.4.2　初始化函数

下面来看 main()函数中 while 语句之前的几个子函数。为清晰起见，先删除用于提示写入用户代码的注释对语句。

去掉注释对语句后，图 4-38 中的 main()函数代码如下：

```
    int main(void)
    {
        HAL_Init();                          //复位外设、初始化 Flash 接口和时钟基准等
        SystemClock_Config();                //配置系统时钟
        MX_GPIO_Init();                      //初始化外设
        while(1)
        {
        }
    }
```

上述 main() 函数代码中有 3 个子函数。这些子函数都是关于硬件配置的，也是前面配置完引脚、时钟等硬件参数后 STM32CubeIDE 自动生成的代码。

HAL_Init()函数用于配置存储器（Flash、RAM）、时钟基准及与中断相关的功能。该函数在 stm32g4xx_hal.c 文件中有定义。这个文件在 ST 公司提供的库函数中，也就是在从 ST 网站上下载的 STM32Cube 中；对于 G4 系列的 MCU 来说，就是 STM32Cube_FW_G4_V_xx（xx 是该固件库的版本号）。

在图 4-38 所示的界面中，当把光标移到 HAL_Init()上时，会显示该函数的简单介绍。

如果要查看该函数的具体实现代码，可采用图 4-39 所示的方法。将鼠标指针移至该函数，右击，在弹出的快捷菜单中选择菜单项 Open Declaration，即可打开 stm32f4xx_hal.c 文件，然后定位到 HAL_Init()函数的声明处。

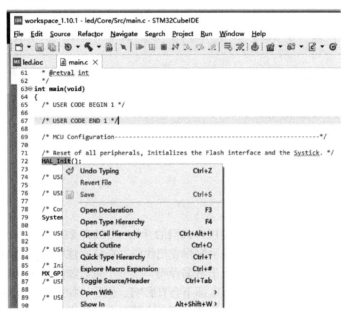

图 4-39　查看函数声明

函数名中的"HAL"指的是硬件抽象层（Hardware Abstract Level），就是前面所说的固件库。HAL_Init()函数会在系统复位后首先被调用，通常放到 main() 函数的最开始处（时钟配置函数之前）。

默认情况下，系统定时器（Systick）会被用作时钟基准源，Systick 的时钟源为 HSI 时钟。HSI 是指高速内部（High-Speed Internal）时钟，是在片内的。虽然在前面没有配置 HSI 时钟的任何参数，但在系统复位后 Systick 所使用的时钟源会默认为 HSI。Systick 比较实用，在本章的例子中，会用延时函数给出一个确定时间的延时，用的基准就是 Systick。

STM32 中的中断称为嵌套式向量中断控制器（Nested Vectored Interrupt Controller，NVIC），即 STM32 的 NVIC 比较有特色，内容也较多，关于 NVIC 的具体内容，在后面介绍中断时再详细展开。

SystemClock_Config()函数是用于配置系统时钟的，该函数就在 main.c 文件中被声明，通常在 main() 函数之后。前面通过时钟树的界面配置了外部高速时钟（HSE），并且使用了锁相环（PLL），所做的这些配置在 SystemClock_Config()函数中都有体现。具体时钟参数的细节，可以将该函数的实现与前面的硬件配置进行对比。

在 main() 函数中，另一个重要的子函数是关于 I/O 引脚配置的，即 MX_GPIO_Init()函数，其声明也在 main.c 文件中给出。

由于前面仅配置了 PA5，所以在 MX_GPIO_Init()函数中主要是针对 PA5 的配置信息，如初始电平、模式、上拉/下拉等。

```
static void MX_GPIO_Init(void)
{
GPIO_InitTypeDef GPIO_Intstruct={0};
/* GPIO Ports Clock Enable */              //使能时钟
__HAL_RCC_GPIOF_CLK_ENABLE();
__HAL_RCC_GPIOA_CLK_ENABLE();
/*Configure GPIO pin Output Level * /      //设置初始状态
HAL_GPIO_WritePin(LED_GPIO_Port,LED_Pin,GPIO_PIN_SET);
/*Configure GPIO pin : CED_Pin* /          //配置引脚模式、上拉/下拉、速度
GPIO_Intstruct. pin =LED_ Pin;
GPIO_InitStruct.Mode=GPIO_ MODE_OUTPVT_PP;
GPIO_ InitStruct.Pull=GPTO_ PULUP;
GPIO_InitStruct.Speed=GPIO_SPEED_ FREQHIGH;
HALGPIOLInit(LED−GPIO_Port, &GPIO_InitStruct);
}
```

由于 STM32 的 I/O 及其他功能模块的时钟都可以进行灵活配置，所以在配置 I/O 时要首先使能其时钟。例如语句 __HAL_RCC_GPIOA_CLK_ENABLE()，就是使能端口 A（GPIOA）的时钟。

从上面的代码中还可以看到，MX_GPIO_Init()中还有一行时钟使能语句：

　　__HAL_RCC_GPIOF_CLK_ENABLE()

该语句是用于使能 GPIOF 端口的时钟。

本例中仅仅用了 PA5，涉及的只是 GPIOA，使能端口 A 的时钟不就足够了吗？为什么还要使能端口 F 的时钟呢？实际上，HSE 高速外部时钟需要从外部引入，所用的引脚就来自端口 F，用的是 PF0 和 PF1，所以在 GPIO 初始化时，也需要使能 GPIOF 的时钟。

4.4.3　添加用户代码

至此，硬件配置基本完毕，下面就可以开始编写用户代码了。

由于任务使用 PA5 点亮 NUCLEO-G474RE 板上的 LD2，为实现这一功能，可以在 main() 函数的 while(1)循环中加入一条语句，使 PA5 输出状态翻转（Toggle）：

　　HAL_GPIO_TogglePin(GPIOA,GPIO_PIN_5)

HAL_GPIO_TogglePin() 函数有两个参数：第一个参数是端口，第二个是具体的引脚号。由于用的是 PA5，属于端口 A，即 GPIOA，引脚号为 5，就是 GPIO_PIN_5（在库函数文件 stm32g4xx_hal_gpio.h 中有定义）。

在图 4-31 中配置参数时，PA5 的用户标识（User Label）为 LED。该名称在编写代码时有什么作用呢？先来看一下这个名称在自动生成的代码中是如何使用的。可以在 main.c 文件中找到 #include main.h 语句，右击，在弹出的快捷菜单中选择菜单项 Open Declaration，就会打开 main.h 文件，从中可以找到如下两条语句：

　　# defineLED_Pin GPIO_PIN_5
　　# define LED_GPIO_Port GPIOA

define 是一种宏定义，是预处理命令（采用这种宏定义的方式可以提高代码可读性）。define 宏定义的格式如下：

　　#define 标识符 字符串

其中，标识符是指宏名称；字符串可以是常数，也可以是表达式等。通过这种宏定义，可以用很直观的宏名称来表示具体的数字或含义不是那么直观的表达式。

在上面的两条语句中，将 GPIO_PIN_5 定义为 LED_Pin，将 GPIOA 定义为 LED_GPIO_Port。前面给 PA5 端口起了 LED 这个标识（User Label），通过 define 宏定义后，LED_Pin 就表示 PA5 的引脚号，LED_GPIO_Port 表示 PA5 所属的端口。

此外，像如下语句：

```
# define GPIO_PIN_5((uint16_t)0x0020)
```

表示将 GPIO_PIN_5 定义为一个数据类型为 uint16_t 的十六进制无符号数 0x0020。这样定义后就可以用 GPIO_PIN_5 代表具体的数字 0x0020，用来表示第 5 个端口（0x0020 用二进制格式表示时低 8 位为 0010 0000，最右侧为第 0 位，往左第 5 位为 1）。

基于这两个 define 宏定义，可以将实现 PA5 状态翻转的语句修改如下：

```
HAL_GPIO_TogglePin(LED_GPIO_Port,LED_Pin)
```

修改后，与上面的语句功能完全一样。这有什么好处呢？不是完全一样吗？的确，这两个语句所完成的功能是完全一样的。不过，在这个例子中，只是采用了一个 GPIO，如果使用了多个功能各异的 GPIO，分别给它们起个有意义的名字，则会在一定程度上增强代码的可读性。

此外，要想看到闪烁效果，还需要加延时函数。若不加延时，则亮灭状态切换太快，人眼根本分辨不出来。延时函数可以采用库函数中提供的 HAL_Delay() 函数：

```
HAL_Delay(500);
```

HAL_Delay() 函数采用的是 SysTick 定时器，参数 500 的单位是毫秒（ms）。

4.4.4   如何查找所需要的 HAL 库函数

HAL_GPIO_TogglePin() 和 HAL_Delay() 都是 STM32Cube 固件库提供的函数。对于初学者来说，可能事先并不知道固件库都提供了哪些函数，该怎么办呢？其实，对初学者来说，开始时只要记住一些模块的常用函数就可以了。等到对开发环境和固件库有了更进一步的了解之后，再按图索骥，查找想要的函数。

STM32CubeIDE 采用的是 Eclipse 架构，具有代码自动提示功能（Content Assist）。譬如，写代码时，在文件中输入 HAL 后按组合键〈Alt+/〉，就会开启代码自动提示功能。系统会自动显示以 HAL 打头的固件库函数。由于库函数大都以 HAL 打头，因此会显示出来很多，选择起来并不方便。

当然，在了解 HAL 库函数的命名规则后，为了节约查找时间，可以在输入更多的信息之后，再启动代码自动提示功能。譬如，可以在输入 HAL_GPIO 之后启动自动提示功能，这样就可以在 GPIO 相关的函数中进行选择。由于与 GPIO 相关的函数不是很多，所以这个过程比较快捷。图 4-40 中显示了所有以 HAL_GPIO_ 打头的库函数。

对于 GPIO 来说，最常用的是图 4-39 中后面的 3 个：

```
HAL_GPIO_ReadPin(GPIOx, GPIO_Pin);
HAL_GPIO_TogglePin(GPIOx,GPIO_Pin);
HAL_GPIO_WritePin(GPIOx, GPIO_Pin, PinState);
```

HAL_GPIO_ReadPin() 函数是在将 I/O 配置为输入后用于读取 GPIO 引脚上的值（状态）的；HAL_GPIO_TogglePin() 和 HAL_GPIO_WritePin() 函数都是在将 GPIO 配置为输出后用于写 GPIO 值

（状态）的。这些函数的使用方法及与硬件的关系，后面介绍 GPIO 时会进一步说明。

图 4-40　使用代码自动提示功能

4.4.5　修改后的代码

将控制 PA5 的语句和延时语句放到 while(1)循环中，即可完成用户代码的修改。不过需要注意，这两句代码要放置到注释对中，譬如放到/ * USER CODE BEGIN 3 * /与/ * USER CODE END 3 * /之间：

```
while(1)
{
  / * USER CODE BEGIN 3 * /
  HAL_GPIO_TogglePin(GPIOA,GPIO_PIN_5);
  HAL_Delay(500);
}
/ * USER CODE END 3 * /
```

至此，点亮发光二极管的程序编写完毕。

4.5　编译工程

单击工具栏上的 Build All 按钮（或者选择菜单项 Project→Build All），就可以启动项目工程编译过程，如图 4-41 所示。

用 Build All 编译工程，会把工作空间（Workspace）中的所有项目都编译一遍，所以工作空间如果有多个项目，最好选择菜单项 Project→Build Project，这样就只会编译当前工程，如图 4-42 所示。

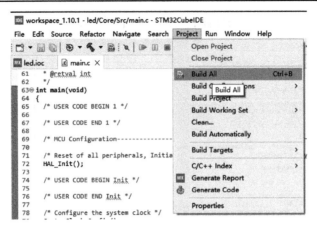

图 4-41　选择菜单项 Project→Build All

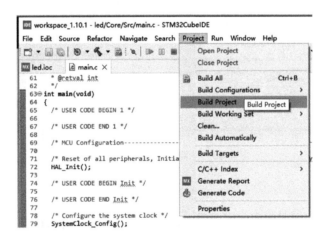

图 4-42　选择菜单项 Project→Build Project

编译过程结束后，如果没有错误，在工程界面下侧信息窗中的 Console 栏中会出现编译信息，如图 4-43 所示。

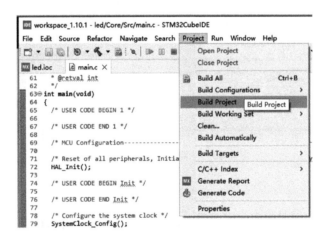

图 4-43　编译信息

如图 4-43 所示，编译中没有遇到错误和警告。此外，编译过程所产生的文件中有一个比较重要的文件：led.elf。该文件以 . elf 为扩展名，为可执行可链接格式（Executable and Linking Format）。此文件会下载到硬件中，编译后，会放置到工程文件目录下的 Debug 文件夹中。

4.6　STM32CubeProgrammer 软件

ST 公司近期推出新版本的 STM32CubeProgrammer 和 STM32CubeMonitor。许多 STM32 开发人员通过使用它们更快地将产品推向市场。所有嵌入式系统工程师都需要面对这样的挑战，为选用的微控制器或微处理器寻找功能全面的开发平台。一个设备可能有很多特性需求，设计人员如何有效地实现这些性能非常关键。因此，泛生态软件工具在推动基于 STM32 的嵌入式系统开发至关重要。

STM32Cube 软件家族中的 STM32CubeProgrammer 是 STM32 MCU 的专用编程工具。它支持通过 ST-Link 的 SWD/JTAG 调试接口对 STM32 MCU 的片上存储器进行擦除和读写操作；或者通过 UART、USB、I2C、SPI 和 CAN 等通信接口，利用出厂时固化在芯片内部的系统 bootloader，对 STM32 MCU 的片上存储器进行擦除和读写操作。这里需要说明的是，ST-Link v2 仅支持通过 UART 和 USB 通信接口对片上存储器进行操作，而 ST-Link v3 增加了 SPI、IIC 和 CAN 通信接口的支持。除此以外，STM32CubeProgrammer 还可以操作 STM32 MCU 的选项字节和一次性可编程字节。通过 STM32CubeProgrammer 提供的或者自己编写的 external loader，还可以对外部存储器进行编程。

STM32CubeProgrammer 是针对 STM32 的一款多功能的编程下载工具，提供图形用户界面（GUI）和命令行界面（CLI）版本。STM32CubeProgrammer 还允许通过脚本编写选项编程和上传、编程内容验证及编程自动化。

STM32CubeProgrammer 软件特色如下：

1）可对片内 Flash 进行擦除或编程及查看 Flash 内容。

2）支持 s19、hex、elf 和 bin 等格式的文件。

3）支持调试接口或 bootloader 接口。

① STLINK 调试接口（JTAG/SWD）。

② UART 或 USBDFU bootloader 接口。

4）支持对外部存储器擦除或编程。

5）支持 STM32 芯片的自动编程（擦除、校验、编程、选项字配置）。

6）支持对 STM32 片内 OTP 区域的编程。

7）既支持图形化界面操作，也支持命令行操作。

8）支持对 ST-Link 调试器的在线固件升级。

9）配合 STM32 Trusted Package Creator tool 实现固件加密操作。

10）支持 Windows、Linux 和 Mac OS 多种操作系统。

STM32CubeProgrammer 提供了图形化和命令行两种用户界面。此外，STM32CubeProgrammer 还提供了 C++ API，用户可以将 STM32CubeProgrammer 的功能集成到自己所开发的 PC 端应用中。

STM32CubeProgrammer 图形化用户界面如图 4-44 所示。

在右侧的配置区域，用户可以选择通过 ST-Link 调试接口，或者通过 UART、USB 等通信接口连接到 STM32 微控制器。然后，在 "Target information" 区域可以看到当前 MCU 的型号、版本和 Flash 大小等信息（如果连接的是官方的开发板，那么还会显示该开发板的名称）。其中，"CPU" 型号就是内核型号，从内核的 CPUID 只读寄存器读得。该寄存器的说明在各个芯片系列对应的编程手册中可以查到，芯片型号 "Device ID" 和芯片版本 "Revision ID" 分别来自 STM32MCU 的 DBGMCU_IDC 只读寄存器中的 Device ID 字段和 Revision 字段。"Flash size" 的值可以从系统 Flash 的 Flash size 只读寄存器中读到。这些寄存器的说明可以在各个芯片系列对应的参考手册中的 "调试支持" 和 "设备电子签名" 章节找到。开发板 "Board" 对应的信息存储在板载的 ST-Link 中，所以只有用 ST 开发板自身板载的 ST-Link 进行连接时才能看到这个信息。

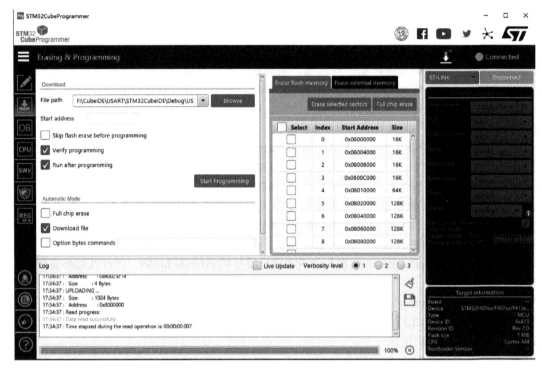

图 4-44   STM32CubeProgrammer 图形化用户界面

1. STM32CubeProgrammer 的主要功能

在 STM32CubeProgrammer 的最左侧一栏可以在不同的功能选项卡之间切换，进行不同的操作。接下来对 STM32CubeProgrammer 的主要功能进行介绍。

（1）片上擦除和读写

STM32CubeProgrammer 支持按扇区对 Flash 进行擦除和全片擦除。可以导入多种格式的执行文件进行烧录，支持的文件格式有二进制文件（.bin）、elf 文件（.elf、.axf、.out）、hex 文件（.hex）和摩托罗拉的 S-record 文件（.srec）。

（2）擦除操作

ST-Link 与目标 MCU 建立连接后，在"Erasing & Programming"页面下，可以按扇区对 Flash 进行擦除，或者单击"Fullchiperase"按钮进行全片擦除。

（3）烧录操作

在"Erasing & Programming"页面下单击"Browse"按钮，导入可执行文件，然后单击"StartProgramming"进行烧录。

也可以在"Memory & fileedition"页面下打开要烧录的可执行文件，然后单击"download"进行烧录。

在"Memory & fileedition"的"Device Memory"页面下，还可以读出当前指定地址范围的 MCU 存储器值，并通过"Save As"菜单将读出的内容保存为二进制文件（.bin）、.hex 文件或 S-record 文件（.srec）。

除了前面介绍的烧录整个可执行文件的方式以外，还可以在"Memory & fileedition"的"Device Memory"页面下直接修改某个地址的值，按〈Enter〉键后，STM32CubeProgrammer 会自动完成读出-修改-擦除-回写的操作。对于一次性可编程（OTP）字节，可以通过这种方式进行编程。

（4）选项字读写

打开 OB 页面后，可以看到当前所连接 MCU 的选项字的设定情况。用户可以在这里修改选项字的值。

（5）"二合一"烧录

使用 "Erasing & Programming" 页面下的"二合一"烧录模式，可以在一次操作中完成 Flash（闪存）和选项字的烧录工作。选项字的配置使用 STM32CubeProgrammer 命令行的"-ob"命令。

举例说明，现在要在烧写完 Flash 后，设置读保护为 level1。可以按以下步骤进行设置：

① 设置好要下载的可执行文件路径。

② 勾选 "AutomaticMode" 下的 "Fullchip erase" 和 "Downloadfile" 复选框。

③ 在 "Optionbytes commands" 的输入框中输入："-ob rdp=0xBB："，然后单击 "Start Programming" 按钮，STM32CubeProgrammer 就会开始按顺序执行上述的操作，同时在 Log 窗口显示执行的过程和进度。

关于选项字命令"-ob"的格式说明，可以参考 UM2237（用户手册 STM32CubeProgrammer 软件工具）的介绍。但"-ob"命令中 OptByte 字段的定义在 UM2237 中没有说明，有两种方法可以查询：一种是通过 STM32CubeProgrammer 图形界面下"Optionbytes"选项卡中"Namc"一栏的名称，因为"-ob"命令中 OptByte 字段的定义与这里是一致的；还可以通过"-ob displ"命令显示当前所有的选项字配置，从而也就可以知道各个 OptByte 字段的定义了。

（6）外部存储器读/写

如果想要对通过 SPI、FSMC 和 QSPI 等接口连接到 STM32 的外部存储器进行读/写操作，就需要一个 external loader。

2. STM32CubeProgrammer 关键技术

STM32CubeProgrammer 集成了多项关键技术，旨在提供高效、便捷的开发体验。

（1）统一的用户体验

ST 公司将 ST-Link 等实用程序的所有功能引入 STM32CubeProgrammer，成为嵌入式系统的一站式解决方案。适用于所有主要操作系统，甚至集成 OpenJDK8-Liberica，以方便安装。用户无须安装 Java，也不用为兼容性问题烦恼。该实用程序有两个关键组件：图形用户界面和命令行界面。用户可根据需求选择操作方式。

（2）STM32 Flasher 和调试器

STM32CubeProgrammer 的核心功能是调试和烧写 STM32 微控制器。因此，它也包括优化这两个过程的功能。例如，STM32CubeProgrammer 2.6 版引入了导出整个寄存器内容和动态编辑任何寄存器的功能。以往更改寄存器的值意味着更改源代码、重新编译并刷新固件，如今测试新参数或确定某个值是否导致错误要简单得多。同样，工程师现在可以使用 STM32CubeProgrammer 一次烧写所有外部存储器。但在以前，烧写外部嵌入式存储和 SD 卡需要开发人员单独启动每个进程，而 STM32CubeProgrammer 可以一步完成。

开发人员面临的另一个挑战是解析通过 STM32CubeProgrammer 传递的大量信息。刷过固件的人都知道跟踪所有日志有多么困难。因此，STM32CubeProgrammer 带来了自定义跟踪功能，允许开发人员为不同的日志信息设置不同的颜色。确保开发人员可以快速将特定输出与日志的其余部分区分开来，从而使调试变得更加直接和直观。还可以帮助开发人员使用与 STM32CubeIDE 一致的配色方案，STM32CubeIDE 是独特生态系统的另一个成员，旨在为开发者提供支持。

（3）STM32 上的安全门户

STM32CubeProgrammer 是 STM32Cube 生态系统中安全解决方案的核心部分。该实用程序附带 Trusted Package Creator，使开发人员能够将 OEM 密钥上传到硬件安全模块并使用相同的密钥加密固件。OEM 使用 STM32CubeProgrammer 将固件安全地安装到支持 SFI 的 STM32 微控制器上。

开发人员甚至可以使用 IIC 和 SPI 接口，提供了更大的灵活性。此外，STM32L5 和 STM32U5 还支持外部安全固件安装（SFIx），使 OEM 可以在微控制器外部的内存模块上刷新加密的二进制文件。

（4）Sigfox 规定

使用 STM32WL 微控制器时，开发人员可以使用 STM32CubeProgrammer 提取嵌入 MCU 中的 Sigfox 证书。首先，开发人员将这个 136 字节的字符串复制到剪贴板或将其保存在二进制文件中。其次，访问 my.st.com/sfxp，在那里粘贴证书并立即以 ZIP 文件的形式下载 Sigfox 凭据。接着，通过 STM32CubeProgrammer 将下载包的内容加载到 MCU，并使用 AT 命令获取 MCU 的 Sigfox ID 和 PAC。最后，开发者在相关网站进行注册。激活后两年有效，开发者可以在一年内每天免费发送 140 条消息。

4.7   STM32CubeMonitor 软件

STM32CubeMonitor 1.0.0 是 ST 公司在 2020 年 2 月发布的一款全新的软件，通过 ST-Link 仿真器连接 STM32 系统。它能在 STM32 系统全速运行时，连续监测其内部变量的值，并通过曲线等方式显示变量的变化过程。用户通过 STM32CubeMonitor 可以修改 STM32 系统内变量的值，还可以在局域网内的其他计算机、手机或平板计算机上通过浏览器访问监测结果界面。STM32CubeMonitor 是一款非常实用的调试工具软件，可以实现断点调试无法实现的一些功能，例如，用作一个简单的数字示波器，只不过监测的是 STM32 内部的变量。

STM32CubeMonitor 是基于 Node-RED 开发的一款软件，而 Node-RED 是 IBM 公司在 2013 年年末开发的一个开源项目，用于实现硬件设备与 Web 服务或其他软件的快速连接。Node-RED 已经发展成为一种通用的物联网编程开发工具，用户数迅速增长，具有活跃的开发人员社区。

Node-RED 是一种基于流程（Flow）的图形化编程工具，类似于 LabView 或 MATLAB 中的 SimuLink。Node-RED 中的功能模块称为节点（Node），通过节点之间的连接构成流程。Node-RED 有一些预定义的节点，也可以导入别人开发的一些节点。

STM32CubeMonitor 是基于 Node-RED 开发的，它增加了一些专用节点，用于 STM32 运行时数据监测和可视化。STM32CubeMonitor 具有如下功能和特性。

1）基于流程的图形化编辑器，无须编程就可创建监测程序，设计显示面板。

2）通过 ST-Link 仿真器与 STM32 系统连接，可使用 SWD 或 JTAG 调试接口。

3）当 STM32 上的程序全速运行时，STM32CubeMonitor 可以即时（on-the-fly）读取或修改 STM32 内存中的变量或外设寄存器的值。

4）可以解读 STM32 应用程序文件中的调试信息。

5）具有两种读取数据的模式：直接（Direct）模式和快照（Snapshot）模式。

6）可以设置触发条件触发数据采集。

7）可以将监测的数据存储到文件中，以便后期分析。

8）具有可定制的数据可视化显示组件，如曲线、仪表板（Gauge）、柱状图等。

9）支持多个 ST-Link 仿真器，同步监测多个 STM32 设备。

10）在同一个局域网内的其他计算机、手机或平板计算机上，通过浏览器就可以实现远程监测。

11）可以通过公用云平台和 MQTT （Message Queuing Telemetry Transport，消息队列遥测传输）协议实现远程网络监测。

12）支持多种操作系统，包括 Windows、Linux 和 Mac OS。

简单地说，STM32CubeMonitor 能使用图形化编程方式设计监测程序，通过 ST-Link 仿真器连接 STM32 系统后，就可以实时监测和显示所监测的变量或外设寄存器的值。图 4-45 是 STM32CubeMonitor 的图形化编辑器界面，可供用户使用各种节点连接组成流程，实现变量监测和显示的程序。

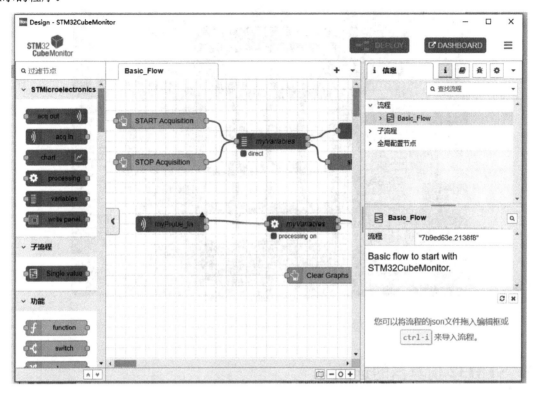

图 4-45　STM32CubeMonitor 的图形化编辑器界面

完成图形化程序设计后，单击图 4-45 右上角的 DEPLOY 按钮就可以部署程序，然后单击图 4-45 右上角的 DASHBOARD 按钮，可以打开 Dashboard 窗口，也就是监测结果显示图形界面。使用 STM32CubeMonitor，用户可以实现一些断点调试无法实现的功能，可以将 STM32CubeMonitor 当作一个简单的示波器使用，只不过它监测的是 STM32 内存中的变量或外设寄存器的值。监测采样频率不能太高，一般不超过 1000Hz。

STM32CubeMonitor 目前只支持 ST-Link 仿真器，不支持其他仿真器。

从 ST 官网可以下载 STM32CubeMonitor 的最新版安装文件，STM32CubeMonitor 1.4.0 是在 2021 年发布的。STM32CubeMonitor 有多个平台的版本，在 Windows 系统中的安装过程与一般软件的安装过程一样，无须特殊设置，用户自行下载安装即可。

本书限于篇幅，并没有使用 STM32CubeMonitor 软件。若读者需要，可以从 ST 官网上下载并安装后自学。

4.8　STM32F407 开发板的选择

本书的应用实例是在野火 F407-霸天虎开发板上调试通过的，该开发板的价格因模块配置的不同而不同，价格范围在 500~700 元。

野火 F407-霸天虎实验平台使用 STM32F407ZGT6 作为主控芯片，使用 4.3 寸液晶屏进行交互。可通过 Wi-Fi 的形式接入互联网，支持使用串口（TTL）、485、CAN、USB 协议与其他设备通信，还提供了各式通用接口，能满足多种学习需求。

野火 F407-霸天虎开发板如图 4-46 所示。

图 4-46　野火 F407-霸天虎开发板（带 TFT LCD）

4.9　STM32 仿真器的选择

开发板可以采用 ST-Link、J-Link 或野火 fireDAP 下载器（符合 CMSIS-DAP Debugger 规范）下载程序。

1. CMSIS-DAP 仿真器

CMSIS-DAP 是支持访问 CoreSight 调试访问端口（DAP）的固件规范和实现，它还为各种 Cortex 处理器提供 CoreSight 调试和跟踪功能。

如今众多的 Cortex-M 处理器能这么方便地调试，在于有一项基于 Arm Cortex-M 处理器设备的 CoreSight 技术，该技术引入了强大的调试（Debug）和跟踪（Trace）功能。

（1）调试功能

① 进行处理器的控制，允许启动和停止程序。

② 单步调试源码和汇编代码。

③ 在处理器运行时设置断点。

④ 即时读取/写入存储器和外设寄存器。

⑤ 编程内部和外部 Flash 存储器。

（2）跟踪功能

① 串行线查看器（SWV）提供程序计数器（PC）采样、数据跟踪、事件跟踪和仪器跟踪信息。

② 指令跟踪（ETM）技术能够实时地将处理器执行的指令流式传输到 PC，进而支持历史序列的调试、软件性能分析及代码覆盖率分析等多种功能。这样的改进不仅提升了数据传输的效率，还大大增强了开发和调试过程的灵活性及准确性。

野火 fireDAP 高速仿真器如图 4-47 所示。

2．J-Link

J-Link 是 SEGGER 公司为支持仿真 Arm 内核芯片推出的 JTAG 仿真器。它是通用的开发工具，配合 MDK-Arm、IAR EWArm 等开发平台，可以实现对 Arm7、Arm9、Arm11、Cortex-M0/M1/M3/M4、Cortex-A5/A8/A9 等大多数 Arm 内核芯片的仿真。J-Link 需要安装驱动程序，才能配合开发平台使用。J-Link 仿真器有 J-Link Plus、J-Link Ultra、J-Link Ultra+、J-Link Pro、J-Link EDU、J-Trace 等多个版本，可以根据需求选择适合的版本。

J-Link 仿真器如图 4-48 所示。J-Link 仿真器具有如下特点：

1）JTAG 最高时钟频率可达 15MHz。

2）目标板电压范围为 1.2～3.3V，5V 兼容。

3）具有自动速度识别功能。

4）支持编辑状态的断点设置，并在仿真状态下有效，可快速查看寄存器并方便配置外设。

5）带 J-Link TCP/IP server，允许通过 TCP/IP 网络使用 J-Link。

图 4-47　野火 fireDAP 高速仿真器　　　　图 4-48　J-Link 仿真器

3．ST-Link

ST-Link 是 ST 公司为 STM8 系列和 STM32 系列微控制器设计的仿真器。ST-Link V2 仿真器如图 4-49 所示。

ST-Link 仿真器具有如下特点：

1）编程功能：可烧写 FlashROM、EEPROM 等，需要安装驱动程序才能使用。

2）仿真功能：支持全速运行、单步调试、断点调试等调试方法。

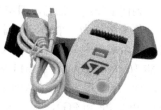

3）可查看 I/O 状态、变量数据等。

4）仿真性能：采用 USB 2.0 接口进行仿真调试、单步调试、断点调试、反应速度快。

图 4-49　ST-Link V2 仿真器

5）编程性能：采用 USB 2.0 接口进行 SWIM/JTAG/SWD 下载，下载速度快。

习题

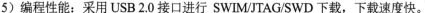

1．STM32CubeIDE 软件是什么？

2．STM32CubeIDE 有什么特点？

3．STM32CubeProgrammer 软件有什么特色？

第5章　GPIO 与开发实例

本章着重讲解 STM32 微控制器的通用输入输出（General Purpose Input Output，GPIO）接口及其开发实例。首先概述了 GPIO 的基本构成，包括输入通道和输出通道。随后详细讲述了 GPIO 的多种功能，如普通 I/O 功能、单独的位设置或位清除、外部中断/唤醒线、复用功能（AF）、软件重新映射 I/O 复用功能和 GPIO 的锁定机制。本章还介绍了输入和输出配置、模拟输入配置、GPIO 操作、外部中断映射和事件输出等 GPIO 的主要特性。接着介绍了 GPIO 的 HAL 驱动程序及其使用流程，包括普通 GPIO 配置和 I/O 复用功能 AFIO 配置。最后通过实例展示了如何采用 STM32Cube 和 HAL 库进行 GPIO 输出的开发。实例部分包括硬件设计和软件设计，大大增强了读者对 GPIO 实际应用的理解。通过这一章的学习，读者能够深入掌握 STM32F4 系列微控制器的 GPIO 接口及其配置与开发技巧，为实际项目开发提供坚实的基础。

5.1　STM32 GPIO 接口概述

GPIO 接口的功能是让嵌入式处理器能够通过软件灵活地读出或控制单个物理引脚上的高、低电平，实现内核和外部系统之间的信息交换。GPIO 是嵌入式处理器使用最多的外设，能够充分利用其通用性和灵活性，是嵌入式开发者必须掌握的重要技能。作为输入时，GPIO 可以接收来自外部的开关量信号、脉冲信号等，如来自键盘、拨码开关的信号；作为输出时，GPIO 可以将内部的数据传送给外部设备或模块，如输出到 LED、数码管、控制继电器等。另外，理论上讲，当嵌入式处理器上没有足够的外设时，可以通过软件控制 GPIO 模拟 UART、SPI、I2C、FSMC 等各种外设的功能。

GPIO 作为外设具有无与伦比的重要性，STM32 上除特殊功能的引脚外，所有引脚都可以作为 GPIO 使用。以常见的 LQFP144 封装的 STM32F407ZGT6 为例，有 112 个引脚可以作为双向 I/O 使用。为便于使用和记忆，STM32 将它们分配到不同的"组"中，在每个组中对其进行编号。具体来讲，每个组称为一个端口，端口号通常以大写字母命名，从 A 开始，依次简写为 PA、PB 或 PC 等。每个端口中最多有 16 个 GPIO，软件既可以读/写单个 GPIO，也可以通过指令一次读/写端口中全部 16 个 GPIO。每个端口内部的 16 个 GPIO 又被分别标以 0～15 的编号，从而可以通过 PA0、PB5 或 PC10 等方式指代单个的 GPIO。以 STM32F407ZGT6 为例，共有 7 个端口（PA、PB、PC、PD、PE、PF 和 PG），每个端口有 16 个 GPIO，共 7×16＝112 个 GPIO。

几乎在所有的嵌入式系统应用中，都涉及开关量的输入和输出功能，如状态指示、报警输出、继电器闭合和断开、按钮状态读入、开关量报警信息输入等。这些开关量的输入和控制输出都可以通过 GPIO 接口实现。

GPIO 接口的每个位都可以由软件分别配置为以下模式。

1）输入浮空：浮空（Floating）就是指逻辑器件的输入引脚既不接高电平，也不接低电平。根据逻辑器件的内部结构，当它输入引脚浮空时，相当于该引脚接了高电平。一般实际运用时，引脚不建议浮空，易受干扰。

2）输入上拉：上拉就是把电压拉高，比如拉到 Vcc，将不确定的信号通过一个电阻钳位在高电平。电阻同时起限流作用。弱强只是上拉电阻的阻值不同，没有什么严格区分。

3）输入下拉：下拉就是把电压拉低，拉到 GND。与上拉原理相似。

4）模拟输入：模拟输入是指传统方式的模拟量输入。数字输入是输入数字信号，即 0 和 1 的二进制数字信号。

5）具有上拉/下拉功能的开漏输出模式：输出端相当于晶体管的集电极。要得到高电平状态，需要上拉电阻才行。该模式适合于做电流型的驱动，其吸收电流的能力相对较强（一般 20mA 以内）。

6）具有上拉/下拉功能的推挽输出模式：可以输出高低电平，连接数字器件；推挽结构一般是指两个晶体管分别受两个互补信号的控制，总是在一个晶体管导通时另一个截止。

7）具有上拉/下拉功能的复用功能推挽模式：可以理解为 GPIO 接口被用作第二功能时的配置情况（并非作为通用 I/O 接口使用）。STM32 GPIO 接口的推挽复用模式中的输出使能、输出速度可配置。这种复用模式可工作在开漏及推挽模式，但是输出信号是源于其他外设的，这时的输出数据寄存器 GPIOx_ODR 是无效的，而且输入可用，通过输入数据寄存器可获取 I/O 接口实际状态，但一般直接用外设的寄存器获取该数据信号。

8）具有上拉/下拉功能的复用功能开漏模式：复用功能可以理解为 GPIO 接口被用作第二功能时的配置情况（即并非作为通用 I/O 接口使用）。每个 I/O 接口可以自由编程，而 I/O 接口寄存器必须按 32 位字访问（不允许半字或字节访问）。GPIOx_BSRR 和 GPIOxBRR 寄存器允许对仼何 GPIO 寄存器的读/更改进行独立访问，这样，在读和更改访问之间产生中断（IRQ）时不会发生危险。

每个 GPIO 端口都包括 4 个 32 位配置寄存器（GPIOx_MODER、GPIOx_OTYPER、GPIOx_OSPEEDR 和 GPIOx_PUPDR）、2 个 32 位数据寄存器（GPIOx_IDR 和 GPIOx_ODR）、1 个 32 位置位/复位寄存器（GPIOx_BSRR）、1 个 32 位配置锁存寄存器（GPIOx_LCKR）和 2 个 32 位复用功能选择寄存器（GPIOx_AFRH 和 GPIOx_AFRL）。应用程序通过对这些寄存器的操作实现 GPIO 的配置和应用。

一个 I/O 接口的基本结构如图 5-1 所示。

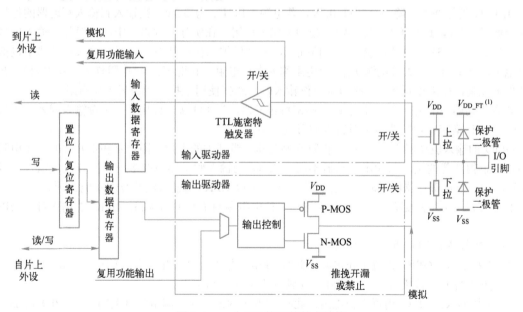

图 5-1　一个 I/O 接口的基本结构

STM32 的 GPIO 资源非常丰富，包括 26、37、51、80、112 个多功能双向 5V 的兼容的快速 I/O 接口，而且所有的 I/O 接口都可以映射到 16 个外部中断。对于 STM32 的学习，应该从最基本的 GPIO 开始。

每个 GPIO 接口都具有 7 组寄存器：

1）2 个 32 位配置寄存器（GPIOx_CRL，GPIOx_CRH）。

2）2 个 32 位数据寄存器（GPIOx_IDR，GPIOx_ODR）。

3）1 个 32 位置位/复位寄存器（GPIOx_BSRR）。

4）1 个 16 位复位寄存器（GPIOx_BRR）。

5）1 个 32 位锁定寄存器（GPIC_LCKR）。

GPIO 接口的每个位都可以由软件分别配置成多种模式。每个 I/O 接口位都可以自由编程，然而 I/O 接口寄存器必须按 32 位字被访问（不允许半字或字节访问）。GPIOx_BSRR 和 GPIOx_BRR 寄存器允许对任何 GPIO 寄存器的读/更改进行独立访问，这样，在读和更改访问之间产生 IRQ 时不会发生危险。常用的 I/O 接口寄存器只有 4 个：CRL、CRH、IDR、ODR。CRL 和 CRH 控制着每个 I/O 接口的模式及输出速率。

每个 GPIO 引脚都可以由软件配置成输出（推挽或开漏）、输入（带或不带上拉或下拉）或复用的外设功能端口。多数 GPIO 引脚都与数字或模拟的复用外设共用。除了具有模拟输入功能的端口外，所有的 GPIO 引脚都有大电流通过能力。

根据数据手册中列出的每个 I/O 接口的特定硬件特征，GPIO 接口的每个位都可以由软件分别配置成多种模式：输入浮空、输入上拉、输入下拉、模拟输入、开漏输出、推挽式输出、推挽式复用功能、开漏复用功能。

5.1.1 输入通道

输入通道包括输入数据寄存器和输入驱动器（带虚框部分）。在接近 I/O 引脚处连接了两个保护二极管，假设保护二极管的导通电压降为 V_d，则输入到输入驱动器的信号电压范围被钳位在：

$$V_{ss} - V_d < V_{in} < V_{dd} + V_d$$

由于 V_d 的导通电压降不会超过 0.7V，若电源电压 V_{dd} 为 3.3V，则输入到输入驱动器的信号最低不会低于-0.7V，最高不会高于 4V，起到了保护作用。在实际工程设计中，一般都将输入信号尽可能调理到 0～3.3V。也就是说，一般情况下，两个保护二极管都不会导通，输入驱动器中包括了两个电阻，分别通过开关接电源 V_{dd}（该电阻称为上拉电阻）和地 V_{ss}（该电阻称为下拉电阻）。开关受软件的控制，用来设置当 I/O 接口位用作输入时，选择使用上拉电阻或者下拉电阻。

输入驱动器中的另一个部件是 TTL 施密特触发器，当 I/O 接口位用于开关量输入或者复用功能输入时，TTL 施密特触发器用于对输入波形进行整形。

GPIO 的输入驱动器主要由 TTL 肖特基触发器、带开关的上拉电阻电路和带开关的下拉电阻电路组成。值得注意的是，与输出驱动器不同，GPIO 的输入驱动器没有多路选择开关，输入信号送到 GPIO 输入数据寄存器的同时也送给片上外设，所以 GPIO 的输入没有复用功能选项。

根据 TTL 肖特基触发器、上拉电阻端和下拉电阻端两个开关的状态，GPIO 的输入可分为以下 4 种：

1）模拟输入：TTL 肖特基触发器关闭。

2）上拉输入：GPIO 内置上拉电阻，此时 GPIO 内部上拉电阻端的开关闭合，GPIO 内部下拉电阻端的开关打开。该模式下，引脚在默认情况下输入为高电平。

3）下拉输入：GPIO 内置下拉电阻，此时 GPIO 内部下拉电阻端的开关闭合，GPIO 内部上拉电阻端的开关打开。该模式下，引脚在默认情况下的输入为低电平。

4）浮空输入：GPIO 内部既无上拉电阻也无下拉电阻，此时 GPIO 内部上拉电阻端和下拉电阻端的开关都处于打开状态。该模式下，引脚在默认情况下为高阻态（即浮空），其电平高低完全由外部电路决定。

5.1.2　输出通道

输出通道包括位设置/清除寄存器、输出数据寄存器、输出驱动器。

要输出的开关量数据首先写入位设置/清除寄存器，并通过读/写命令进入输出数据寄存器，然后进入输出驱动的输出控制模块。输出控制模块可以接收开关量的输出和复用功能输出。输出的信号通过 P-MOS 和 N-MOS 场效应晶体管电路输出到引脚。通过软件设置，由 P-MOS 和 N-MOS 场效应晶体管电路可以构成推挽方式、开漏方式或者关闭方式。

GPIO 的输出驱动器主要由多路选择器、输出控制逻辑和一对互补的 MOS 管组成。

5.2　STM32 的 GPIO 功能

5.2.1　普通 I/O 功能

复位期间和刚复位后，复用功能尚未开启，I/O 接口被配置成浮空输入模式。

复位后，JTAG 引脚被置于输入上拉或下拉模式。

1）PA13：JTMS 置于上拉模式。

2）PA14：JTCK 置于下拉模式。

3）PA15：JTDI 置于上拉模式。

4）PB4：JNTRST 置于上拉模式。

当作为输出配置时，写到输出数据寄存器（GPIOx_ODR）上的值输出到相应的 I/O 引脚。可以以推挽模式或开漏模式（当输出 0 时，只有 N-MOS 被打开）使用输出驱动器。

输入数据寄存器（GPIOx_IDR）在每个 APB2 时钟周期捕捉 I/O 引脚上的数据。

所有 GPIO 引脚都有一个内部弱上拉和弱下拉，当配置为输入时，它们可以被激活，也可以被断开。

5.2.2　单独的位设置或位清除

当对 GPIOx_ODR 的个别位编程时，软件不需要禁止中断。在单次 APB2 写操作中，可以只更改一个或多个位。这是通过对"置位/复位寄存器"（置位是 GPIOx_BSRR，复位是 GPIOx_BRR）中想要更改的位写 1 实现的。没被选择的位将不被更改。

5.2.3　外部中断/唤醒线

所有端口都有外部中断能力。为了使用外部中断线，端口必须配置成输入模式。

5.2.4　复用功能（AF）

使用默认复用功能前必须对端口位配置寄存器编程。

1）对于复用输入功能，端口必须配置成输入模式（浮空、上拉或下拉），并且输入引脚必须由外部驱动。

2）对于复用输出功能，端口必须配置成复用功能输出模式（推挽或开漏）。

3）对于双向复用功能，端口位必须配置复用功能输出模式（推挽或开漏）。此时，输入驱动器被配置成浮空输入模式。

如果把端口配置成复用输出功能，则引脚和输出寄存器断开，并和片上外设的输出信号连接。

如果软件把一个 GPIO 引脚配置成复用输出功能，但是外设没有被激活，那么它的输出将不确定。

5.2.5 软件重新映射 I/O 复用功能

STM32F407 微控制器的 I/O 引脚除了具有通用功能外，还可以具有片上外设的复用功能。而且，一个 I/O 引脚除了可以作为某个默认外设的复用引脚外，还可以作为其他多个不同外设的复用引脚。类似地，一个片上外设，除了有默认的复用引脚，还可以有多个备用的复用引脚。在基于 STM32 微控制器的应用开发中，用户根据实际需要可以把某些外设的复用功能从默认引脚转移到备用引脚上，这就是外设复用功能的 I/O 引脚重映射。

为了使不同封装器件的外设 I/O 功能的数量达到最优，可以把一些复用功能重新映射到其他一些引脚上。这可以通过软件配置 AFIO 寄存器完成，这时，复用功能就不再映射到它们的原始引脚上了。

5.2.6 GPIO 锁定机制

锁定机制允许冻结 I/O 配置。当在一个端口位上执行了锁定（LOCK）程序后，在下一次复位之前，将不能再更改端口位的配置。这个功能主要用于一些关键引脚的配置，防止程序"跑飞"而引起灾难性后果。

5.2.7 输入配置

当 I/O 口配置为输入时：

1）输出缓冲器被禁止。

2）施密特触发输入被激活。

3）根据输入配置（上拉、下拉或浮动）的不同，弱上拉和下拉电阻被连接。

4）出现在 I/O 引脚上的数据在每个 APB2 时钟被采样到输入数据寄存器。

5）对输入数据寄存器的读访问可得到 I/O 状态。

I/O 接口位的输入配置如图 5-2 所示。

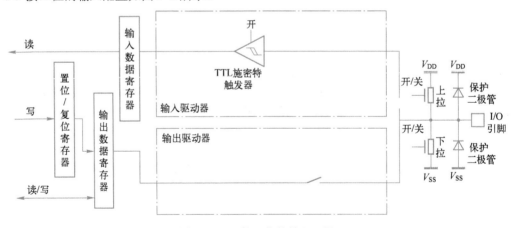

图 5-2   I/O 接口位的输入配置

5.2.8 输出配置

当 I/O 口被配置为输出时：

1）输出缓冲器被激活。

① 开漏模式：输出寄存器上的 0 激活 N-MOS，而输出寄存器上的 1 将端口置于高阻状态（P-MOS 从不被激活）。

② 推挽模式：输出寄存器上的 0 激活 N-MOS，而输出寄存器上的 1 将激活 P-MOS。

2）施密特触发输入被激活。

3）弱上拉电阻和下拉电阻被禁止。

4）出现在 I/O 引脚上的数据在每个 APB2 时钟被采样到输入数据寄存器。

5）在开漏模式时，对输入数据寄存器的读访问可得到 I/O 状态。

6）在推挽模式下，对输出数据寄存器进行读访问，得到最后一次写的值。

I/O 接口位的输出配置如图 5-3 所示。

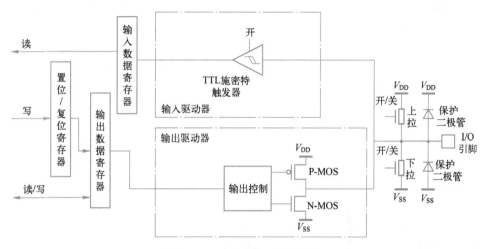

图 5-3　I/O 接口位的输出配置

5.2.9　复用功能配置

当 I/O 接口被配置为复用功能时：

1）在开漏或推挽模式配置中，输出缓冲器被打开。

2）内置外设的信号驱动输出缓冲器（复用功能输出）。

3）施密特触发输入被激活。

4）弱上拉电阻和下拉电阻被禁止。

5）在每个 APB2 时钟周期，出现在 I/O 引脚上的数据被采样到输入数据寄存器。

6）开漏模式下，读输入数据寄存器时可得到 I/O 接口状态。

7）在推挽模式下，读输出数据寄存器时可得到最后一次写的值。

一组复用功能 I/O 寄存器允许用户把一些复用功能重新映像到不同的引脚。

I/O 接口位的复用功能配置如图 5-4 所示。

5.2.10　模拟输入配置

当 I/O 接口被配置为模拟输入配置时：

1）输出缓冲器被禁止。

2）禁止施密特触发输入，实现了每个模拟 I/O 引脚上的零消耗。施密特触发输出值被强置为 0。

3）弱上拉电阻和下拉电阻被禁止。

4）读取输入数据寄存器时数值为 0。

I/O 接口位的高阻抗模拟输入配置如图 5-5 所示。

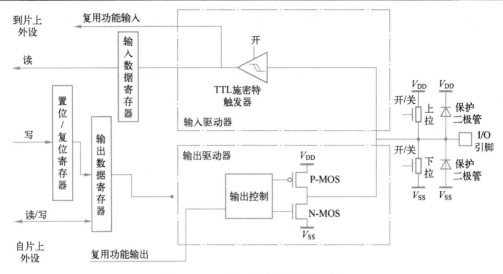

图 5-4　I/O 接口位的复用功能配置

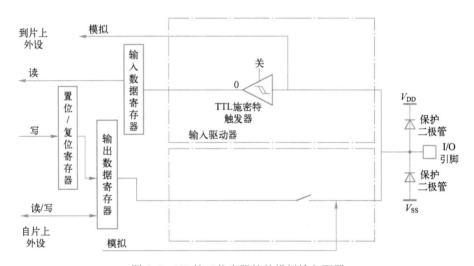

图 5-5　I/O 接口位高阻抗的模拟输入配置

5.2.11　STM32 的 GPIO 操作

1. 复位后的 GPIO

为防止复位后的 GPIO 引脚与片外电路的输出冲突，复位期间和刚复位后，所有 GPIO 引脚复用功能都不开启，被配置成浮空输入模式。

为了节约电能，只有被开启的 GPIO 端口才会被提供时钟。因此，复位后所有 GPIO 接口的时钟都是关断的，使用之前必须逐一开启。

2. GPIO 工作模式的配置

每个 GPIO 引脚都拥有自己的端口配置位 MODERy[1:0]（模式寄存器，其中 y 代表 GPIO 引脚在端口中的编号）和 OTy[1:0]（输出类型寄存器，其中 y 代表 GPIO 引脚在端口中的编号），用于选择该引脚是处于输入模式中的浮空输入模式、上位/下拉输入模式或者模拟输入模式，还是输出模式中的输出推挽模式、开漏输出模式或者复用功能推挽/开漏输出模式。每个 GPIO 引脚还拥有自己的端口模式位 OSPEEDRy[1:0]，用于选择引脚的模式是输入模式，或在输出模式下设置输出带宽

（2MHz、25MHz、50MHz 和 100MHz）。

每个端口都拥有 16 个引脚，而每个引脚又拥有上述 4 个控制位，因此需要 64 位才能实现对一个端口所有引脚的配置，它们被分置在 2 个字中。如果是输出模式，那么还需要 16 位输出类型寄存器。各种工作模式下的硬件配置总结如下：

1）输入模式的硬件配置：输出缓冲器被禁止；施密特触发器输入被激活；根据输入配置（上拉、下拉或浮空）的不同，弱上拉电阻和下拉电阻被连接；出现在 I/O 引脚上的数据在每个 APB2 时钟处被采样到输入数据寄存器；对输入数据寄存器的读访问可得到 I/O 状态。

2）输出模式的硬件配置：输出缓冲器被激活；施密特触发器输入被激活；弱上拉电阻和下拉电阻被禁止；出现在 I/O 引脚上的数据在每个 APB2 时钟被采样到输入数据寄存器；对输入数据寄存器进行读访问可得到 I/O 状态；对输出数据寄存器进行读访问可得到最后一次写的值；在推挽模式下，互补 MOS 管对都能被打开；在开漏模式下，只有 N-MOS 管可以被打开。

3）复用功能的硬件配置：在开漏或推挽模式配置中，输出缓冲器被打开；片上外设的信号驱动输出缓冲器；施密特触发器输入被激活；弱上拉电阻和下拉电阻被禁止；在每个 APB2 时钟周期，出现在 I/O 引脚上的数据被采样到输入数据寄存器；对输出数据寄存器进行读访问可得到最后一次写的值；在推挽模式下，互补 MOS 管对都能被打开；在开漏模式下，只有 N-MOS 管可以被打开。

3. GPIO 输入的读取

每个端口都有自己对应的输入数据寄存器 GPIOx_IDR（其中，x 代表端口号，如 GPIOA_IDR），它在每个 APB2 时钟周期捕捉 I/O 引脚上的数据。软件可以通过对 GPIOx_IDR 寄存器某个位的直接读取，或对位带别名区中对应字的读取得到 GPIO 引脚状态对应的值。

4. GPIO 输出的控制

STM32 为每组 16 引脚的端口提供了 3 个 32 位的控制寄存器：GPIOx_ODR、GPIOx_BSRR 和 GPIOx_BRR（其中，x 指代 A、B、C 等端口号）。其中，GPIOx_ODR 的功能比较容易理解，它的低 16 位直接对应了本端口的 16 个引脚，软件可以通过直接对这个寄存器置位或清零，让对应引脚输出高电平或低电平。也可以利用位带操作原理，对 GPIOx_ODR 中某个位对应的位带别名区字地址执行写入操作以实现对单个位的简化操作。利用 GPIOx_ODR 的位带操作功能可以有效地避免端口中其他引脚的"读一修改一写"问题，但位带操作的缺点是每次只能操作 1 位，对于某些需要同时操作多个引脚的应用，位带操作就显得力不从心了。STM32 的解决方案是使用 GPIOx_BSRR 和 GPIOx_BRR 两个寄存器解决多个引脚同时改变电平的问题。

5. 输出速度

如果 STM32F407 的 I/O 引脚工作在某个输出模式下，那么通常还需设置其输出速度，这个输出速度指的是 I/O 接口驱动电路的响应速度，而不是输出信号的速度。输出信号的速度取决于软件程序。

STM32F407 的芯片内部在 I/O 接口的输出部分安排了多个响应速度不同的输出驱动电路，用户可以根据自己的需要，通过选择响应速度选择合适的输出驱动模块，以达到最佳噪声控制和降低功耗的目的。众所周知，高频的驱动电路噪声也高。当不需要高输出频率时，尽量选用低频响应速度的驱动电路，这样非常有利于提高系统的 EMI 性能。当然如果要输出较高频率的信号，但却选用了较低频率响应速度的驱动模块，那么很可能会得到失真的输出信号。一般推荐 I/O 引脚的输出速度是其输出信号速度的 5~10 倍。

STM32F407 的 I/O 引脚的输出速度有 4 种选择：2MHz、25MHz、50MHz 和 100MHz。

下面根据一些常见的应用，给读者一些选用参考：

1）连接 LED、蜂鸣器等外部设备的普通输出引脚：一般设置为 2MHz。

2）用作 USART 复用功能输出引脚：假设 USART 工作时的最大比特率为 115.2kbit/s，选用 2MHz 的响应速度就足够了，既省电，噪声又小。

3）用作 IIC 复用功能的输出引脚：假设 IIC 工作时的最大比特率为 400kbit/s，那么 2MHz 的引脚速度或许不够，这时可以选用 10MHz 的 I/O 引脚速度。

4）用作 SPI 复用功能的输出引脚：假设 SPI 工作时的比特率为 18Mbit/s 或 9Mbit/s，那么 10MHz 的引脚速度显然不够，这时需要选用 50MHz 的 I/O 引脚速度。

5）用作 FSMC 复用功能连接存储器的输出引脚：一般设置为 50MHz 或 100MHz 的 I/O 引脚速度。

5.2.12 外部中断映射和事件输出

借助 AFIO，STM32F407 微控制器的 I/O 引脚不仅可以实现外设复用功能的重映射，而且可以实现外部中断映射和事件输出。需要注意的是，如果需使用 STM32F407 控制器 I/O 引脚的以上功能，那么必须先打开 APB2 总线上的 AFIO 时钟。

1. 外部中断映射

当 STM32 微控制器的某个 I/O 引脚被映射为外部中断线后，该 I/O 引脚就可以成为一个外部中断源，可以在这个 I/O 引脚上产生外部中断，实现对用户 STM32 运行程序的交互。

STM32 微控制器的所有 I/O 引脚都具有外部中断能力。每个外部中断线 EXTI LineXX 都和所有的 GPIO 端口 GPIO[A..G].xx 共享。为了使用外部中断线，该 I/O 引脚必须配置成输入模式。

2. 事件输出

STM32 微控制器几乎每个 I/O 引脚（除端口 F 和 G 的引脚外）都可用作事件输出。例如，使用 SEV 指令产生脉冲，通过事件输出信号将 STM32 从低功耗模式中唤醒。

5.2.13 GPIO 的主要特性

综上所述，STM32F407 微控制器的 GPIO 主要具有以下特性：

1）提供最多 112 个多功能双向 I/O 引脚，具有 80% 的引脚利用率。

2）几乎每个 I/O 引脚（除 ADC 外）都兼容 5V，每个 I/O 都具有 20mA 驱动能力。

3）每个 I/O 引脚具有最高 84MHz 的翻转频度。30pF 时，输出频度为 100MHz；15pF 时，输出频度为 80MHz。

4）每个 I/O 引脚都有 8 种工作模式。在复位时和刚复位后，复用功能未开启，I/O 引脚被配置成浮空输入模式。

5）所有 I/O 引脚都具备复用功能，包括 JTAG/SWD、Timer、USART、IIC、SPI 等。

6）某些复用功能的引脚可通过复用功能重映射用作另一复用功能，方便 PCB 设计。

7）所有 I/O 引脚都可作为外部中断输入，同时可以有 16 个中断输入。

8）几乎每个 I/O 引脚（除端口 F 和 G 外）都可用作事件输出。

9）PA0 可作为从待机模式唤醒的引脚，PC13 可作为入侵检测的引脚。

5.3 GPIO 的 HAL 驱动程序

GPIO 引脚的操作主要包括初始化、读取引脚输入和设置引脚输出，相关的 HAL 驱动程序定义在文件 stm32f4xx_hal_gpio.h 中。GPIO 操作相关函数如表 5-1 所示，表中只列出了函数名，省略了函数参数。

表 5-1　GPIO 操作相关函数

函数名	函数功能描述
HAL_GPIO_Init()	GPIO 引脚初始化
HAL_GPIO_DeInit()	GPIO 引脚反初始化，恢复为复位后的状态
HAL_GPIO_WritePin()	使引脚输出 0 或 1
HAL_GPIO_ReadPin()	读取引脚的输入电平
HAL_GPIO_TogglePin()	翻转引脚的输出
HAL_GPIO_LockPin()	锁定引脚配置，而不是锁定引脚的输入或输出状态

使用 STM32CubeMX 生成代码时，GPIO 引脚初始化的代码会自动生成，用户常用的 GPIO 操作函数是进行引脚状态读写的函数。

1. 初始化函数 HAL_GPIO_Init()

函数 HAL_GPIO_Init()用于对一个端口的一个或多个相同功能的引脚进行初始化设置，包括输入/输出模式、上拉或下拉等。其原型定义如下：

```
void   HAL_GPIO_Init(GPIO_TypeDef *GPIOx,GPIO_InitTypeDef *GPIO_Init);
```

其中，第 1 个参数 GPIOx 是 GPIO_TypeDef 类型的结构体指针，它定义了端口的各个寄存器的偏移地址，实际调用函数 HAL_GPIO_Init()时使用端口的基地址作为参数 GPIOx 的值。在文件 stm32f407xx.h 中定义了各个端口的基地址，如：

```
#define   GPIOA        ((GPIO_TypeDef *GPIOA_BASE)
#define   GPIOB        ((GPIO_TypeDef *GPIOB_BASE)
#define   GPIOC        ((GPIO_TypeDef *GPIOC_BASE)
#define   GPIOD        ((GPIO_TypeDef *GPIOD_BASE)
```

第 2 个参数 GPIO_Init 是一个 GPIO InitTypeDef 类型的结构体指针，它定义了 GPIO 引脚的属性。这个结构体的定义如下：

```
typedef   struct
{
uint32_t  Pin；        //要配置的引脚，可以是多个引脚
uint32_t  Mode；       //引脚功能模式
uint32_t  Pull；       //上拉或下拉
uint32_t  Speed；      //引脚最高输出频率
uint32_t  Alternate；  //复用功能选择
}GPIO_InitTypeDef；
```

这个结构体的各个成员变量的意义及取值如下。

1）Pin 是需要配置的 GPIO 引脚。在文件 stm32f4 xx hal_gpio.h 中定义了 16 个引脚的宏。如果需要同时定义多个引脚的功能，就用这些宏的或运算进行组合。

```
#define   GPIO_PIN_0     ((uint16_t)0x0001)    /*  Pin  0  selected  */
#define   GPIO_PIN_1     ((uint16_t)0x0002)    /*  Pin  1  selected  */
#define   GPIO_PIN_2     ((uint16_t)0x0004)    /*  Pin  2  selected  */
#define   GPIO_PIN_3     ((uint16_t)0x0008)    /*  Pin  3  selected  */
#define   GPIO_PIN_4     ((uint16_t)0x0010)    /*  Pin  4  selected  */
#define   GPIO_PIN_5     ((uint16_t)0x0020)    /*  Pin  5  selected  */
```

```
#define  GPIO_PIN_6   ((uint16_t)0x0040)   /*  Pin  6   selected   */
#define  GPIO_PIN_7   ((uint16_t)0x0080)   /*  Pin  7   selected   */
#define  GPIO_PIN_8   ((uint16_t)0x0100)   /*  Pin  8   selected   */
#define  GPIO_PIN_9   ((uint16_t)0x0200)   /*  Pin  9   selected   */
#define  GPIO_PIN_10  ((uint16_t)0x0400)   /*  Pin  10  selected   */
#define  GPIO_PIN_11  ((uint16_t)0x0800)   /*  Pin  11  selected   */
#define  GPIO_PIN_12  ((uint16_t)0x1000)   /*  Pin  12  selected   */
#define  GPIO_PIN_13  ((uint16_t)0x2000)   /*  Pin  13  selected   */
#define  GPIO_PIN_14  ((uint16_t)0x4000)   /*  Pin  14  selected   */
#define  GPIO_PIN_15  ((uint16_t)0x8000)   /*  Pin  15  selected   */
#define  GPIO_PIN_All ((uint16_t)0xFFFF)   /*  All  pins  selected  */
```

2）Mode 表示引脚功能模式设置。其可用常量定义如下：

```
#define  GPIO_MODE_INPUT              0x00000000U       //输入浮空模式
#define  GPIO_MODE_OUTPUT_PP          0x00000001U       //推挽输出模式
#define  GPIO_MODE_OUTPUT_OD          0x000000110       //开漏输出模式
#define  GPIO_MODE_AF_PP              0x00000002U       //复用功能推挽模式
#define  GPIO_MODE_AF_OD              0x00000012U       //复用功能开漏模式
#define  GPIO_MODE_ANALOG             0×000000030       //模拟信号模式
#define  GPIO_MODE_IT_RISING          0x10110000U       //外部中断，上跳沿触发
#define  GPIO_MODE_IT_FALLING         0x10210000U       //外部中断，下跳沿触发
#define  GPIO_MODE_IT_RISING_FALLING  0x10310000U       //上、下跳沿触发
```

3）Pull 定义是否使用内部上拉或下拉电阻。其可用常量定义如下：

```
#define  GPIO_NOPULL     0x00000000U       //无上拉或下拉
#define  GPIO_PULLUP     0x00000001U       //上拉
#define  GPIO_PULLDOWN   0x00000002U       //下拉
```

4）Speed 定义输出模式引脚的最高输出频率。其可用常量定义如下：

```
#define  GPIO_SPEED_FREQ_LOW        0x00000000U       //2MHz
#define  GPIO_SPEED_FREQ_MEDIUM     0×00000001U       //12.5～50MHz
#define  GPIO_SPEED_FREQ_HIGH       0x00000002U       //25～100MHz
#define  GPIO_SPEED_FREQ_VERY_HIGH  0x000000030       //50～200MHz
```

5）Alternate 定义引脚的复用功能。在文件 stm32f4xx hal gpio_ex.h 中定义了这个参数的可用宏定义，这些复用功能的宏定义与具体的 MCU 型号有关。下面是其中的部分定义示例：

```
#define  GPIO_AF1_TIM1    ((uint8_t)0x01)    // TIM1 复用功能映射
#define  GPIO_AF1_TIM2    ((uint8_t)0x01)    // TIM2 复用功能映射
#define  GPIO_AF5_SPI1    ((uint8_t)0x05)    // SPI1 复用功能映射
#define  GPIO_AF5_SPI2    ((uint8_t)0x05)    // SPI2/I2S2 复用功能映射
#define  GPIO_AF7_USART1  ((uint8_t)0x07))   // USART1 复用功能映射
#define  GPIO_AF7_USART2  ((uint8_t)0x07)    // USART2 复用功能映射
#define  GPIO_AF7_USART3  ((uint8_t)0x07)    // USART3 复用功能映射
```

2. 设置引脚输出的函数 HAL_GPIO_WritePin()

使用函数 HAL_GPIO_WritePin()向一个或多个引脚输出高电平或低电平，其原型定义如下：

```
void HAL_GPIO_WritePin(GPIO_TypeDef* GPIOx,uint16_t GPIO_Pin,GPIO_PinState PinState);
```

其中，参数 GPIOx 是具体的端口基地址；GPIO Pin 是引脚号；PinState 是引脚输出电平，是枚举类型 GPIO_PinState 的。在 stm32f14xx_hal_gpio.h 文件中的定义如下：

```
typedef enum
{
GPIO_PIN_RESET =0,
GPIO_PIN_SET
}GPIO_PinState;
```

枚举常量 GPIO_PIN_RESET 表示低电平，GPIO_PIN_SET 表示高电平。例如，要使 PF9 和 PF10 输出低电平，可使用如下代码：

```
HAL_GPIO_WritePin (GPIOF,GPIO_PIN_9|GPIO_PIN_10,GPIO_PIN_RESET);
```

若要输出高电平，则只需修改为如下代码：

```
HAL_GPIO_WritePin(GPIOF,GPIO_PIN_9|GPIO_PIN_10,GPIO_PIN_SET);
```

3．读取引脚输入的函数 HAL_GPIO_ReadPin()

函数 HAL_GPIO_ReadPin()用于读取一个引脚的输入状态，其原型定义如下：

```
GPIO_PinState HAL_GPIO_ReadPin(GPIO_TypeDef* GPIOx,uint16_t  GPIO_Pin);
```

函数的返回值是枚举类型 GPIO_PinState 的。常量 GPIO_PIN_RESET 表示输入为 0（低电平），常量 GPIO_PIN_SET 表示输入为 1（高电平）。

4．翻转引脚输出的函数 HAL_GPIO_TogglePin()

函数 HAL_GPIO_TogglePin()用于翻转引脚的输出状态。例如，引脚当前输出为高电平，执行此函数后，引脚输出为低电平。其原型定义如下，只需传递端口号和引脚号：

```
void  HAL_GPIO_TogglePin (GPIO_TypeDef* GPIOx,uint16_t  GPIO_Pin)
```

5.4 STM32 的 GPIO 使用流程

根据 I/O 端口的特定硬件特征，I/O 端口的每个引脚都可以由软件配置成多种工作模式。
在运行程序之前必须对每个用到的引脚功能进行配置。
1）如果某些引脚的复用功能没有使用，则可以先配置为通用输入输出 GPIO。
2）如果某些引脚的复用功能被使用，则需要对复用的 I/O 端口进行配置。
3）I/O 具有锁定机制，允许冻结 I/O。当在一个端口位上执行了锁定（LOCK）程序后，在下一次复位之前，将不能再更改端口位的配置。

5.4.1 普通 GPIO 配置

GPIO 是最基本的应用，其基本配置方法为：
1）配置 GPIO 时钟，完成初始化。
2）利用函数 HAL_GPIO_Init() 配置引脚，包括引脚名称、引脚传输速率、引脚工作模式。
3）完成 HAL_GPIO_Init() 的设置。

5.4.2 I/O 复用功能 AFIO 配置

I/O 复用功能 AFIO 常对应到外设的输入/输出功能。使用时，需要先配置 I/O 为复用功能，打开 AFIO 时钟，然后根据不同的复用功能进行配置。对应外设的输入/输出功能有下述 3 情况。

1）外设对应的引脚为输出：需要根据外围电路的配置选择对应的引脚为复用功能的推挽输出或复用功能的开漏输出。

2）外设对应的引脚为输入：根据外围电路的配置可以选择浮空输入、带上拉输入或带下拉输入。

3）ADC 对应的引脚：配置引脚为模拟输入。

5.5 采用 STM32Cube 和 HAL 库的 GPIO 输出应用实例

GPIO 输出应用实例通过使用固件库点亮 LED 灯。

5.5.1 STM32 的 GPIO 输出应用硬件设计

STM32F407 与 LED 的连接电路如图 5-6 所示。这是一个 RGB LED 灯，由红（R）、蓝（B）、绿（G）3 个 LED 灯构成，使用 PWM 控制时可以混合成 256 种不同的颜色。

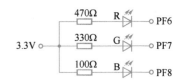

图 5-6 STM32F407 与 LED 的连接电路

这些 LED 的阴极都连接到 STM32F407 的 GPIO 引脚，只要控制 GPIO 引脚的电平输出状态，即可控制 LED 的亮灭。如果使用的开发板中 LED 的连接方式或引脚不一样，则只需修改程序的相关引脚即可，程序的控制原理相同。

LED 电路是由外接 3.3V 电源驱动的。当 GPIO 引脚输出为 0 时，LED 点亮；输为 1 时，LED 熄灭。

在本实例中，根据图示的电路设计一个示例，使 LED 如下循环显示：

1）红灯亮 1s，灭 1s。

2）绿灯亮 1s，灭 1s。

3）蓝灯亮 1s，灭 1s。

4）红灯亮 1s，灭 1s。

5）轮流显示红、绿、蓝、黄、紫、青、白各 1s。

6）关灯 1s。

5.5.2 STM32 的 GPIO 输出应用软件设计

下面讲述 STM32 的 GPIO 输出应用软件设计。

1. 通过 STM32CubeMX 新建工程

通过 STM32CubeMX 新建工程的步骤如下。

（1）新建文件夹

在 D 盘根目录新建文件夹 Demo，这是保存所有工程的地方。在该目录下新建文件夹 LED，这是保存本章新建工程的文件夹。

（2）新建 STM32CubeMX 工程

在 STM32CubeMX 开发环境中，通过菜单 File→New Project 命令或 STM32CubeMX 开始窗口中的 New Project 对话框新建工程，如图 5-7 所示。

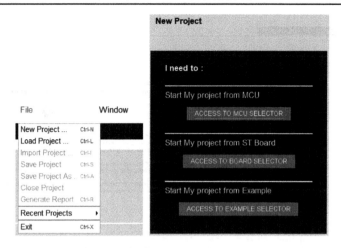

图 5-7　新建 STM32CubeMX 工程

（3）选择 MCU 或开发板

此处以 MCU 为例，Commercial Part Number 选择 STM32F407ZGT6，如图 5-8 所示。

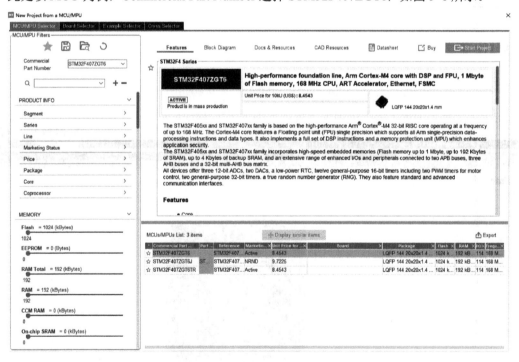

图 5-8　Commercial Part Number 选择 STM32F407ZGT6

MCUs/MPUs List 选择 STM32F407ZGT6，如图 5-9 所示。

★	Commercial Part ...	Part ...	Reference	Marketin...	Unit Price for ...	Board	Package	Flash	RAM	I/O	Frequ...
☆	STM32F407ZGT6		STM32F407...	Active	8.4543		LQFP 144 20x20x1.4 ...	1024 k...	192 kB...	114	168 M...
☆	STM32F407ZGT6J	ST...	STM32F407...	NRND	9.7225		LQFP 144 20x20x1.4 ...	1024 k...	192 kB...	114	168 M...
☆	STM32F407ZGT6TR		STM32F407...	Active	8.4543		LQFP 144 20x20x1.4 ...	1024 k...	192 kB...	114	168 M...

图 5-9　MCUs/MPUs List 选择 STM32F407ZGT6

单击 Start Project 按钮启动工程，如图 5-10 所示，启动工程后的页面如图 5-11 所示。

图 5-10　单击 Start Project 按钮启动工程

图 5-11　启动工程后的页面

（4）保存 STM32Cube MX 工程

选择 STM32CubeMX 菜单 File→Save Project 命令，如图 5-12 所示，保存工程到 LED 文件夹，生成的 STM32CubeMX 文件为 LED.ioc。

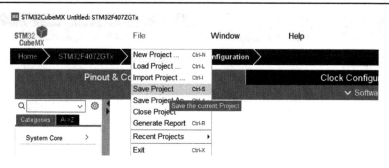

图 5-12　保存工程

此处直接设置工程名和保存位置，后续生成的工程 Application Structure 为 Advanced 模式，即 Inc、Src 存放于 Core 文件夹下，如图 5-13 所示。

名称	修改日期	类型	大小
Core	2022/12/8 11:16	文件夹	
Drivers	2022/12/8 11:16	文件夹	
MDK-ARM	2022/12/8 11:16	文件夹	
.mxproject	2022/12/8 11:16	MXPROJECT 文件	8 KB
LED.ioc	2022/12/8 11:16	STM32CubeMX	5 KB
LED.pdf	2022/12/8 10:50	Foxit PDF Reade...	249 KB
LED.txt	2022/12/8 10:50	文本文档	1 KB

名称	修改日期	类型	大小
Inc	2022/12/8 11:16	文件夹	
Src	2022/12/8 11:16	文件夹	

图 5-13　Advanced 模式下 Inc、Src 存放于 Core 文件夹下

（5）生成报告

选择 STM32CubeMX 菜单 File→Generate Report 命令，生成当前工程的报告文件 LED.pdf，如图 5-14 所示。

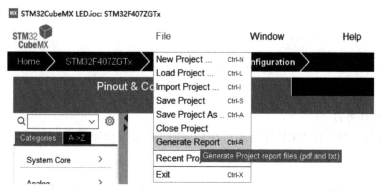

图 5-14　选择 STM32CubeMX 菜单 File→Generate Report 命令

（6）配置 MCU 时钟树

在 STM32CubeMX 的 Pinout & Configuration 选项卡中，选择 System Core→RCC，High Speed Clock（HSE）根据开发板实际情况，选择 Crystal/Ceramic Resonator（晶体/陶瓷晶振），如图 5-15 所示。

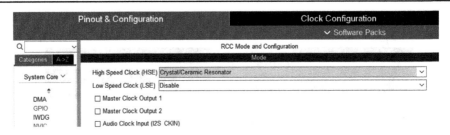

图 5-15　HSE 选择 Crystal/Ceramic Resonator

切换到 STM32CubeMX 的 Clock Configuration 选项卡，根据开发板外设情况配置总线时钟。此处配置 Input frequency 为 25MHz、PLL Source Mux 为 HSE、分频系数/M 为 25、PLLMul 倍频为 336MHz、PLLCLK 分频/2 后为 168MHz、System Clock Mux 为 PLLCLK、APB1 Prescaler 为/4、APB2 Prescaler 为/2，其余为默认设置即可。配置完成的时钟树如图 5-16 所示。

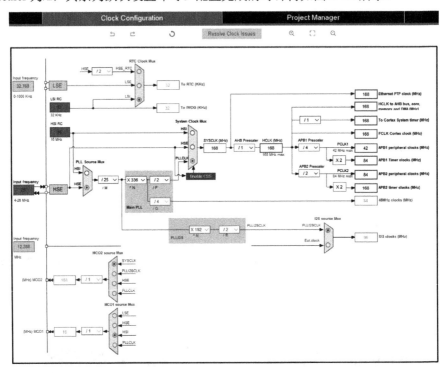

图 5-16　配置完成的时钟树

（7）配置 MCU 外设

根据 LED 电路，整理出 MCU 连接的 GPIO 引脚的输入/输出配置，如表 5-2 所示。

表 5-2　MCU 引脚的输入/输出配置

用户标签	引脚名称	引脚功能	GPIO 模式	上拉或下拉	端口速率
LED1_RED	PF6	GPIO_Output	推挽输出	上拉	高
LED2_GREEN	PF7	GPIO_Output	推挽输出	上拉	高
LED3_BLUE	PF8	GPIO_Output	推挽输出	上拉	高

根据表 5-2 进行 GPIO 引脚配置。在引脚视图上，单击相应的引脚，在弹出的菜单中选择引脚功能。与 LED 连接的引脚是输出引脚，设置引脚功能为 GPIO_Output，具体步骤如下。

在 STM32CubeMX 的 Pinout & Configuration 选项卡中选择 System Core→GPIO，此时可以看到与 RCC 相关的两个 GPIO 口已自动配置完成，如图 5-17 所示。

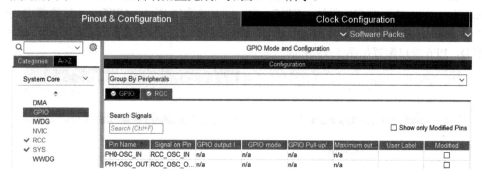

图 5-17　与 RCC 相关的 GPIO 口

以控制红色 LED 的引脚 PF6 为例，通过搜索框进行搜索可以定位 I/O 口的引脚位置或在 Pinout View 处选择 PF6 端口，此时会闪烁显示，配置 PF6 的属性为 GPIO_Output，如图 5-18 所示。

图 5-18　配置 PF6 端口的属性为 GPIO_Output

在 GPIO 组件的模式和配置界面，对每个 GPIO 引脚进行更多的设置，例如，GPIO 输入引脚是上拉还是下拉，GPIO 输出引脚是推挽输出还是开漏输出，按照表的内容设置引脚的用户标签。所有设置都是通过下拉列表选择的。GPIO 输出引脚的最高输出速率指的是引脚输出变化的最高频率。初始输出设置根据电路功能确定，此工程的 LED 默认输出高电平，即灯不亮状态。

具体步骤如下。

在 Configuration 处配置 PF6 属性，GPIO output level 选择 High，GPIO mode 选择 Output Push Pull，GPIO Pull-up/Pull-down 选择 Pull-up，Maximum output speed 选择 High，User Label 定义为 LED1_RED，PF6 端口配置如图 5-19 所示。

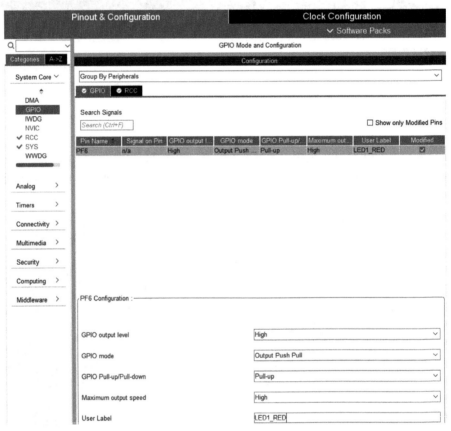

图 5-19   PF6 端口配置

使用同样的方法配置 GPIO 端口的 LED2_GREEN（PF7）和 LED3_BLUE（PF8）。

这里为引脚设置了用户标签，在生成代码时，CubeMX 会在文件 main.h 中为这些引脚定义宏定义符号，然后在 GPIO 初始化函数中使用这些符号。

配置完成后的 GPIO 端口如图 5-20 所示。

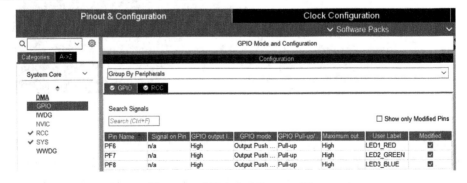

图 5-20   配置完成后的 GPIO 端口

（8）配置工程

在 STM32CubeMX 的 Project Manager 选项卡的 Project 栏下，Toolchain/IDE 选择 MDK-ARM，Min Version 选择 V5，可生成 Keil MDK 工程；选择 STM32CubeIDE，可生成 STM32CubeIDE 工程（图中未显示出）。其余配置默认即可，如图 5-21 所示。

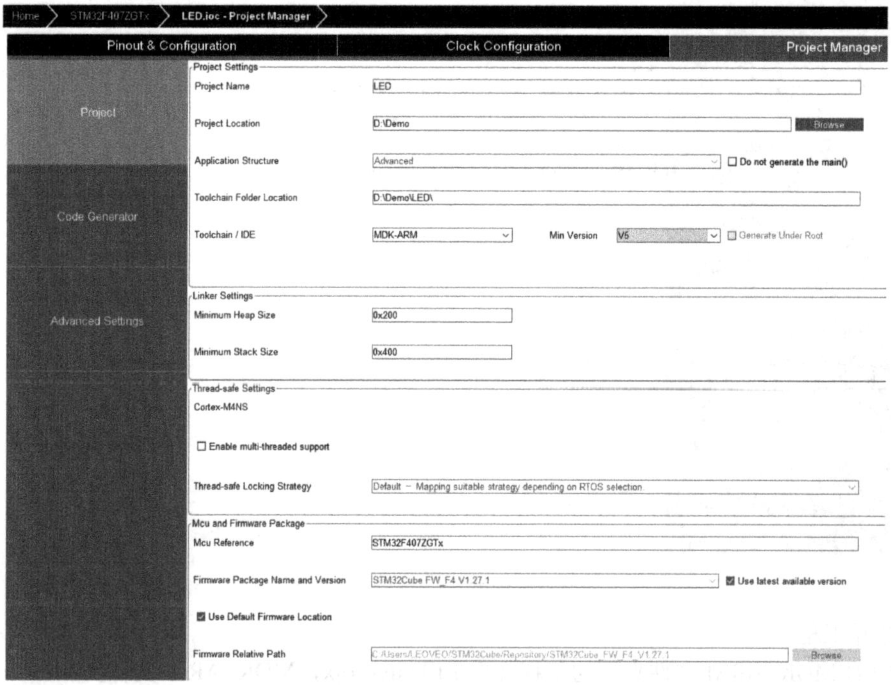

图 5-21　Project Manager 选项卡中 Project 栏的配置

若前面已经保存过工程，则生成的工程 Application Structure 默认为 Advanced 模式，此处不可再次修改；若前面未保存过工程，则此处可修改工程名、存放位置等信息，生成的工程 Application Structure 为 Basic 模式，即 Inc、Src 为单独的文件夹，不存放于 Core 文件夹中，如图 5-22 所示。

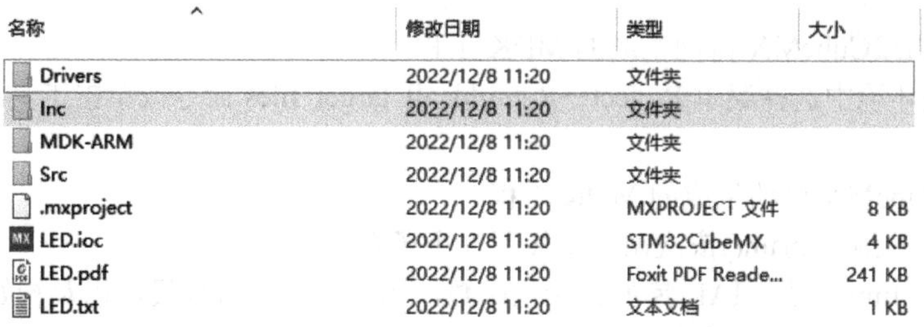

图 5-22　Basic 模式下 Inc、Src 为单独的文件夹

在 STM32CubeMX 的 Project Manager 选项卡中，在 Code Generator→Generated files 中按图 5-23 勾选选项。

（9）生成 C 代码工程

在 STM32CubeMX 主页面中单击 GENERATE CODE 按钮，生成 C 代码工程，分别生成 MDK-Arm 和 CubeIDE 工程。

2. 通过 Keil MDK 实现工程

通过 Keil MDK 实现工程的步骤如下。

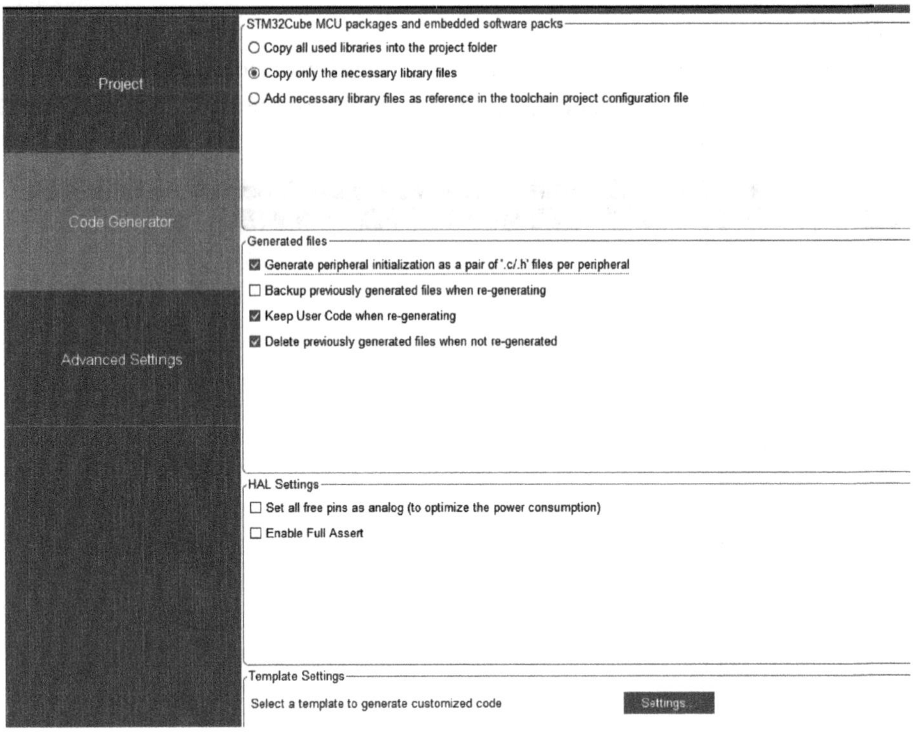

图 5-23   Code Generator 栏的 Generated files 配置

（1）打开工程

打开 LED\MDK-ARM 文件夹下的工程文件 LED.uvprojx，MDK-ARM 文件夹如图 5-24 所示。

名称	修改日期	类型	大小
LED.uvoptx	2022/12/8 11:20	UVOPTX 文件	4 KB
LED.uvprojx	2022/12/8 11:20	磁ision5 Project	20 KB
startup_stm32f407xx.s	2022/12/8 11:20	S 文件	29 KB

图 5-24   MDK-ARM 文件夹

（2）编译 STM32CubeMX 自动生成的 MDK 工程

在 MDK 开发环境中选择菜单 Project→Rebuild all target files 命令或单击工具栏中的 Rebuild 按钮 编译工程。

（3）STM32CubeMX 自动生成的 MDK 工程

main.c 文件中的函数 main()依次调用了如下 3 个函数。

① 函数 HAL_Init()：是 HAL 库的初始化函数，用于复位所有外设，以及初始化 Flash 接口和 Systick 定时器。HAL_Init()是在文件 stm32f4xx_hal.c 中定义的函数，它的代码里调用了 MSP 函数 HAL_MspInit()，用于对具体 MCU 的初始化处理。HAL_MspInit()函数在项目的用户程序文件 stm32f4xx_hal_msp.c 中重新实现，实现的代码如下，功能是开启各个时钟系统。

```
void HAL_MspInit(void)
{
    __HAL_RCC_SYSCFG_CLK_ENABLE();
    __HAL_RCC_PWR_CLK_ENABLE();
    /* 系统中断初始化 */
}
```

② 函数 SystemClock_Config()：是在文件 main.c 里定义和实现的，它是根据 STM32CubeMX 里的 RCC 和时钟树的配置自动生成的代码，用于配置各种时钟信号频率。

③ GPIO 端口函数 MX_GPIO_Init()：是在文件 gpio.h 中定义的 GPIO 引脚初始化函数，它是 STM32CubeMX 中 GPIO 引脚图形化配置的实现代码。

在函数 main()中，HAL_Init()和 SystemClock_Config()是必然调用的两个函数，之后根据使用的外设情况调用各个外设的初始化函数，然后进入 while 死循环。

在 STM32CubeMX 中，为 LED 连接的 GPIO 引脚设置了用户标签，这些用户标签的宏定义在文件 main.h 里。代码如下：

```
/* 私有定义 -------------------------------------------------*/
#define LED1_RED_Pin GPIO_PIN_6
#define LED1_RED_GPIO_Port GPIOF
#define LED2_GREEN_Pin GPIO_PIN_7
#define LED2_GREEN_GPIO_Port GPIOF
#define LED3_BLUE_Pin GPIO_PIN_8
#define LED3_BLUE_GPIO_Port GPIOF
/* 用户代码开始：私有定义 */
```

在 STM32CubeMX 中设置的一个 GPIO 引脚用户标签，会在此生成两个宏定义，分别是端口宏定义和引脚号宏定义，如 PF6 设置的用户标签为 LED1_RED，就生成了 LED1_RED_Pin 和 LED1_RED_GPIO_Port 两个宏定义。

GPIO 引脚初始化文件 gpio.c 和 gpio.h 是 STM32CubeMX 生成代码时自动生成的用户程序文件。注意，必须在 STM32CubeMX 的 Project Manager 选项卡的 Code Generator 中勾选生成.c/.h 文件对选项，才会为一个外设生成 .c/.h 文件对，如图 5-25 所示。

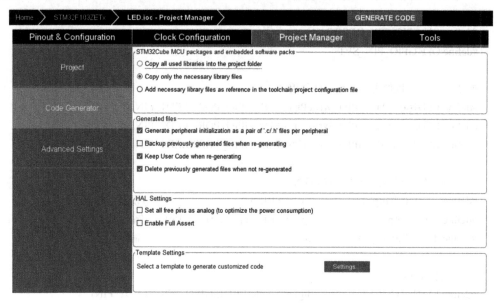

图 5-25　STM32CubeMX 中生成 .c/.h 的配置项

头文件 gpio.h 定义了一个函数 MX_GPIO_Init()，这是在 STM32CubeMX 中图形化设置的 GPIO 引脚的初始化函数。

文件 gpio.h 的代码如下，定义了 MX_GPIO_Init()的函数原型。

```
#include "main.h"
void MX_GPIO_Init(void);
```

文件 gpio.c 包含了函数 MX_GPIO_Init()的实现代码。

（4）新建用户文件

在 LED\Core\Src 下新建 bsp_led.c，在 LED\Core\Inc 下新建
bsp_led.h。将 bsp_led.c 添加到工程 Application/User/Core 文件夹
下，如图 5-26 所示。

（5）编写用户代码

如果用户想在生成的初始项目的基础上添加自己的应用程
序代码，那么只需把用户代码写在代码沙箱段内，就可以在
STM32CubeMX 中修改 MCU 设置，重新生成代码，而不会影响
用户已经添加的程序代码。沙箱段一般以 USER CODE BEGIN
和 USER CODE END 标识。此外，用户自定义的文件不受
STM32CubeMX 生成代码的影响。

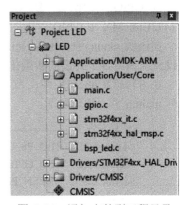

图 5-26　添加文件到工程目录

```
/* USER CODE BEGIN */
用户自定义代码
/* USER CODE END */
```

为了方便控制 LED，把 LED 常用的亮、灭及状态反转的控制也直接定义成宏，定义在
bsp_led.h 文件中。

```
/** 控制 LED 灯亮灭的宏，
 * 若 LED 低电平亮，则把宏设置成 ON=0，OFF=1
 * 若 LED 高电平亮，把宏设置成 ON=1，OFF=0 即可 */
#define ON GPIO_PIN_RESET
#define OFF GPIO_PIN_SET


/* 带参宏，可以像内联函数一样使用 */
#define LED1(a) HAL_GPIO_WritePin(LED1_GPIO_PORT,LED1_PIN,a)
#define LED2(a) HAL_GPIO_WritePin(LED2_GPIO_PORT,LED2_PIN,a)
#define LED3(a) HAL_GPIO_WritePin(LED2_GPIO_PORT,LED3_PIN,a)


/* 直接操作寄存器的方法控制 I/O */
#define    digitalHi(p,i)      {p->BSRR=i;}                //设置为高电平
#define digitalLo(p,i)         {p->BSRR=(uint32_t)i << 16;}  //输出低电平
#define digitalToggle(p,i)     {p->ODR ^=i;}               //输出反转状态


/* 定义控制 I/O 的宏 */
#define LED1_TOGGLE            digitalToggle(LED1_GPIO_PORT,LED1_PIN)
#define LED1_OFF               digitalHi(LED1_GPIO_PORT,LED1_PIN)
#define LED1_ON                digitalLo(LED1_GPIO_PORT,LED1_PIN)


#define LED2_TOGGLE            digitalToggle(LED2_GPIO_PORT,LED2_PIN)
#define LED2_OFF               digitalHi(LED2_GPIO_PORT,LED2_PIN)
```

```
#define LED2_ON                digitalLo(LED2_GPIO_PORT,LED2_PIN)

#define LED3_TOGGLE            digitalToggle(LED3_GPIO_PORT,LED3_PIN)
#define LED3_OFF               digitalHi(LED3_GPIO_PORT,LED3_PIN)
#define LED3_ON                digitalLo(LED3_GPIO_PORT,LED3_PIN)
```

/* 基本混色，后面的高级用法使用 PWM 可混出全彩颜色，且效果更好 */

```
//红
#define LED_RED  \
                        LED1_ON;\
                        LED2_OFF\
                        LED3_OFF
//绿
#define LED_GREEN        \
                        LED1_OFF;\
                        LED2_ON\
                        LED3_OFF

//蓝
#define LED_BLUE   \
                        LED1_OFF;\
                        LED2_OFF\
                        LED3_ON
//黄(红+绿)
#define LED_YELLOW       \
                        LED1_ON;\
                        LED2_ON\
                        LED3_OFF
//紫(红+蓝)
#define LED_PURPLE\
                        LED1_ON;\
                        LED2_OFF\
                        LED3_ON
//青(绿+蓝)
#define LED_CYAN \
                        LED1_OFF;\
                        LED2_ON\
                        LED3_ON
//白(红+绿+蓝)
#define LED_WHITE \
                        LED1_ON;\
                        LED2_ON\
                        LED3_ON
//黑(全部关闭)
```

```
#define LED_RGBOFF \
                    LED1_OFF;\
                    LED2_OFF\
                    LED3_OFF
```

这部分宏控制 LED 亮灭的操作是直接向 BSRR 寄存器写入控制指令实现的，对 BSRR 低 16 位写 1 输出高电平，对 BSRR 高 16 位写 1 输出低电平，对 ODR 寄存器某位进行异或操作可反转位的状态。

利用上面的宏，bsp_led.c 文件实现 LED 的初始化函数 LED_GPIO_Config()。此处仅关闭 RGB 灯，用户可根据需要初始化 RGB 灯的状态。

```
void LED_GPIO_Config(void)
{
    /*关闭 RGB 灯*/
    LED_RGBOFF;
}
```

main.c 文件添加对 bsp_led.h 的引用。

```
/* Private includes ----------------------------------------------------------*/
/* USER CODE BEGIN Includes */
#include "bsp_led.h"
/* USER CODE END Includes */
```

在函数 main()中添加对 LED 的控制，调用前面定义的 LED_GPIO_Config()初始化 LED，然后直接调用各种控制 LED 灯亮灭的宏实现 LED 灯的控制，采用库自带的基于滴答时钟延时 HAL_Delay()，单位为 ms，直接调用即可，这里的 HAL_Delay(1000)表示延时 1s。

```
int main(void)
{
    /* MCU Configuration---------------------------------------------------------*/
    /* Reset of all peripherals, Initializes the Flash interface and the Systick. */
    HAL_Init();
    /* Configure the system clock */
    SystemClock_Config();
    /* Initialize all configured peripherals */
    MX_GPIO_Init();
    /* USER CODE BEGIN 2 */
    /* LED 端口初始化 */
    LED_GPIO_Config();
    /* USER CODE END 2 */
    /* Infinite loop */
    /* USER CODE BEGIN WHILE */
    while (1)
    {
        LED1( ON );            // 亮
        HAL_Delay(1000);
        LED1( OFF );           // 灭
```

```
            HAL_Delay(1000);

            LED2( ON );                    // 亮
            HAL_Delay(1000);
            LED2( OFF );                   // 灭

            LED3( ON );                    // 亮
            HAL_Delay(1000);
            LED3( OFF );                   // 灭

            /*轮流显示红、绿、蓝、黄、紫、青、白颜色*/
            LED_RED;
            HAL_Delay(1000);

            LED_GREEN;
            HAL_Delay(1000);

            LED_BLUE;
            HAL_Delay(1000);

            LED_YELLOW;
            HAL_Delay(1000);

            LED_PURPLE;
            HAL_Delay(1000);

            LED_CYAN;
            HAL_Delay(1000);

            LED_WHITE;
            HAL_Delay(1000);

            LED_RGBOFF;
            HAL_Delay(1000);
        /* USER CODE END WHILE */

        /* USER CODE BEGIN 3 */
    }
    /* USER CODE END 3 */
}
```

开发板上的 RGB 彩灯可以实现混色，最后一段代码控制各种颜色的实现。

（6）重新编译工程

重新编译添加代码后的工程，如图 5-27 所示。

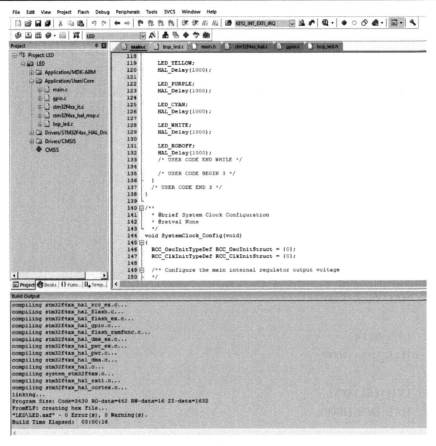

图 5-27   重新编译 MDK 工程

（7）配置工程仿真与下载项

在 MDK 开发环境中选择菜单 Project→Options for Target 命令或单击工具栏中的 按钮配置工程，如图 5-28 所示。

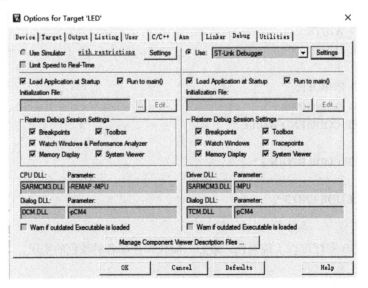

图 5-28   配置 MDK 工程

打开 Debug 选项卡，选择使用的仿真下载器 ST-Link Debugger。在 Flash Download 选项卡中勾选 Reset and Run 复选框，单击"确定"按钮，如图 5-29 所示。

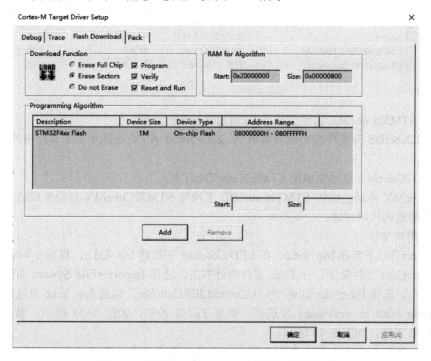

图 5-29　配置 Flash Download 选项卡中的选项

（8）下载工程

连接好仿真下载器，开发板上电。

在 MDK 开发环境中选择菜单 Flash→Download 命令或单击工具栏中的 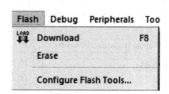 按钮下载工程，如图 5-30 所示。

工程下载成功提示如图 5-31 所示。

图 5-30　选择菜单 Flash→Download 命令

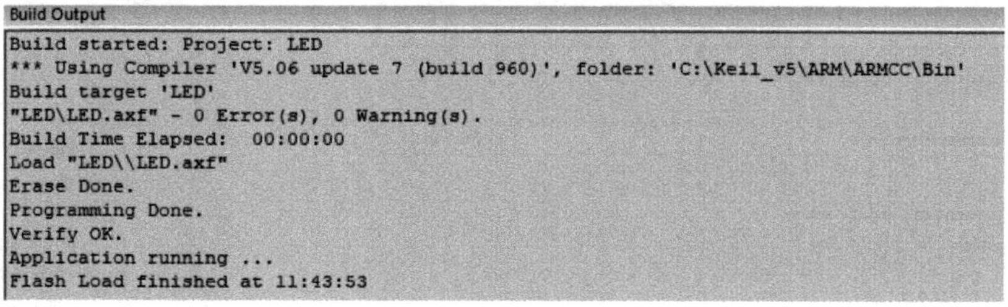

```
Build Output
Build started: Project: LED
*** Using Compiler 'V5.06 update 7 (build 960)', folder: 'C:\Keil_v5\ARM\ARMCC\Bin'
Build target 'LED'
"LED\LED.axf" - 0 Error(s), 0 Warning(s).
Build Time Elapsed:  00:00:00
Load "LED\\LED.axf"
Erase Done.
Programming Done.
Verify OK.
Application running ...
Flash Load finished at 11:43:53
```

图 5-31　工程下载成功提示

工程下载完成后，观察开发板上 LED 灯的闪烁状态，RGB 彩灯轮流显示不同的颜色。

3．通过 STM32CubeIDE 实现工程

通过 STM32CubeIDE 实现工程的步骤如下。

（1）打开工程

打开 LED\STM32CubeIDE 文件夹下的工程文件.project，如图 5-32 所示。

名称 ^	修改日期	类型	大小
📁 Application	2022/12/8 11:45	文件夹	
📁 Drivers	2022/12/8 11:45	文件夹	
📄 .cproject	2022/12/8 11:45	CPROJECT 文件	24 KB
📄 .project	2022/12/8 11:45	PROJECT 文件	6 KB
📄 STM32F407ZGTX_FLASH.ld	2022/12/8 11:45	LD 文件	6 KB
📄 STM32F407ZGTX_RAM.ld	2022/12/8 11:45	LD 文件	6 KB

图 5-32　STM32CubeIDE 文件夹下的工程文件.project

（2）编译 STM32CubeMX 自动生成的 STM32CubeIDE 工程

在 STM32CubeIDE 开发环境中选择菜单 Project→Build All 命令或单击工具栏中的 Build All 按钮▥编译工程。

（3）STM32CubeMX 自动生成的 STM32CubeIDE 工程

STM32CubeMX 自动生成的 STM32CubeIDE 工程与 STM32CubeMX 自动生成的 MDK 工程是一样的，参考前面的代码讲述。

（4）新建用户文件

在 LED\Core\Src 下新建 bsp_led.c，在 LED\Core\Inc 下新建 bsp_led.h，将 bsp_led.c 添加到工程 Application/User/Core 文件夹下。在 Core 文件夹处右击，选择 Import→File System 命令，在打开的 Import 对话框中，选择 From directory 为 D:\Demo\LED\Core\Src，勾选 bsp_led.c 复选框，作为链接形式勾选 Create links in workspace 复选框，单击 Finish 按钮，如图 5-33 所示，然后添加文件到 STM32CubeIDE 工程，如图 5-34 所示。

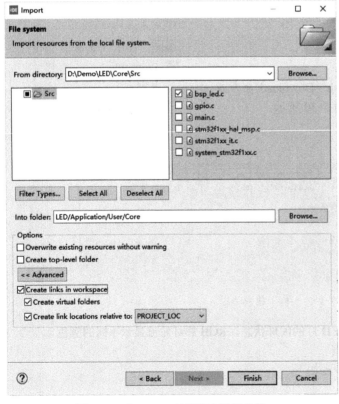

图 5-33　在 Import 对话框中设置参数

图 5-34　添加文件到
STM32CubeIDE 工程

（5）配置文件编码格式

为了防止 STM32CubeIDE 代码编辑器中的中文显示乱码或串口输出乱码的问题，进行如下操作。

选择菜单 Project→Properties 命令，打开 Properties for LED 对话框，选择 C/C++Build→Settings→Tool Settings→MCU GCC Compiler→Miscellaneous 选项卡，单击🔳按钮新建 GCC 编译指令：

-fexec-charset=GBK

-finput-charset=UTF-8

配置 GCC 编译指令如图 5-35 所示。

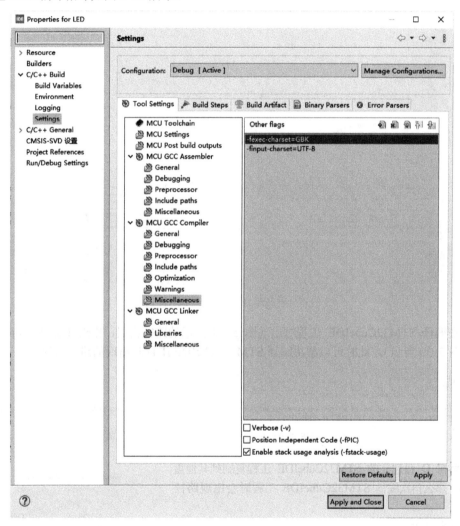

图 5-35　配置 GCC 编译指令

选择菜单 Edit→Set Encoding 命令，在打开的对话框中设置 Other 为 GBK（如果没有，手动输入），如图 5-36 所示。

当 C 文件中用到中文（非注释部分）时，需要设置编码格式为 UTF-8，且 CubeIDE 重新生成代码后，需注意中文是否乱码。CubeIDE 对中文的支持不友好，当显示乱码时，需进行相应编码格式的切换。

图 5-36　配置编码

（6）编写用户代码

如果用户想在生成的初始项目的基础上添加自己的应用程序代码，那么只需把用户代码写在代码沙箱段内，就可以在 STM32CubeMX 中修改 MCU 设置，重新生成代码，而不会影响用户已经添加的程序代码。沙箱段一般以 USER CODE BEGIN 和 USER CODE END 标识。此外，用户自定义的文件不受 STM32CubeMX 生成代码的影响。参考前面讲述的用户代码。

（7）重新编译工程

重新编译添加代码后的 STM32CubeIDE 工程，如图 5-37 所示。

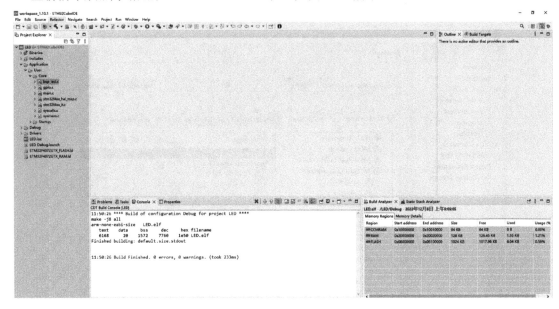

图 5-37　重新编译 STM32CubeIDE 工程

如果在编译 STM32CubeIDE 工程时出现图 5-38 所示的路径错误，则选择菜单 Project→Clean 命令（如图 5-39 所示），此时可以解决编译 STM32CubeIDE 工程时出现的路径错误。

```
Console ×  Debug  Disassembly
CDT Build Console [EXTI]
08:38:24 **** Build of configuration Debug for project EXTI ****
make -j8 all
make: *** No rule to make target 'D:/Demo/CubeIDE/3-EXTI/Drivers/STM32F4xx_HAL_Driver/Src/stm32f4xx_hal.c', needed by 'Drivers/STM32F4xx_HAL_Driver/stm32f4xx_hal.o'. Stop.
"make -j8 all" terminated with exit code 2. Build might be incomplete.
```

图 5-38　编译 STM32CubeIDE 工程时出现的路径错误

如果将在 D 盘建立的 STM32CubeIDE 工程复制到其他盘（如 F 盘），那么再次编译 STM32CubeIDE 工程时会出现路径错误。

（8）下载工程

连接好仿真下载器，开发板上电。

选择菜单 Run→Run 命令或单击工具栏中的 ⓞ 按钮，首次运行时会弹出配置页面，选择调试探头为 ST-LINK(ST-LINK GDB server)，接口为 JTAG，其余默认，单击 OK 按钮，如图 5-40 所示。

工程下载完成后，提示图 5-41 所示的信息，观察开发板上 LED 灯的闪烁状态，RGB 彩灯轮流显示不同的颜色。

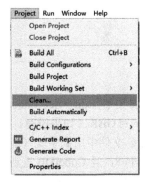

图 5-39　选择菜单 Project→Clean 命令

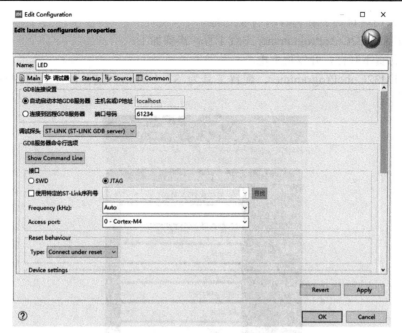

图 5-40　配置 STM32CubeIDE 工程调试器

图 5-41　下载 STM32CubeIDE 工程后的提示信息

4．通过 STM32CubeProgrammer 下载工程

也可以使用 STM32CubeProgrammer 下载工程，步骤如下：

1）连接好仿真下载器，开发板上电。

2）打开 STM32CubeProgrammer，配置工具为 ST-LINK，选择 Port 为 JTAG，如图 5-42 所示。

图 5-42   STM32CubeProgrammer 配置为 ST-LINK

3）单击 Connect 按钮，STM32CubeProgrammer 连接 ST-LINK，如图 5-43 所示。

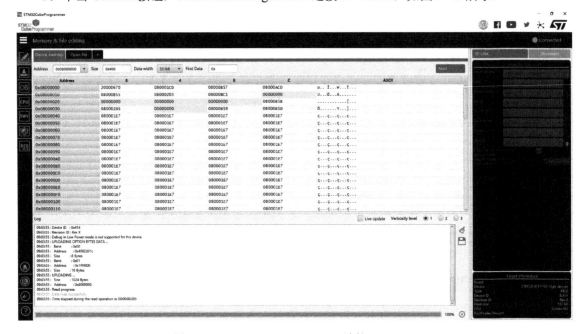

图 5-43   STM32CubeProgrammer 连接 ST-LINK

4）单击 ![]图标，打开 Erasing & Programming 界面，选择 LED\STM32CubeIDE\Debug 下的 LED.elf 文件，如图 5-44 所示。

图 5-44　选择下载文件

5）勾选 Verify programming 和 Run after programming 复选框，单击 Start Programming 按钮，开始下载工程，如图 5-45 所示。

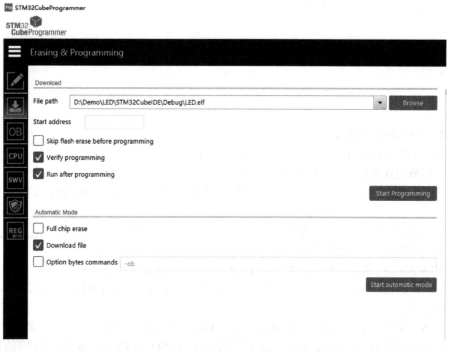

图 5-45　下载工程

工程下载成功提示如图 5-46 所示。

```
09:13:11 : Opening and parsing file: LED.elf
09:13:11 : File      : LED.elf
09:13:11 : Size      : 4.90 KB
09:13:11 : Address   : 0x08000000
09:13:11 : Erasing memory corresponding to segment 0:
09:13:11 : Erasing internal memory sectors [0 2]
09:13:11 : Download in Progress:
09:13:12 : File download complete
09:13:12 : Time elapsed during download operation: 00:00:00.334
09:13:12 : Verifying ...
09:13:12 : Read progress:
09:13:12 : Download verified successfully
09:13:12 : RUNNING Program ...
09:13:12 : Address   : 0x08000000
09:13:12 : Application is running, Please Hold on...
09:13:12 : Start operation achieved successfully
```

图 5-46   STM32CubeProgrammer 工程下载成功提示

工程下载完成后，观察开发板上 LED 灯的闪烁状态，RGB 彩灯轮流显示不同的颜色。

特别提示：如果 STM32 的外设（如 SPI1）与 JTAG 程序下载接口共用了引脚，则单击  按钮下载工程后执行程序，会出现图 5-47 所示的 "Target is not responding, retrying..." 的问题提示。

产生该问题的原因是 JTAG 引脚与 SPI1 引脚复用了。在下载程序时 JTAG 正常连接，下载完之后，程序运行，端口具有 SPI 复用功能，STM32CubeIDE 原先建立的 JTAG 连接失效，因此有对应的 "Target is not responding, retrying..." 问题提示。解决的方法是 STM32 的外设（如 SPI1）不与 JTAG 程序下载接口复用。

该问题不影响程序的运行，可以忽略。

图 5-47   "Target is not responding, retrying..." 的问题提示

习题

1．列举 GPIO 的工作模式。

2．STM32F407 系列微控制器的每个 GPIO 端口有_____引脚。

3．当引脚被配置为模拟功能模式时，上拉/下拉功能应被_____。

4．当引脚被配置为输出模式，而输出类型被配置为开漏时，引脚要输出高电平，需要_____。

5．控制引脚输出电平时，需要操作_____寄存器；获取引脚状态，需要操作_____寄存器。

6．在 STM32F407 的库函数中，使能 GPIOA 时钟，使用的库函数是_____。

7．在 STM32F407 的库函数中，初始化 GPIO 功能，使用的库函数是_____。

8．当要同时初始化某个 GPIO 的 1 号、2 号引脚时，赋给 GPIO_InitTypeDef 结构体类型成员 GPIO_Pin 的值是_____。

9．在 STM32F407 的库函数中，读取某个特定 GPIO 引脚状态，使用的库函数是_____。

10．在 STM32F407 的库函数中，设定某些特定 GPIO 引脚输出状态，使用的库函数是_____。

11．结合电路说明推挽输出和开漏输出的区别。

12．当把引脚配置为模拟输入模式时，它是否还具备耐 5V 功能？

13．简述片上外设使用的初始化流程。

14．编写程序，将 GPIOD 的 1 号、3 号、5 号、7 号、9 号引脚配置为推挽输出模式，翻转频度为 50MHz，将 0 号、2 号、4 号、6 号、8 号引脚配置为上拉输入模式。

15．编写程序，将 GPIOD 的 1 号、5 号、7 号引脚输出高电平，将 3 号、9 号引脚输出低电平，并将引脚 2 号、6 号、8 号上的状态读到处理器中。

16．有独立按键电路，连接在 STM32F407ZGT6 微控制器的 GPIOE 的 5 号引脚，要求在每次按键后将连接 GPIOB 的 2 号引脚上的 LED 灯反转，电路如图 5-48 所示。

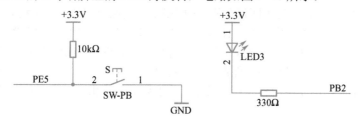

图 5-48　电路（1）

请编写以下程序实现按键动作的检测。

1）主程序。

2）连接按键引脚和 LED 引脚的初始化程序。

3）按键检测程序。

假设已有延时函数 void delay_ms(u16 nms)，此函数可直接调用。

17．有矩阵按键，其电路如图 5-49 所示。

1）矩阵按键扫描原理和流程图。

2）编写程序实现矩阵按键控制，按键 S1～S4 分别对应数字 1～4（引脚初始化程序和按键控制程序）。

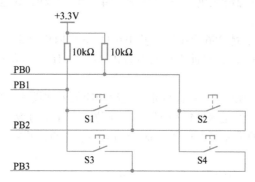

图 5-49　电路（2）

第6章 EXTI 与开发实例

本章重点介绍 STM32F4 的外部中断（EXTI）系统及其实例应用。首先，概述了 STM32F4 的中断系统，具体包括嵌套向量中断控制器（NVIC）、中断优先级、中断向量表及中断服务函数。然后，深入解析 STM32F4 的外部中断/事件控制器（EXTI）的内部结构与主要特性。之后，讲述了与中断相关的 HAL 驱动程序，包括中断设置相关的 HAL 驱动函数和外部中断相关的 HAL 函数。本章还详细描述了 STM32F4 外部中断的设计流程，从 NVIC 设置、中断端口配置到中断处理的每一步骤均一一讲解。最后，通过具体实例演示如何采用 STM32Cube 和 HAL 库进行外部中断设计，实例部分涵盖了外部中断的硬件设计和软件设计。通过这部分内容，读者将掌握在 STM32F4 微控制器中配置和处理外部中断的完整流程和相关技术，为实际开发提供了一套系统化的解决方案和实践指南。

6.1 STM32F4 中断系统

在了解了中断相关基础知识后，下面从中断控制器、中断优先级、中断向量表和中断服务函数 4 个方面来分析 STM32F4 微控制器的中断系统，最后介绍设置和使用 STM32F4 中断系统的全过程。

6.1.1 STM32F4 嵌套向量中断控制器（NVIC）

向量中断控制器（Nested Vectored Interrupt Controller，NVIC）是 Cortex-M4 不可分离的一部分。NVIC 与 Cortex-M4 内核相辅相成，共同完成对中断的响应。NVIC 的寄存器以存储器映射的方式访问，除了包含控制寄存器和中断处理的控制逻辑之外，NVIC 还包含了 MPU、SysTick 定时器及调试控制相关的寄存器。

Arm Cortex-M4 内核共支持 256 个中断，其中包括 16 个内部中断、240 个外部中断和可编程的 256 级中断优先级的设置。STM32 目前支持的中断共 84 个（16 个内部+68 个外部），还有 16 级可编程的中断优先级。

STM32 可支持 68 个中断通道，已经固定分配给相应的外部设备，每个中断通道都具备自己的中断优先级控制字节（8 位，但是 STM32 中只使用 4 位，高 4 位有效），每 4 个通道的 8 位中断优先级控制字构成一个 32 位的优先级寄存器。68 个通道的优先级控制字至少构成 17 个 32 位的优先级寄存器。

每个外部中断都与 NVIC 中的下列寄存器有关：
1）使能与除能寄存器（除能也就是平常所说的屏蔽）。
2）挂起与解挂寄存器。
3）优先级寄存器。
4）活动状态寄存器。
另外，下列寄存器也对中断处理有重大影响：
1）异常屏蔽寄存器（PRIMASK、FAULTMASK 及 BASEPRI）。
2）向量表偏移量寄存器。
3）软件触发中断寄存器。

4）优先级分组字段。

传统的中断使能与除能是通过设置中断控制寄存器中的一个相应位为 1 或者 0 实现的，而 Cortex-M4 的中断使能与除能分别使用各自的寄存器控制。Cortex-M4 中有 240 对使能位/除能位（SETENA 位/CLRENA 位），每个中断都拥有一对，它们分布在 8 对 32 位寄存器中（最后一对没有用完）。欲使能一个中断，需要写 1 到对应 SETENA 的位中；欲除能一个中断，需要写 1 到对应的 CLRENA 位中。如果往它们中写 0，则不会有任何效果。写 0 无效是一个很关键的设计理念，通过这种方式，使能/除能中断时只需把需要设置的位写成 1 即可，其他的位可以全部为零。再也不用像以前那样，害怕有些位被写入 0 而破坏其对应的中断设置（反正现在写 0 没有效果了），从而实现每个中断都可以单独地设置而互不影响。只需单一地写指令，不再需要"读－改－写"三部曲。

如果中断发生时正在处理同级或高优先级异常，或者被屏蔽，则中断不能立即得到响应，此时中断被挂起。中断的挂起状态可以通过设置中断挂起寄存器（SETPEND）和中断挂起清除寄存器（CLRPEND）读取。还可以对它们写入值来实现手工挂起中断或清除挂起，清除挂起简称为解挂。

6.1.2　STM32F4 中断优先级

中断优先级决定了一个中断是否能被屏蔽，以及在未屏蔽的情况下何时可以响应。数值越小，则优先级越高。

STM32 的中断有两个优先级：抢占式优先级和响应优先级，响应式优先级也称作"亚优先级"或"副优先级"，每个中断源都需要被指定为这两种优先级。

（1）抢占式优先级（Pre-emption Priority）

具有高抢占式优先级的中断可以在具有低抢占式优先级的中断处理过程中被响应，即可以实现抢断式优先响应，俗称中断嵌套。或者说，高抢占式优先级的中断可以嵌套低抢占优先级的中断。

（2）响应优先级（Subpriority）

在抢占式优先级相同的情况下，高响应优先级的中断优先被响应。

在抢占式优先级相同的情况下，如果有低响应优先级中断正在执行，那么高响应优先级的中断要等待已被响应的低响应优先级中断执行结束后才能得到响应，即所谓的非抢断式响应（不能嵌套）。

（3）优先级冲突的处理

当两个中断源的抢占式优先级相同时，这两个中断将没有嵌套关系。当一个中断到来后，如果正在处理另一个中断，那么这个后到来的中断就要等到前一个中断处理完之后才能被处理。如果这两个中断同时到达，则中断控制器根据它们的响应优先级高低决定先处理哪一个中断；如果它们的抢占式优先级和响应优先级都相同，则根据它们在中断表中的排位顺序决定先处理哪一个。

因此，判断中断是否会被响应的依据是，首先看抢占式优先级，其次看响应优先级。抢占式优先级决定是否会有中断嵌套。

（4）STM32 对中断优先级的定义

STM32 中指定中断优先级的寄存器位有 4 位，这 4 个寄存器位的分组方式如下：

第 0 组：所有 4 位都用于指定响应式优先级。

第 1 组：高 1 位用于指定抢占式优先级，低 3 位用于指定响应式优先级。

第 2 组：高 2 位用于指定抢占式优先级，低 2 位用于指定响应式优先级。

第 3 组：高 3 位用于指定抢占式优先级，低 1 位用于指定响应式优先级。

第 4 组：所有 4 位都用于指定抢占式优先级。

优先级分组方式所对应的抢占式优先级及响应优先级寄存器位数和所表示的优先级数如图 6-1 所示。

图 6-1　STM32F4 优先级寄存器位数和级数分配图

6.1.3　STM32F4 中断向量表

中断向量表是中断系统中非常重要的概念。它是一块存储区域，通常位于存储器的地址处，在这块区域上按中断号从小到大依次存放着所有中断处理程序的入口地址。当某中断产生且经判断其未被屏蔽时，CPU 会根据识别到的中断号到中断向量表中找到该中断的所在表项，取出该中断对应的中断服务程序的入口地址，然后跳转到该地址执行 STM32F4 的中断向量表（部分），如表 6-1 所示。

表 6-1　STM32F4 中断向量表（部分）

位置	优先级	优先级类型	名称	说明	地址
—	—	—	—	保留	0x0000_0000
	-3	固定	Reset	复位	0x0000_0004
	-2	固定	NMI	不可屏蔽中断 RCC 时钟安全系统（CSS）连接到 NMI 向量	0x0000_0008
	-1	固定	硬件失效		0x0000_000C
	0	可设置	存储管理	存储器管理	0x0000_0010
	1	可设置	总线错误	预取指失败，存储器访问失败	0x0000_0014
	2	可设置	错误应用	未定义的指令或非法状态	0x0000_0018
—	—	—	—	保留	0x0000_001C
—	—	—	—	保留	0x0000_0020
—	—	—	—	保留	0x0000_0024
—	—	—	—	保留	0x0000_0028
	3	可设置	SVCall	通过 SWI 指令的系统服务调用	0x0000_002C
	4	可设置	调试监控（DebugMonitor）	调试监控器	0x0000_0030
—	—	—	—	保留	0x0000_0034
	5	可设置	PendSV	可挂起的系统服务	0x0000_0038
	6	可设置	SysTick	系统嘀嗒定时器	0x0000_003C
0	7	可设置	WWDG	窗口定时器中断	0x0000_0040
1	8	可设置	PVD	连到 EXTI 的电源电压检测（PVD）中断	0x0000_0044
2	9	可设置	TAMPER	侵入检测中断	0x0000_0048
3	10	可设置	RTC	实时时钟（RTC）全局中断	0x0000_004C
4	11	可设置	Flash	闪存全局中断	0x0000_0050
5	12	可设置	RCC	复位和时钟控制（RCC）中断	0x0000_0054

（续）

位置	优先级	优先级类型	名称	说明	地址
6	13	可设置	EXTI0	EXTI 线 0 中断	0x0000_0058
7	14	可设置	EXTI1	EXTI 线 1 中断	0x0000_005C
8	15	可设置	EXTI2	EXTI 线 2 中断	0x0000_0060
9	16	可设置	EXTI3	EXTI 线 3 中断	0x0000_0064
10	17	可设置	EXTI4	EXTI 线 4 中断	0x0000_0068
11	18	可设置	DMA1 通道 1	DMA1 通道 1 全局中断	0x0000_006C
12	19	可设置	DMA1 通道 2	DMA1 通道 2 全局中断	0x0000_0070
13	20	可设置	DMA1 通道 3	DMA1 通道 3 全局中断	0x0000_0074
14	21	可设置	DMA1 通道 4	DMA1 通道 4 全局中断	0x0000_0078
15	22	可设置	DMA1 通道 5	DMA1 通道 5 全局中断	0x0000_007C
16	23	可设置	DMA1 通道 6	DMA1 通道 6 全局中断	0x0000_0080
17	24	可设置	DMA1 通道 7	DMA1 通道 7 全局中断	0x0000_0084
18	25	可设置	ADC1_2	ADC1 和 ADC2 的全局中断	0x0000_0088
19	26	可设置	USB_HP_CAN_TX	USB 高优先级或 CAN 发送中断	0x0000_008C
20	27	可设置	USB_LP_CAN_RX0	USB 低优先级或 CAN 接收 0 中断	0x0000_0090
21	28	可设置	CAN_RX1	CAN 接收 1 中断	0x0000_0094
22	29	可设置	CAN_SCE	CAN SCE 中断	0x0000_0098
23	30	可设置	EXTI9_5	EXTI 线[9:5]中断	0x0000_009C
24	31	可设置	TIM1_BRK	TIM1 刹车中断	0x0000_00A0
25	32	可设置	TIM1_UP	TIM1 更新中断	0x0000_00A4
26	33	可设置	TIM1_TRG_COM	TIM1 触发和通信中断	0x0000_00A8
27	34	可设置	TIM1_CC	TIM1 捕获比较中断	0x0000_00AC
28	35	可设置	TIM2	TIM2 全局中断	0x0000_00B0
29	36	可设置	TIM3	TIM3 全局中断	0x0000_00B4
30	37	可设置	TIM4	TIM4 全局中断	0x0000_00B8
31	38	可设置	I2C1_EV	I2C1 事件中断	0x0000_00BC
32	39	可设置	I2C1_ER	I2C1 错误中断	0x0000_00C0
33	40	可设置	I2C2_EV	I2C2 事件中断	0x0000_00C4
34	41	可设置	I2C2_ER	I2C2 错误中断	0x0000_00C8
35	42	可设置	SPI1	SPI1 全局中断	0x0000_00CC
36	43	可设置	SPI2	SPI2 全局中断	0x0000_00D0
37	44	可设置	USART1	USART1 全局中断	0x0000_00D4
38	45	可设置	USART2	USART2 全局中断	0x0000_00D8
39	46	可设置	USART3	USART3 全局中断	0x0000_00DC
40	47	可设置	EXTI15_10	EXTI 线[15:10]中断	0x0000_00E0
41	48	可设置	RTCAlArm	连接 EXTI 的 RTC 闹钟中断	0x0000_00E4

（续）

位置	优先级	优先级类型	名称	说明	地址
42	49	可设置	USB 唤醒	连接 EXTI 的从 USB 待机唤醒中断	0x0000_00E8
43	50	可设置	TIM8_BRK	TIM8 刹车中断	0x0000_00EC
44	51	可设置	TIM8_UP	TIM8 更新中断	0x0000_00F0
45	52	可设置	TIM8_TRG_COM	TIM8 触发和通信中断	0x0000_00F4
46	53	可设置	TIM8_CC	TIM8 捕获比较中断	0x0000_00F8
47	54	可设置	ADC3	ADC3 全局中断	0x0000_00FC
48	55	可设置	FSMC	FSMC 全局中断	0x0000_0100
49	56	可设置	SDIO	SDIO 全局中断	0x0000_0104
50	57	可设置	TIM5	TIM5 全局中断	0x0000_0108
51	58	可设置	SPI3	SPI3 全局中断	0x0000_010C
52	59	可设置	UART4	UART4 全局中断	0x0000_0110
53	60	可设置	UART5	UART5 全局中断	0x0000_0114
54	61	可设置	TIM6	TIM6 全局中断	0x0000_0118
55	62	可设置	TIM7	TIM7 全局中断	0x0000_011C
56	63	可设置	DMA2 通道 1	DMA2 通道 1 全局中断	0x0000_0120
57	64	可设置	DMA2 通道 2	DMA2 通道 2 全局中断	0x0000_0124
58	65	可设置	DMA2 通道 3	DMA2 通道 3 全局中断	0x0000_0128
59	66	可设置	DMA2 通道 4_5	DMA2 通道 4 和 DMA2 通道 5 全局中断	0x0000_012C

STM32F4 系列微控制器的不同产品支持可屏蔽中断的数量略有不同。

6.1.4　STM32F4 中断服务函数

中断服务程序在结构上与函数非常相似。但是不同的是，函数一般有参数及返回值，并在应用程序中被人为显式地调用执行，而中断服务程序一般没有参数，也没有返回值，并且只有中断发生时才会被自动隐式地调用执行。每个中断都有自己的中断服务程序，用来记录中断发生后要执行的真正意义上的处理操作。

STM32F407 所有的中断服务函数在该微控制器所属产品系列的启动代码文件 startup_stm32f40x_xx.s 中都有预定义，通常以 PPP_IRQHandler 命名，其中 PPP 是对应的外设名。用户开发自己的 STM32F407 应用时，可在文件 stm32f40x_it.c 中使用 C 语言编写函数重新定义。程序在编译、链接生成可执行程序阶段，会使用用户自定义的同名中断服务程序替代启动代码中原来默认的中断服务程序。

需要注意的是，在更新 STM32F407 中断服务程序时，必须确保 STM32F407 中断服务程序文件（stm32f40x_it.c）中的中断服务程序名（如 EXTII_IRQHandler）和启动代码文件（startup_stm32f40x_xx.s）中的中断服务程序名（EXTI1_IRQHandler）相同，否则在生成可执行文件时无法使用用户自定义的中断服务程序替换原来默认的中断服务程序。

STM32F407 的中断服务函数具有以下特点：

1）预置弱定义属性。除了复位程序以外，STM32F407 其他的所有中断服务程序都在启动代码中预设了弱定义（WEAK）属性。用户可以在其他文件中编写同名的中断服务函数替代启动代码中默认的中断服务程序。

2）全 C 实现。STM32F407 中断服务程序可以全部使用 C 语言编程实现，无须像 Arm7 或 Arm9 处理器那样在中断服务程序的首尾加上汇编语言"封皮"来保护和恢复现场（寄存器）。STM32F407 的中断处理过程中，保护和恢复现场的工作由硬件自动完成，无须用户操心。用户只需集中精力编写中断服务程序即可。

6.2　STM32F4 外部中断/事件控制器（EXTI）

STM32F407 微控制器的外部中断/事件控制器（EXTI）由 23 个产生事件/中断请求边沿检测器组成，每个输入线都可以独立地配置输入类型（脉冲或挂起）和对应的触发事件上升沿或下降沿，或者双边沿都触发。每个输入线都可以独立地被屏蔽。挂起寄存器保持状态线的中断请求。

EXTI 控制器的主要特性如下：
1）每个中断/事件都有独立的触发和屏蔽。
2）每个中断线都有专用的状态位。
3）支持多达 23 个软件的中断/事件请求。
4）检测脉冲宽度低于 APB2 时钟宽度的外部信号。

6.2.1　STM32F4 的 EXTI 内部结构

外部中断/事件控制器由中断屏蔽寄存器、请求挂起寄存器、软件中断/事件寄存器、上升沿触发选择寄存器、下降沿触发选择寄存器、事件屏蔽寄存器、边沿检测电路和脉冲发生器等部分构成。外部中断/事件控制器内部结构图如图 6-2 所示。其中，信号线上画有一条斜线，旁边标有 23 字样的注释，表示这样的线路共有 23 套。每一个功能模块都通过外设总线接口和 APB 总线连接，进而和 Cortex-M4 内核（CPU）连接到一起，CPU 通过这样的接口访问各个功能模块。中断屏蔽寄存器和请求挂起寄存器的信号经过与门后送到 NVIC，由 NVIC 进行中断信号的处理。

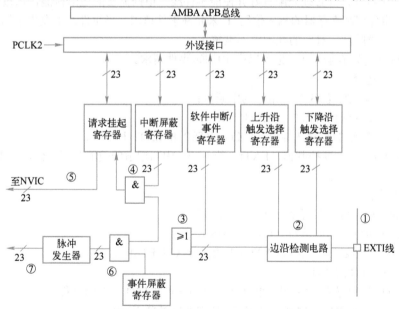

图 6-2　STM32F407 外部中断/事件控制器内部结构图

EXTI 有两种功能：产生中断请求和触发事件。
（1）中断请求
请求信号通过图 6-2 中①②③④⑤的路径向 NVIC 产生中断请求。图 6-2 中，①是 EXTI 线。

②是边沿检测电路,可以通过上升沿触发选择寄存器(EXTI_RTSR)和下降沿触发选择寄存器(EXTI_FTSR)选择输入信号检测的方式:上升沿触发、下降沿触发和上升沿及下降沿都能触发(双沿触发)。③是一个或门,它的输入是边沿检测电路输出和软件中断事件寄存器(EXTI_SWIER),也就是说,外部信号或人为的软件设置都能产生一个有效的请求。④是一个与门,此处它的作用是一个控制开关,只有中断屏蔽寄存器(EXTI_IMR)的相应位被置位,才能允许请求信号进入下一步。⑤是在中断被允许的情况下,请求信号将挂起请求寄存器(EXTI_PR)相应位置位,表示有外部中断请求信号。之后,请求挂起寄存器相应位置位,在条件允许的情况下,将通知NVIC 产生相应中断通道的激活标志。

(2)触发事件

请求信号通过图 6-2 中的①②③⑥⑦的路径产生触发事件。

图 6-2 中,⑥是一个与门,它是触发事件的控制开关,当事件屏蔽寄存器(EXTI_EMR)的相应位被置位时,它将向脉冲发生器输出一个信号,使得脉冲发生器产生一个脉冲,触发某个事件。

例如,可以将 EXTI 线 11 和 EXTI 线 15 分别作为 ADC 的注入通道及规则通道的启动触发信号。

STM32 可以处理外部或内部事件唤醒内核(WFE)。唤醒事件可以通过下述配置产生:

1)在外设的控制寄存器使能一个中断,但不在 NVIC 中使能,同时在 Cortex-M4 的系统控制寄存器中使能 SEVONPEND 位。当 CPU 从 WFE 恢复后,需要清除相应外设的中断挂起位和外设NVIC 中断通道挂起位(在 NVIC 中断清除挂起寄存器中)。

2)配置一个外部或内部 EXTI 线为事件模式,当 CPU 从 WFE 恢复后,因为对应事件线的挂起位没有被置位,所以不必清除相应外设的中断挂起位或 NVIC 中断通道挂起位。

要产生中断,必须先配置好并使能中断线。根据需要的边沿检测设置两个触发寄存器,同时在中断屏蔽寄存器的相应位写 1,表示允许中断请求。当外部中断线上发生了期待的边沿时,将产生一个中断请求,对应的挂起位也随之被置 1。在挂起寄存器的对应位写 1,将清除该中断请求。

如果需要产生事件,则必须先配置好并使能事件线。根据需要的边沿检测,通过设置两个触发寄存器,同时在事件屏蔽寄存器的相应位写 1 来允许事件请求。当事件线上发生了需要的边沿时,将产生一个事件请求脉冲,对应的挂起位不被置 1。

在软件中断/事件寄存器写 1,也可以产生中断/事件请求。

(1)硬件中断选择

通过下面的过程,配置 23 个线路作为中断源:

1)配置 23 个中断线的屏蔽位(EXTI_IMR)。

2)配置所选中断线的触发选择位(EXTI_RTSR 和 EXTI_FTSR)。

3)配置对应到外部中断控制器(EXTI)的 NVIC 中断通道的使能和屏蔽位,使得 23 个中断线中的请求可以被正确地响应。

(2)硬件事件选择

通过下面的过程,可以配置 23 个线路为事件源:

1)配置 23 个事件线的屏蔽位(EXTI_EMR)。

2)配置事件线的触发选择位(EXTI_RTSR 和 EXTI_FTSR)。

(3)软件中断/事件的选择

23 个线路可以被配置成软件中断/事件线。下面是产生软件中断的过程:

1)配置 23 个中断/事件线屏蔽位(EXTI_IMR 和 EXTI_EMR)。

2)设置软件中断寄存器的请求位(EXTISWIER)。

1. 外部中断与事件输入

从图 6-2 可以看出,STM32F407 外部中断/事件控制器 EXTI 内部信号线路共有 23 套。

与此对应,EXTI 的外部中断/事件输入线也有 23 根,分别是 EXTI0、EXTI1~EXTI22。

EXTI0～EXTI15 这 16 个外部中断以 GPIO 引脚作为输入线，每个 GPIO 引脚都可以作为某个 EXTI 的输入线。EXTI0 可以选择 PA0、PB0～PIO 中的某个引脚作为输入线。如果设置了 PA0 作为 EXTI0 的输入线，那么 PB0、PC0 等就不能再作为 EXTI0 的输入线。

以 GPIO 引脚作为输入线的 EXTI 可以用于检测外部输入事件，例如，按键连接的 GPIO 引脚，通过外部中断方式检测按键输入比查询方式更有效。

EXTI0～EXTI4 的每个中断都有单独的 ISR，EXTI 线[9:5]中断共用一个中断号，也就是共用 ISR，EXTI 线[15:10]中断也共用 ISR。若是共用 ISR，则需要在 ISR 里再判断具体是哪个 EXTI 线产生的中断，然后做相应的处理。

另外 7 个 EXTI 线连接的不是某个实际的 GPIO 引脚，而是其他外设产生的事件信号。这 7 个 EXTI 线的中断都有单独的 ISR。

1）EXTI 线 16 连接 PVD 输出。

2）EXTI 线 17 连接 RTC 闹钟事件。

3）EXTI 线 18 连接 USB OTG FS 唤醒事件。

4）EXTI 线 19 连接以太网唤醒事件。

5）EXTI 线 20 连接 USB OTGHS 唤醒事件。

6）EXTI 线 21 连接 RTC 入侵和时间戳事件。

7）EXTI 线 22 连接 RTC 唤醒事件。

另外，如果将 STM32F407 的 I/O 引脚映射为 EXTI 的外部中断/事件输入线，则必须将该引脚设置为输入模式。

STM32F407 外部中断/事件输入线映像如图 6-3 所示。

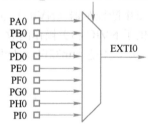

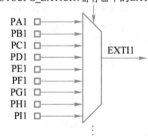

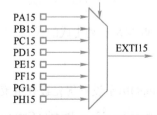

图 6-3　STM32F407 外部中断/事件输入线映像

2. APB 外设接口

图 6-2 上部的 APB 外设接口是 STM32F407 微控制器每个功能模块都有的部分，CPU 通过这样的接口访问各个功能模块。

需要注意的是，如果使用 STM32F407 引脚的外部中断/事件映射功能，则必须打开 APB2 总线上该引脚对应端口的时钟及 AFIO 功能时钟。

3. 边沿检测器

EXTI 中的边沿检测器共有 23 个，用来连接 23 个外部中断/事件输入线，是 EXTI 的主体部分。每个边沿检测器都由边沿检测电路、控制寄存器、门电路和脉冲发生器等部分组成。

6.2.2 STM32F4 的 EXTI 主要特性

STM32F407 微控制器的外部中断/事件控制器（EXTI）具有以下主要特性：

1）每个外部中断/事件输入线都可以独立地配置它的触发事件（上升沿、下降沿或双边沿），并能够单独地被屏蔽。

2）每个外部中断都有专用的标志位（请求挂起寄存器），保持着它的中断请求。

3）可以将多达 140 个通用 I/O 引脚映射到 16 个外部中断/事件输入线上。

4）可以检测脉冲宽度低于 APB2 时钟宽度的外部信号。

6.3 STM32F4 中断 HAL 驱动程序

6.3.1 中断设置相关 HAL 驱动函数

STM32 中断系统是通过一个嵌套向量中断控制器（NVIC）进行中断控制的，使用中断要先对 NVIC 进行配置。STM32 的 HAL 库中提供了 NVIC 相关操作函数。

STM32F4 中断管理相关驱动程序的头文件是 stm32f4xx_hal_cortex.h，其常用函数如表 6-2 所示。

表 6-2 中断管理常用函数

函数名	功能
HAL_NVIC_SetPriorityGrouping()	设置 4 位二进制数的优先级分组策略
HAL_NVIC_SetPriority()	设置某个中断的抢占式优先级和响应式优先级
HAL_NVIC_EnableIRQ()	启用某个中断
HAL_NVIC_DisableIRQ()	禁用某个中断
HAL_NVIC_GetPriorityGrouping()	返回当前的优先级分组策略
HAL_NVIC_GetPriority()	返回某个中断的抢占式优先级、响应式优先级数值
HAL_NVIC_GetPendingIRQ()	检查某个中断是否被挂起
HAL_NVIC_SetPendingIRQ()	设置某个中断的挂起标志，表示发生了中断
HAL_NVIC_ClearPendingIRQ()	清除某个中断的挂起标志

表 6-2 中前 3 个函数用于 STM32CubeMX 自动生成的代码，其他函数用于用户代码。几个常用的函数详细介绍如下。

1. 函数 HAL_NVIC_SetPriorityGrouping()

函数 HAL_NVIC_SetPriorityGrouping()用于设置优先级分组策略，其函数原型定义如下：

```
void HAL_NVIC_SetPriorityGrouping(uint32_t  Priority Group);
```

其中，参数 Priority Group 是优先级分组策略，可使用文件 stm32f1xx_hal_cortex.h 中定义的几个宏定义常量，如下所示，它们表示不同的分组策略。

```
#define  NVIC_PRIORITYGROUP_0    0x00000007U   //0 位用于抢占式优先级，4 位用于响应式优先级
#define  NVIC_PRIORITYGROUP_1    0x00000006U   //1 位用于抢占式优先级，3 位用于响应式优先级
#define  NVIC_PRIORITYGROUP_2    0x00000005U   //2 位用于抢占式优先级，2 位用于响应式优先级
#define  NVIC_PRIORITYGROUP_3    0x00000004U   //3 位用于抢占式优先级，1 位用于响应式优先级
#define  NVIC_PRIORITYGROUP_4    0x00000003U   //4 位用于抢占式优先级，0 位用于响应式优先级
```

2. 函数 HAL_NVIC_SetPriority()

函数 HAL_NVIC_SetPriority()用于设置某个中断的抢占式优先级和响应式优先级，其函数原型定义如下：

```
void HAL_NVIC_SetPriority(IRQn _Type IRQn, uint32_t   Preemptpriority,uint32_t subpriority);
```

其中，参数 IRQn 是中断的中断号，为枚举类型 IRQn_Type。枚举类型 IROn_Type 的定义在文件 stm32F407xe.h 中，它定义了表 6-1 中所有中断的中断号枚举值。在中断操作的相关函数中，都用 IRQn_Type 类型的中断号表示中断，这个枚举类型的部分定义如下：

```
typedef enum
{
/******Cortex-M4 处理器异常编号*******************************/
NonMaskableInt_IRQn        = -14,      // Non Maskable Interrupt
MemoryManagement_IRQn      = -12,      // Cortex-M4 Memory Management Interrupt
BusFault_IRQn              = -11,      // Cortex-M4 Bus Fault Interrupt
UsageFault_IRQn            = -10,      // Cortex-M4 Usage Fault Interrupt
SVCa11_IRQn                = -5,       // Cortex-M4 SV Call Interrupt
DebugMonitor_IRQn          = -4,       // Cortex-M4 Debug Monitor Interrupt
PendSV_IRQn                = -2,       // Cortex-M4 Pend SV Interrupt
SysTick_IRQn               = -1,       // Cortex-M4 System Tick Interrupt
/******STM32 特定中断编号*****************************/
WWDG_IRQn                  = 0,        // Window WatchDog Interrupt
PVD_IRQn                   = 1,        // PVD through EXTI Line detection Interrupt
EXTI0_IRQn                 = 6,        // EXTI Lineo Interrupt
EXTI1_IRQn                 = 7,        // EXTI Linel Interrupt
EXTI2_IRQn                 = 8,        // EXTI Line2 Interrupt
RNG_IRQn                   = 80,       // RNG global Interrupt
FPU_IRQn                   = 81.       // FPU global interrupt
} IRQn_Type:
```

由这个枚举类型的定义代码可以看到，其中断号枚举值就是在中断名称后面加了"__IRQn"。例如，中断号为 0 的窗口看门狗中断 WWDG，其中断号枚举值就是 WWDG__IRQ0。

函数中的另外两个参数：PreemptPriority 是抢占式优先级数值，SubPriority 是响应式优先级数值。这两个优先级的数值范围需要在设置的优先级分组策略的可设置范围之内。例如，假设使用了分组策略 2，对于中断号为 6 的外部中断 EXTI0，设置其抢占式优先级为 1，响应式优先级为 0，则执行的代码如下：

```
HAL_NVIC_SetPriority (EXTI0_IRQ6, 1,0);
```

3．函数 HAL__NVIC__EnableIRQ()

函数 HAL_NVIC_EnableIRQ() 的功能是在 NVIC 控制器中开启某个中断。只有在 NVIC 中开启某个中断后，NVIC 才会对这个中断请求做出响应，执行相应的 ISR。其原型定义如下：

> void HAL_NVIC_EnableIRQ (IRQn_Type IRQn):

其中，枚举类型 IRQn_Type 的参数 IRQn 是中断号的枚举值。

6.3.2　外部中断相关 HAL 函数

外部中断相关 HAL 函数的定义在文件 stm32f4xx_hal_gpio.h 中，函数列表如表 6-3 所示。

表 6-3　外部中断相关 HAL 函数

函数名	功能描述
_HAL_GPIO_EXTI_GET_IT()	检查某个外部中断线是否有挂起（Pending）的中断
_HAL_GPIO_EXTI_CLEAR_IT()	清除某个外部中断线的挂起标志位
_HAL_GPIO_EXTI_GET_FLAG()	与__HAL_GPIO_EXTI_GET_IT() 的代码和功能完全相同
_HAL_GPIO_EXTI_CLEAR_FLAG()	与__HAL_GPIO_EXTI_CLEAR_IT() 的代码和功能完全相同
_HAL_GPIO_EXTI_GENERATE_SWIT()	在某个外部中断线上产生软中断
HAL_GPIO_EXTI_IRQHandler()	外部中断 ISR 中调用的通用处理函数
HAL_GPIO_EXTI_Callback()	外部中断处理的回调函数，需要用户重新实现

1．读取和清除中断标志

在 HAL 库中，以"_HAL"为前缀的都是宏函数。例如，函数_HAL_GPIO_EXTI_GET_IT() 的定义如下：

> #define_HAL_GPIO_EXTI_GET_IT(_EXTI_LINE_) (EXTI->PR &(_EXTI_LINE_))

它的功能是检查外部中断挂起寄存器（EXTI_PR）中某个中断线的挂起标志位是否置位。参数__EXTI_LINE__ 是某个外部中断线，用 GPIO_PIN_0、GPIO_PIN_1 等宏定义常量表示。

函数的返回值只要不等于 0（用宏 RESET 表示 0），就表示外部中断线挂起标志位被置位，有未处理的中断事件。

函数__HAL_GPIO_EXTI_CLEAR_IT() 用于清除某个中断线的中断挂起标志位，其定义如下：

> #define_HAL_GPIO_EXTI_CLEAR_IT(_EXTI_LINE_)(EXTI->PR = (_EXTI_LINE_))

向外部中断挂起寄存器（EXTI_PR）的某个中断线位写入 1，就可以清除该中断线的挂起标志。在外部中断的 ISR 里处理完中断后，需要调用这个函数清除挂起标志位，以便再次响应下一次中断。

2．在某个外部中断线上产生软中断

函数_HAL_GPIO_EXTI_GENERATE_SWIT() 的功能是在某个中断线上产生软中断，其定义如下：

> #define_HAL_GPIO_EXTI_GENERATE_SWIT(_EXTI_LINE_)(EXTI->SWIER |=(_EXTI_LINE_))

它实际上就是将外部中断的软件中断事件寄存器（EXTI_SWIER）中对应于中断线_EXTI_LINE_的位置 1，通过软件的方式产生某个外部中断。

3．外部中断 ISR 以及中断处理回调函数

对于 0～15 线的外部中断，EXTI0～EXTI4 有独立的 ISR，EXTI[9:5] 共用一个 ISR，

EXTI [15:10] 共用一个 ISR。在启用某个中断后，在 STM32CubeMX 自动生成的中断处理程序文件 stm32f4xx_it.c 中会生成 ISR 的代码框架。这些外部中断 ISR 的代码都是一样的，下面是几个外部中断的 ISR 代码框架，只保留了其中一个 ISR 的完整代码，其他的删除了代码沙箱注释。

```
void EXTI0_IRQHandler（void）   //EXTI0 的 ISR
{
/* USER CODE BEGIN EXTI0_IRQn 0*/
/* USER CODE END EXTI0_IRQn 0*/
HAL_GPIO_EXTI_IRQHandler(GPIO_PIN_0);
/* USER CODE BEGIN EXTI0_IRQn 1*/
/*USER CODE END EXTI0_IRQn 1*/
}
void EXTI9_5_IRQHandler(void)//EXTI[9:5]的 ISR
{
HAL_GPIO_EXTI_IRQHandler(GPIO_PIN_5);
}
void EXTI15_10_IRQHandler(void)//EXTI[15:10]的 ISR
{
HAL_GPIO_EXTI_IRQHandler(GPIO_PIN_11);
}
```

可以看到，这些 ISR 都调用了函数 HAL_GPIO_EXTI_IRQHandler()，并以中断线作为函数参数。所以，函数 HAL_GPIO_EXTI_IRQHandler()是外部中断处理通用函数，这个函数的代码如下：

```
void HAL_GPIO_EXTI_IRQHandler(uint16_t  GPIO_Pin)
{
/*EXTI line interrupt detected*/
If(_HAL_GPIO_EXTI_GET_IT(GPIO_Pin)!= RESET)          //检测中断挂起标志
{
_HAL_GPIO_EXTI_CLEAR_IT(GPIO_Pin);                 //清除中断挂起标志
HAL_GPIO_EXTI_Callback(GPIO_Pin);                  //执行回调函数
}
}
```

这个函数的代码很简单，如果检测到中断线 GPIO_Pin 的中断挂起标志不为 0，就清除中断挂起标志位，然后执行函数 HAL_GPIO_EXTI_Callback()。这个函数是对中断进行响应处理的回调函数，它的代码框架在文件 stm32f4xx_hal_gpio.c 中，代码如下：

```
__weak  void  HAL_GPIO_EXTI_Callback(uint16_t  GPIO_Pin)
{
/*使用 UNUSED()函数避免编译时出现未使用变量的警告*/
UNUSED(GPIO_Pin);
/*注意：不要直接修改这个函数，如需使用回调函数，则可以在用户文件中重新实现这个函数*/
}
```

函数前面的修饰符__weak 用于定义弱函数。弱函数是指 HAL 库中预先定义的带有__weak 修饰符的函数。如果用户没有重新实现这些函数，编译器就会使用这些弱函数；如果在用户程序文件里重新实现了这些函数，编译器则会使用用户重新实现的函数。用户重新实现一个弱函数时，要舍弃修饰符__weak。

弱函数一般用作中断处理的回调函数,如这里的函数 HAL_GPIO_EXTI_Callback()。如果用户重新实现了这个函数,并对某个外部中断做出具体处理,用户代码就会被编译进去。

在 STM32CubeMX 生成的代码中,所有中断 ISR 采用下面的处理框架。

1)在文件 stm32f4xx_it.c 中,自动生成已启用中断的 ISR 代码框架,例如,为 EXTI0 中断生成 ISR 函数 EXTI0_IRQHandler()的代码框架。

2)在中断的 ISR 中,执行 HAL 库中为该中断定义的通用处理函数,如外部中断的通用处理函数是 HAL_GPIO_EXTI_IRQHandler()。通常,一个外设只有一个中断号,一个 ISR 有一个通用处理函数,也可能多个中断号共用一个通用处理函数,例如,外部中断有多个中断号,但是 ISR 中调用的通用处理函数都是 HAL_GPIO_EXTI_IRQHandler()。

3)ISR 中调用的中断通用处理函数是 HAL 库中定义的,例如,HAL_GPIO_EXTI_IRQHandler()是外部中断的通用处理函数。在中断的通用处理函数中,会自动进行中断事件来源的判断(一个中断号一般有多个中断事件源)、中断标志位的判断和清除,并调用与中断事件源对应的回调函数。

4)一个中断号一般有多个中断事件源,HAL 库会为一个中断号的常用中断事件定义回调函数,在中断的通用处理函数中判断中断事件源并调用相应的回调函数。外部中断只有一个中断事件源,所有只有一个回调函数 HAL_GPIO_EXTI_Callback()。定时器有多个中断事件源,所以在定时器的 HAL 驱动程序中,针对不同的中断事件源定义了不同的回调函数。

5)HAL 库中定义的中断事件处理的回调函数都是弱函数,需要用户重新实现回调函数,从而实现对中断的具体处理。

在 STM32Cube 编程方式中,用户只需搞清楚与中断事件对应的回调函数,然后重新实现回调函数即可。对于外部中断,只有一个中断事件源,所以只有一个回调函数 HAL_GPIO_EXTI_Callback()。在对外部中断进行处理时,只需重新实现这个函数即可。

6.4 STM32F4 外部中断设计流程

STM32F4 中断设计包括 3 部分,即 NVIC 设置、中断端口配置、中断处理。

使用库函数配置外部中断的步骤如下。

1)使能 GPIO 口时钟,初始化 GPIO 口为输入。首先,要使用 GPIO 口作为中断输入,所以要使能相应的 GPIO 口时钟。

2)设置 GPIO 口模式,触发条件,开启 SYSCFG 时钟,设置 GPIO 口与中断线的映射关系。

该步骤如果使用标准库,那么需要多个函数分步实现。而当使用 HAL 库的时候,则都是在函数 HAL_GPIO_Init()中一次性完成的。例如要设置 PA0 连接中断线 0,并且为上升沿触发,那么代码为:

```
GPIO_InitTypeDef GPIO_Initure;
GPIO_Initure.Pin=GPIO_PIN_0;                        //PA0
GPIO_Initure.Mode= GPIO_MODE_IT_RISING;             //外部中断,上升沿触发
GPIO_Initure.Pull=GPIO_PULLDOWN;                    //默认下拉
 HAL_GPIO_Init(GPIOA,&GPIO_Initure);
```

当调用 HAL_GPIO_Init()设置 GPIO 的 Mode 值为 GPIO_MODE_IT_RISING(外部中断上升沿触发)、GPIO_MODE_IT_FALLING(外部中断下降沿触发)或者 GPIO_MODE_IT_RISING_FALLING(外部中断双边沿触发)时,该函数内部会通过判断 Mode 的值开启 SYSCFG 时钟,并且设置 GPIO 口和中断线的映射关系。

　　因为这里初始化的是 PA0，调用该函数后中断线 0 会自动连接到 PA0。如果某个时间，用同样的方式初始化了 PB0，那么 PA0 与中断线的链接将被清除，而直接链接 PB0 到中断线 0。

　　3）配置中断优先级（NVIC），并使能中断。

　　设置好中断线和 GPIO 的映射关系，之后设置中断的触发模式等初始化参数。既然是外部中断，当然还要设置 NVIC 中断优先级。设置中断线 0 的中断优先级并使能外部中断 0 的方法为：

```
HAL_NVIC_SetPriority(EXTI0_IRQn,2,0);    //抢占优先级为 2，子优先级为 0
HAL_NVIC_EnableIRQ(EXTI0_IRQn);          //使能中断线 0
```

　　4）编写中断服务函数。

　　配置完中断优先级之后，接着要做的就是编写中断服务函数。中断服务函数的名字是在 HAL 库中事先定义的。这里需要说明一下，STM32F14 的 I/O 口外部中断函数只有 7 个，分别为：

```
void EXTI0_IRQHandler();
void EXTI1_IRQHandler();
void EXTI2_IRQHandler();
void EXTI3_IRQHandler();
void EXTI4_IRQHandler();
void EXTI9_5_IRQHandler();
void EXTI15_10_IRQHandler();
```

　　中断线 0～4 分别对应一个中断函数，中断线 5～9 共用中断函数 EXTI9_5_IRQHandler()，中断线 10～15 共用中断函数 EXTI15_10_IRQHandler()。一般情况下，可以把中断控制逻辑直接编写在中断服务函数中，但是 HAL 库把中断处理过程进行了简单封装，请看下面步骤 5 的讲解。

　　5）编写中断处理回调函数 HAL_GPIO_EXTI_Callback()。

　　在使用 HAL 库的时候，也可以和使用标准库一样，在中断服务函数中编写控制逻辑。

　　但是 HAL 库为了用户使用方便，提供了一个中断通用入口函数 HAL_GPIO_EXTI_IRQHandler()，在该函数内部直接调用回调函数 HAL_GPIO_EXTI_Callback()。

　　下面是 HAL_GPIO_EXTI_IRQHandler()函数的定义：

```
void HAL_GPIO_EXTI_IRQHandler(uint16_t GPIO_Pin)
{
if(__HAL_GPIO_EXTI_GET_IT(GPIO_Pin) != 0x00u)
    {
    __HAL_GPIO_EXTI_CLEAR_IT(GPIO_Pin);
    __HAL_GPIO_EXTI_Callback(GPIO_Pin);
    }
}
```

　　该函数实现的作用非常简单，就是清除中断标志位，然后调用回调函数 HAL_GPIO_ EXTI_Callback()实现控制逻辑。在中断服务函数中直接调用外部中断共用处理函数 HAL_GPIO_EXTI_IRQHandler()，然后在回调函数 HAL_GPIO_EXTI_Callback()中通过判断中断来自哪个 GPIO 口编写相应的中断服务控制逻辑。

　　下面介绍配置 GPIO 口外部中断的一般步骤：

　　1）使能 GPIO 口时钟。

　　2）调用函数 HAL_GPIO_Init()来设置 GPIO 口模式，触发条件，使能 SYSCFG 时钟，以及设置 GPIO 口与中断线的映射关系。

　　3）配置中断优先级（NVIC），并使能中断。

4）在中断服务函数中调用外部中断共用入口函数 HAL_GPIO_EXTI_IRQHandler()。

5）编写外部中断回调函数 HAL_GPIO_EXTI_Callback()。

通过以上几个步骤的设置，就可以正常使用外部中断了。

6.5　采用 STM32CubeMX 和 HAL 库的外部中断设计实例

中断在嵌入式应用中占有非常重要的地位，几乎每个控制器都有中断功能。中断对保证紧急事件在第一时间的处理是非常重要的。

本设计实例使用外接按键作为触发源，使控制器产生中断，并在中断服务函数中实现控制 RGB 彩灯的任务。

6.5.1　STM32F4 外部中断的硬件设计

本实例的硬件设计同按键的硬件设计相同，如图 6-4 所示。

当按键没有被按下时，GPIO 引脚的输入状态为低电平（按键电路不通，引脚接地）；当按键按下时，GPIO 引脚的输入状态为高电平（按键电路导通，引脚接电源）。按键在按下时会使引脚接通，通过电路设计可以实现按键按下时产生电平变化。

在本实验中，我们根据图 6-5 所示的电路设计实现以下功能：

1）按下 KEY1，LED 变亮；再次按下 KEY1，LED 变暗。

2）按下并弹开 KEY2，LED 变亮；再次按下并弹开 KEY2，LED 变暗。

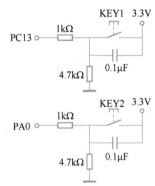

图 6-4　按键检测电路

6.5.2　STM32F4 外部中断的软件设计

1. 通过 STM32CubeMX 新建工程

通过 STM32CubeMX 新建工程的步骤如下。

（1）新建文件夹

在 Demo 目录下新建文件夹 EXTI，这是保存本章新建工程的文件夹。

（2）新建 STM32CubeMX 工程

在 STM32CubeMX 开发环境中新建工程。

（3）选择 MCU 或开发板

Commercial Part Number 和 MCUs/MPUs List 选择 STM32F407ZGT6，并单击 Start Project 按钮启动工程。

（4）保存 STM32Cube MX 工程

选择 STM32CubeMX 菜单 File→Save Project 命令，保存工程。

（5）生成报告

选择 STM32CubeMX 菜单 File→Generate Report 命令，生成当前工程的报告文件。

（6）配置 MCU 时钟树

在 STM32CubeMX 的 Pinout & Configuration 选项卡中，选择 System Core→RCC，High Speed Clock（HSE）根据开发板实际情况选择 Crystal/Ceramic Resonator（晶体/陶瓷晶振）。

切换到 Clock Configuration 选项卡中，根据开发板外设情况配置总线时钟。此处配置 Input frequency 为 25MHz、PLL Source Mux 为 HSE、分配系数/M 为 25、PLLMul 倍频为 336MHz、PLLCLK 分频/2 后为 168MHz、System Clock Mux 为 PLLCLK、APB1 Prescaler 为/4、APB2 Prescaler 为/2，其余默认设置即可。

（7）配置 MCU 外设

根据 LED 和 KEY 电路，整理出 MCU 连接的 GPIO 引脚的输入/输出配置，如表 6-4 所示。

表 6-4　MCU 连接的 GPIO 引脚的输入/输出配置

用户标签	引脚名称	引脚功能	GPIO 模式	上拉或下拉	端口速率
LED1_RED	PF6	GPIO_Output	推挽输出	上拉	最高
LED2_GREEN	PF7	GPIO_Output	推挽输出	上拉	最高
LED3_BLUE	PF8	GPIO_Output	推挽输出	上拉	最高
KEY1	PA0	GPIO_EXTI	下降沿中断	无	—
KEY2	PC13	GPIO_EXTI	上升沿中断	无	—

根据表 6-4 进行 GPIO 引脚配置。在 STM32CubeMX 的 Pinout & Configuration 选项中选择 System Core→GPIO，对所使用的 GPIO 口进行设置。其中，LED 输出端口包括 LED1_RED（PF6）、LED2_GREEN（PF7）和 LED3_BLUE（PF8）。按键输入端口包括 KEY1（PA0）和 KEY2（PC13），配置为 GPIO_EXTI 模式。

作为中断/时间输入线，把 GPIO 配置为中断上升沿触发模式，这里不使用上拉或下拉，由外部电路完全决定引脚的状态。按键 1 使用下降沿触发方式，按键 2 为上升沿触发方式。

PA0 配置为下降沿触发方式（即 External Interrupt Mode with Falling edge trigger detection）和不使用上拉或下拉（即 No pull-up and no pull-down），PC13 配置为上升沿触发方式（即 External lnterrupt Mode with Rising edge trigger detection）和不使用上拉或下拉（即 No pull-up and no pull-down）。配置 GPIO 端口为 EXTI 模式，如图 6-5 所示。

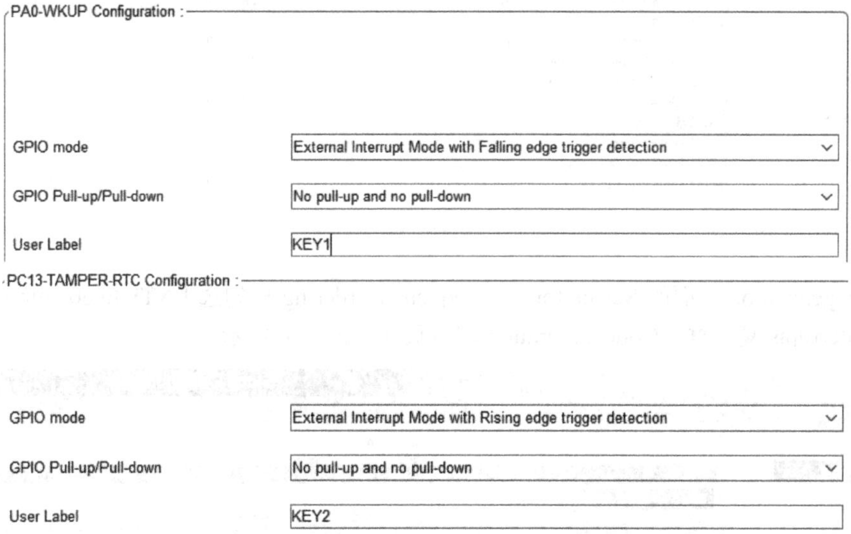

图 6-5　配置 GPIO 端口为 EXTI 模式

配置完成后的 GPIO 端口页面如图 6-6 所示。

切换到 STM32CubeMX 的 Pinout & Configuration 选项卡中，选择 System Core→NVIC，修改 Priority Group 为 2 bits for pre-emption priority（2 位抢占优先级），Enabled 栏勾选 EXTI line0 interrupt 和 EXTI line[15:10] interrupts 复选框，修改 Preemption Priority（抢占优先级）和 Sub Priority（子优先级），NVIC 配置页面如图 6-7 所示。

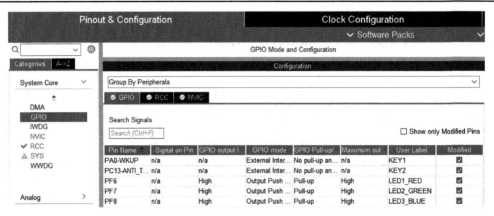

图 6-6　配置完成后的 GPIO 端口页面

图 6-7　NVIC 配置页面

　　在 Code generation 页面的 Select for init sequence ordering 栏勾选 EXTI line0 interrupt 和 EXTI line[15:10] interrupts 复选框，Code generation 配置页面如图 6-8 所示。

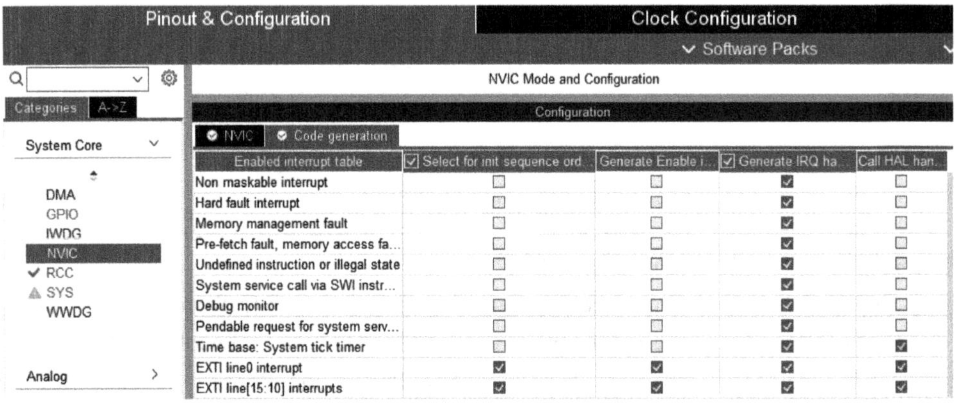

图 6-8　Code generation 配置页面

（8）配置工程

在 STM32CubeMX 的 Project Manager 选项卡的 Project 栏下，Toolchain/IDE 选择 MDK-Arm，Min Version 选择 V5，可生成 Keil MDK 工程；选择 STM32CubeIDE，可生成 STM32CubeIDE 工程。

（9）生成 C 代码工程

在 STM32CubeMX 主页面，单击 GENERATE CODE 按钮生成 C 代码工程。

2．通过 Keil MDK 实现工程

通过 Keil MDK 实现工程的步骤如下。

（1）打开工程

打开 EXTI\MDK-Arm 文件夹下的工程文件。

（2）编译 STM32CubeMX 自动生成的 MDK 工程

在 MDK 开发环境中选择菜单 Project→Rebuild all target files 命令或单击工具栏中的 Rebuild 按钮 🔳 编译工程。

（3）STM32CubeMX 自动生成的 MDK 工程

main.c 文件中的函数 main()调用了 HAL_Init()函数以用于复位所有外设，初始化 Flash 接口和 Systick 定时器。SystemClock_Config()函数用于配置各种时钟信号频率。MX_GPIO_Init()函数初始化 GPIO 引脚。

在 STM32CubeMX 中，为 LED 和 KEY 连接的 GPIO 引脚设置了用户标签。这些用户标签的宏定义在文件 main.h 里，代码如下：

```
/* 私有定义 -------------------------------------------------------*/
#define KEY2_Pin GPIO_PIN_13
#define KEY2_GPIO_Port GPIOC
#define KEY2_EXTI_IRQn EXTI15_10_IRQn
#define LED1_RED_Pin GPIO_PIN_6
#define LED1_RED_GPIO_Port GPIOF
#define LED2_GREEN_Pin GPIO_PIN_7
#define LED2_GREEN_GPIO_Port GPIOF
#define LED3_BLUE_Pin GPIO_PIN_8
#define LED3_BLUE_GPIO_Port GPIOF
#define KEY1_Pin GPIO_PIN_0
#define KEY1_GPIO_Port GPIOA
#define KEY1_EXTI_IRQn EXTI0_IRQn
/* 用户代码开始：私有定义 */
```

文件 gpio.c 包含了函数 MX_GPIO_Init()的实现代码，代码如下：

```
void MX_GPIO_Init(void)
{

GPIO_InitTypeDef GPIO_InitStruct = {0};

    /* GPIO 端口时钟使能 */
    __HAL_RCC_GPIOC_CLK_ENABLE();
    __HAL_RCC_GPIOF_CLK_ENABLE();
    __HAL_RCC_GPIOH_CLK_ENABLE();
    __HAL_RCC_GPIOA_CLK_ENABLE();
```

```
/* 配置 GPIO 引脚输出电平 */
HAL_GPIO_WritePin(GPIOF, LED1_RED_Pin|LED2_GREEN_Pin|LED3_BLUE_Pin, GPIO_PIN_SET);

/* 配置 GPIO 引脚: PtPin */
GPIO_InitStruct.Pin = KEY2_Pin;
GPIO_InitStruct.Mode = GPIO_MODE_IT_RISING;
GPIO_InitStruct.Pull = GPIO_NOPULL;
HAL_GPIO_Init(KEY2_GPIO_Port, &GPIO_InitStruct);

/* 配置 GPIO 引脚: PFPin PFPin PFPin */
GPIO_InitStruct.Pin = LED1_RED_Pin|LED2_GREEN_Pin|LED3_BLUE_Pin;
GPIO_InitStruct.Mode = GPIO_MODE_OUTPUT_PP;
GPIO_InitStruct.Pull = GPIO_PULLUP;
GPIO_InitStruct.Speed = GPIO_SPEED_FREQ_HIGH;
HAL_GPIO_Init(GPIOF, &GPIO_InitStruct);

/* 配置 GPIO 引脚: PtPin */
GPIO_InitStruct.Pin = KEY1_Pin;
GPIO_InitStruct.Mode = GPIO_MODE_IT_FALLING;
GPIO_InitStruct.Pull = GPIO_NOPULL;
HAL_GPIO_Init(KEY1_GPIO_Port, &GPIO_InitStruct);

}
```

本实例使用到了中断，因此 main()函数调用了中断初始化函数 MX_NVIC_Init()。MX_NVIC_Init()是在文件 main.c 中定义的函数，它的代码里调用了 HAL_NVIC_SetPriority()和 HAL_NVIC_EnableIRQ()，用于设置中断的优先级和使能中断。MX_NVIC_Init()实现的代码如下：

```
static void MX_NVIC_Init(void)
{
    /* EXTI0_IRQn 中断配置 */
    HAL_NVIC_SetPriority(EXTI0_IRQn, 0, 0);
    HAL_NVIC_EnableIRQ(EXTI0_IRQn);
    /* EXTI15_10_IRQn 中断配置 */
    HAL_NVIC_SetPriority(EXTI15_10_IRQn, 0, 0);
    HAL_NVIC_EnableIRQ(EXTI15_10_IRQn);
}
```

（4）新建用户文件

在 EXTI\Core\Src 下新建 bsp_led.c 和 bsp_exti.c，在 EXTI\Core\Inc 下新建 bsp_led.h 和 bsp_exti.h。将 bsp_led.c 和 bsp_exti.c 添加到工程 Application/User/Core 文件夹下。

（5）编写用户代码

bsp_led.h 和 bsp_led.c 文件实现 LED 操作的宏定义和 LED 初始化。

stm32f4xx_it.c 中根据 STM32CubeMX 的 NVIC 配置，自动生成相应的中断函数。本实例自动生成的外部中断函数如下：

```
void EXTI0_IRQHandler(void)
```

```
    {
        HAL_GPIO_EXTI_IRQHandler(KEY1_Pin);
    }
    void EXTI15_10_IRQHandler(void)
    {
        HAL_GPIO_EXTI_IRQHandler(KEY2_Pin);
    }
```

bsp_exti.h 和 bsp_exti.c 添加外部中断的回调函数 HAL_GPIO_EXTI_Callback()的处理。按下 KEY1 让 LED1 翻转其状态，按下 KEY2 让 LED2 翻转其状态。

```
    void HAL_GPIO_EXTI_Callback(uint16_t GPIO_Pin)
    {
        if(GPIO_Pin == KEY1_Pin)
        {
            // LED1 翻转
            LED1_TOGGLE;
        }
        else if(GPIO_Pin == KEY2_Pin)
        {
            // LED2 翻转
            LED2_TOGGLE;
        }
    }
```

main.c 文件添加对用户自定义头文件的引用。

```
    /* 私有包含(Private includes) ----------------------------------------*/
    /* USER CODE BEGIN Includes */
    #include " bsp_led.h"
    #include "bsp_exti.h"
    /* USER CODE END Includes */
```

main.c 文件添加对 LED 的初始化，按键的处理在中断服务程序中已完成，主函数不再操作。

```
    /* USER CODE BEGIN 2 */
    /* LED 初始化 */
    LED_GPIO_Config();
    /* USER CODE END 2 */
    /* 无限循环 */
    /* USER CODE BEGIN WHILE */
    while (1)
    {
        /* USER CODE END WHILE */
        /* USER CODE BEGIN 3 */
    }
```

（6）重新编译工程

重新编译添加代码后的工程。

（7）配置工程仿真与下载项

在 MDK 开发环境中选择菜单 Project→Options for Target 命令或单击工具栏中的 按钮配置工程。

打开 Debug 选项卡，选择使用的仿真下载器 ST-Link Debugger，在 Flash Download 下勾选 Reset and Run 选项，单击"确定"按钮。

（8）下载工程

连接好仿真下载器，开发板上电。

在 MDK 开发环境中选择菜单 Flash→Download 命令或单击工具栏中的 按钮下载工程。

工程下载完成后，此时 RGB 彩色灯是暗的。如果按下开发板上的按键 1，则 RGB 彩灯变亮，再按下 KEY1，RGB 彩灯又变暗；如果按下开发板上的 KEY2 并弹开，则 RGB 彩灯变亮，再按下开发板上的 KEY2 并弹开，RGB 彩灯又变暗。按键按下表示上升沿，按键弹开表示下降沿，跟软件设置是一样的。

习题

1．简述 STM32F407 微控制器中的 NVIC 中断管理方法。

2．中断优先级编号越小，则其优先级越_____。

3．中断抢占优先级高的是否可以抢占优先级低的中断流程？_____

4．响应抢占优先级高的是否可以抢占优先级低的中断流程？_____

5．两个中断抢占优先级和响应优先级都相同，同时向内核申请中断，怎么响应中断？

6．假定设置中断优先级组为 1，然后设置：中断 3（RTC 中断）的抢占优先级为 1，响应优先级为 1；中断 6（外部中断 0）的抢占优先级为 3，响应优先级为 0；中断 7（外部中断 1）的抢占优先级为 1，响应优先级为 6。那么，这 3 个中断的优先级顺序为（由高到低）_____。

7．void HAL_NVIC_SetPriority(IRQn_Type IRQn,uint32_t PreemptPriority,uint32_t SubPriority) 函数用于设置_____。

8．void HAL_NVIC_EnableIRQ(IRQn_Type IRQn) 函数用于_____。

9．void HAL_NVIC_SetPriorityGrouping(uint32_t PriorityGroup) 函数用来配置_____。

10．在头文件 STM32f4xx.h 中定义的中断编号是枚举类型的。请问外部中断 0 的编号是_____。

11．当中断优先级组设置为 2 组时，抢占优先级和响应优先级可以分别设置为哪些优先级？

12．编写 NVIC 中断初始化程序实现如下功能。

1）设置中断优先级组为 2 组。

2）设置外部中断 2 的抢占优先级为 0，响应优先级为 2。

3）设置定时器 2 中断的抢占优先级为 2，响应优先级为 1。

4）设置 USART2 的中断抢占优先级为 3，响应优先级为 3。

说明当同时出现以上 3 个中断请求时，中断服务程序执行的顺序。

13．外部中断的中断请求信号可以是控制器外部产生并由 GPIO 引脚引入的，也可以是由控制器内部的一些片上外设产生的。这一说法是否正确？_____

14．每个 GPIO 引脚都可以作为外部中断信号输入引脚，GPIO 引脚编号相同的映射到同一个 EXTI 线，那么 GPIOA 的 0 号引脚映射到 EXTI 线_____，GPIOD 的 0 号引脚映射到 EXTI 线_____，GPIOC 的 5 号引脚映射到 EXTI 线_____，GPIOG 的 10 号引脚映射到 EXTI 线_____。

15. 外部中断信号输入的触发信号形式可以是_____、_____、_____。
16. 每个外部中断在中断向量表中是否都独立占用一个位置？_____
17. 外部中断的中断 0 在库函数启动文件中定义的默认中断函数名是_____。
18. 函数 HAL_EXTI_SetConfigLine(&EXTI0_HandleStruct,&EXTI0_ConfigStructure)有什么功能？
19. 函数 HAL_NVIC_SetPriority(EXTI0_IRQn, 0, 0)有什么功能？
20. 应用外部中断，需要先使能 GPIO 端口的时钟和_____时钟。
21. 试述初始化外部中断的步骤。
22. 初始化外部中断 1：将 GPIOA 的 1 号引脚作为输入引脚，中断模式，上升沿触发，中断优先级组为 3 组，抢占优先级为 3，响应优先级为 1，并使能中断。
23. 外部中断被挂起后，不能硬件清除，需要在相应的中断服务程序中将挂起标志清除，使用的函数是_____。
24. 根据图 6-9 所示的电路，编写程序以完成外部中断初始化，中断输入引脚为 PE5，上升沿检测方式。

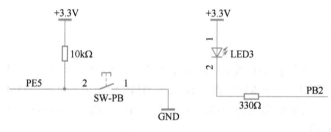

图 6-9　电路（3）

第7章　定时器与开发实例

本章介绍 STM32F4 系列微控制器的定时器系统及其实例应用。首先，概述了 STM32F4 定时器的分类。接着，详细讲解了基本定时器的相关内容，包括基本定时器的介绍、功能和寄存器。然后，深入介绍了通用定时器的功能描述、工作模式及其寄存器。本章还详细说明了定时器的 HAL 库函数，包含基础定时器的 HAL 驱动程序和外设中断处理的相关概念。最后，通过实际例子展示了采用 STM32Cube MX 和 HAL 库进行定时器配置和应用开发的全过程，实例部分涵盖了 STM32F4 的通用定时器的配置流程、硬件设计和软件设计。通过这一章，读者将掌握如何配置和使用 STM32F4 的定时器，为在实际项目中实现定时和计数功能打下坚实的基础，并能够熟练应用 HAL 库进行定时器相关开发。

7.1　STM32F4 定时器概述

STM32 内部集成了多个定时/计数器。根据型号不同，STM32 系列芯片最多包含 8 个定时/计数器。其中，TIM6 和 TIM7 为基本定时器，TIM2～TIM5 为通用定时器，TIM1 和 TIM8 为高级控制定时器，功能最强。3 种定时器具备的功能如表 7-1 所示。此外，STM32 中还有两个看门狗定时器和一个系统滴答定时器。

表 7-1　STM32 定时器的功能

主要功能	高级控制定时器	通用定时器	基本定时器
内部时钟源（8MHz）	●	●	●
带 16 位分频的计数单元	●	●	●
更新中断和 DMA	●	●	●
计数方向	向上、向下、双向	向上、向下、双向	向上
外部事件计数	●	●	○
其他定时器触发或级联	●	●	○
4 个独立输入捕获、输出比较通道	●	●	○
单脉冲输出方式	●	●	○
正交编码器输入	●	●	○
霍尔传感器输入	●	●	○
输出比较信号死区产生	●	○	○
制动信号输入	●	○	○

注：●表示有此功能；○表示无此功能。

可编程定时/计数器（简称定时器）是当代微控制器标配的片上外设和功能模块。它不仅可以实现延时，而且还可以完成其他功能。

1）如果时钟源来自内部系统时钟，那么可编程定时/计数器可以实现精确的定时。此时的定时器工作于普通模式、比较输出模式或 PWM 输出模式，通常用于延时、输出指定波形、驱动电机等应用中。

2）如果时钟源来自外部输入信号，那么可编程定时/计数器可以完成对外部信号的计数。此时的定时器工作于输入捕获模式，通常用于测量输入信号的频率和占空比，以及测量外部事件的发生次数和时间间隔等应用中。

在嵌入式系统应用中，使用定时器可以完成以下功能：

1）在多任务的分时系统中用作中断，实现任务的切换。

2）周期性执行某个任务，如每隔固定时间完成一次 A/D 采集。

3）延时一定时间执行某个任务，如交通灯信号变化。

4）显示实时时间，如万年历。

5）产生不同频率的波形，如 MP3 播放器。

6）产生不同脉宽的波形，如驱动伺服电机。

7）测量脉冲的个数，如测量转速。

8）测量脉冲的宽度，如测量频率。

STM32F407 相比于传统的 51 单片机要完善和复杂得多，它是专为工业控制应用量身定做的。定时器有很多用途，包括基本定时功能、生成输出波形（比较输出、PWM 和带死区插入的互补 PWM）和测量输入信号的脉冲宽度（输入捕获）等。

STM32F407 微控制器共有 17 个定时器，包括 2 个基本定时器（TIM6 和 TIM7）、10 个通用定时器（TIM2～TIM5 和 TIM9～TIM14）及 2 个高级定时器（TIM1 和 TIM8）、2 个看门狗定时器和 1 个系统嘀嗒定时器（SysTick）。

7.2　STM32F4 基本定时器

7.2.1　基本定时器介绍

STM32F407 的基本定时器 TIM6 和 TIM7 各包含一个 16 位自动装载计数器，由各自的可编程预分频器驱动。它们可以作为通用定时器提供时间基准，特别是可以为数模转换器（DAC）提供时钟。实际上，它们在芯片内部直接连接到 DAC，并通过触发输出直接驱动 DAC。这 2 个定时器是互相独立的，不共享任何资源。

TIM6 和 TIM7 定时器的主要功能包括：

1）16 位自动重装载累加计数器。

2）16 位可编程（可实时修改）预分频器，用于对输入的时钟按系数为 1～65536 之间的任意数值分频。

3）触发 DAC 的同步电路。

4）在更新事件（计数器溢出）时产生中断/DMA 请求。

基本定时器的内部结构如图 7-1 所示。

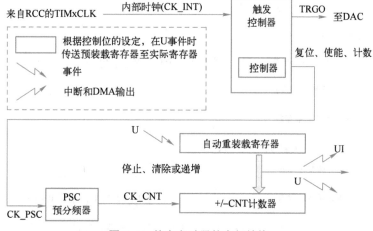

图 7-1　基本定时器的内部结构

7.2.2 基本定时器的功能

1. 时基单元

STM32F407 的基本定时器（如 TIM6 和 TIM7）的时基单元是其核心组成部分，负责管理定时和计数功能。时基单元主要由以下几个关键部分构成。

（1）计数器寄存器（TIMx_CNT）

这是一个 16 位的递增计数器，计数值范围为 0~65535。当定时器被使能后（TIMx_CR1 寄存器的 CEN 位置 1），计数器根据输入的时钟信号（CK_CNT）递增。当计数器的值达到自动重载寄存器的值时，会产生一个计数器溢出事件（更新事件），这可能触发中断或 DMA 请求。

（2）预分频器寄存器（TIMx_PSC）

这是一个 16 位的可编程预分频器，用于将输入时钟信号（CK_PSC）分频，得到计数器的实际计数时钟（CK_CNT）。分频系数范围为 1~65536，实际系数是预分频器寄存器的值加 1。通过调整预分频器的值，可以控制定时器的计数速度，从而影响溢出时间。

（3）自动重载寄存器（TIMx_ARR）

这是一个 16 位寄存器，用于存放与计数器比较的值。当计数器的值与自动重载寄存器的值相等时，会产生计数器溢出事件，并可能触发中断或 DMA 请求。自动重载寄存器具有预装载功能，其值可以在不停止计数的情况下更新，新值将在下一个更新事件时生效。

2. 时钟源

从定时器内部结构图可以看出，基本定时器 TIM6 和 TIM7 只有一个时钟源，即内部时钟 CK_INT。对于 STM32F407 所有的定时器，内部时钟 CK_INT 都来自 RCC 的 TIMxCLK，但对于不同的定时器，TIMxCLK 的来源不同。基本定时器 TIM6 和 TIM7 的 TIMxCLK 来源于 APB1 预分频器的输出，系统默认情况下，APB1 的时钟频率为 72MHz。

3. 预分频器

预分频可以以系数介于 1~65536 之间的任意数值对计数器时钟分频。它通过一个 16 位寄存器（TIMx_PSC）的计数实现分频。TIMx_PSC 控制寄存器具有缓冲作用，可以在运行过程中改变它的数值，新的预分频数值将在下一个更新事件时起作用。

图 7-2 是在运行过程中改变预分频系数的例子，预分频系数从 1 变到 2。

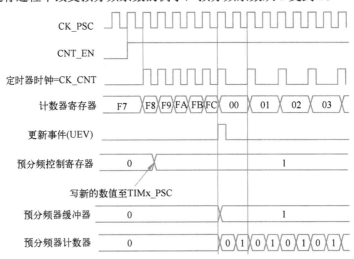

图 7-2　预分频系数从 1 变到 2 的计数器时序图

4. 计数模式

STM32F407 基本定时器只有向上计数模式，其工作过程如图 7-3 所示，其中 ↑ 表示产生溢出事件。

基本定时器工作时，脉冲计数器 TIMx_CNT 从 0 累加计数到自动重装载数值（TIMx_ARR 寄存器），然后重新从 0 开始计数并产生一个计数器溢出事件。由此可见，如果使用基本定时器进行延时，延时时间可以由以下公式计算：

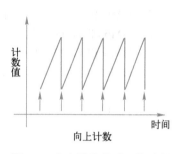

延时时间=(TIMx_ARR+1)×(TIMx_PSC+1)/TIMxCLK

当发生一次更新事件时，所有寄存器都会被更新并设置更新标志：传送预装载值（TIMx_PSC 寄存器的内容）至预分频器的缓冲区，自动重装载影子寄存器被更新为预装载值（TIMx_ARR）。以下是一些在 TIMx_ARR=0x36 时不同时钟频率下计数器工作的图示。图 7-4 中，内部时钟分频系数为 1；图 7-5 中，内部时钟分频系数为 2。

图 7-3　向上计数模式工作过程

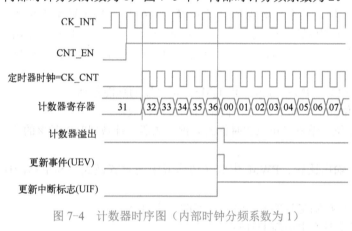

图 7-4　计数器时序图（内部时钟分频系数为 1）

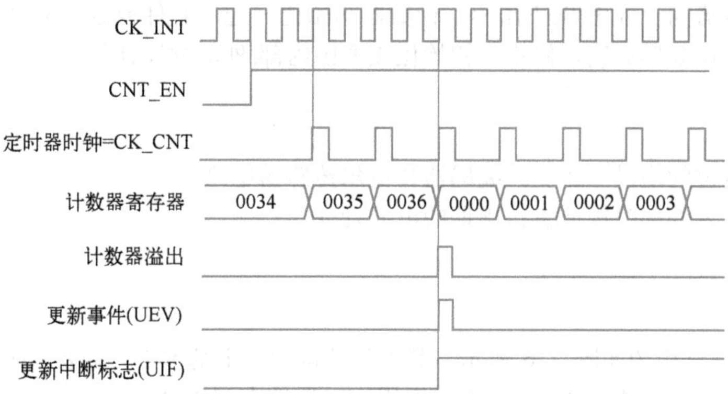

图 7-5　计数器时序图（内部时钟分频系数为 2）

7.2.3　基本定时器的寄存器

现介绍 STM32F407 基本定时器相关寄存器的名称，可以用半字（16 位）或字（32 位）的方式操作这些外设寄存器。由于采用库函数方式编程，故不做进一步的探讨。

1）TIM6 和 TIM7 控制寄存器 1（TIMx_CR1）。

2）TIM6 和 TIM7 控制寄存器 2（TIMx_CR2）。

3）TIM6 和 TIM7 DMA/中断使能寄存器（TIMx_DIER）。

4）TIM6 和 TIM7 状态寄存器（TIMx_SR）。

5）TIM6 和 TIM7 事件产生寄存器（TIMx_EGR）。

6）TIM6 和 TIM7 计数器（TIMx_CNT）。

7）TIM6 和 TIM7 预分频器（TIMx_PSC）。

8）TIM6 和 TIM7 自动重装载寄存器（TIMx_ARR）。

7.3　STM32F4 通用定时器

7.3.1　通用定时器介绍

STM32 内置 10 个可同步运行的通用定时器（TIM2~TIM14），其中，TIM2 和 TIM5 定时器的计数长度为 32 位，其余定时器的计数长度为 16 位，每个通道都可用于输入捕获、输出比较、PWM 和单脉冲模式输出。任一标准定时器都能用于产生 PWM 输出。每个定时器都有独立的 DMA 请求机制。定时器链接功能与高级控制定时器共同工作，可以提供同步或事件链接功能。

通用 TIMx（TIM2、TIM3、TIM4 和 TIM5）定时器的功能包括：

1）16 位或 32 位向上、向下、向上/向下自动装载计数器。

2）16 位或 32 位可编程（可以实时修改）预分频器，计数器时钟频率的分频系数为 1~65536 之间的任意数值。

3）输入捕获、输出比较、PWM 生成（边缘或中间对齐模式）和单脉冲模式输出 4 个独立通道。

4）使用外部信号控制定时器和定时器互连的同步电路。

5）以下事件发生时产生中断/DMA：

① 更新，计数器向上溢出/向下溢出，计数器初始化（通过软件或者内部/外部触发）。

② 触发事件（计数器启动、停止、初始化或者由内部/外部触发计数）。

③ 输入捕获。

④ 输出比较。

6）支持针对定位的增量（正交）编码器和霍尔传感器电路。

7）触发输入作为外部时钟或者按周期的电流管理。

7.3.2　通用定时器的功能描述

通用定时器内部结构图如图 7-6 所示。其内部结构相比于基本定时器要复杂得多，尤其是增加了 4 个捕获/比较寄存器 TIMx_CCR，这也是通用定时器拥有强大功能的原因。

1．时基单元

可编程通用定时器的主要部分是一个 16 位计数器和与其相关的自动装载寄存器。这个计数器可以向上计数、向下计数或者向上向下双向计数。此计数器时钟由预分频器分频得到。计数器寄存器、自动装载寄存器和预分频器寄存器可以由软件读写，在计数器运行时仍可以读写。时基单元包含计数器寄存器（TIMx_CNT）、预分频器寄存器（TIMx_PSC）和自动装载寄存器（TIMx_ARR）。

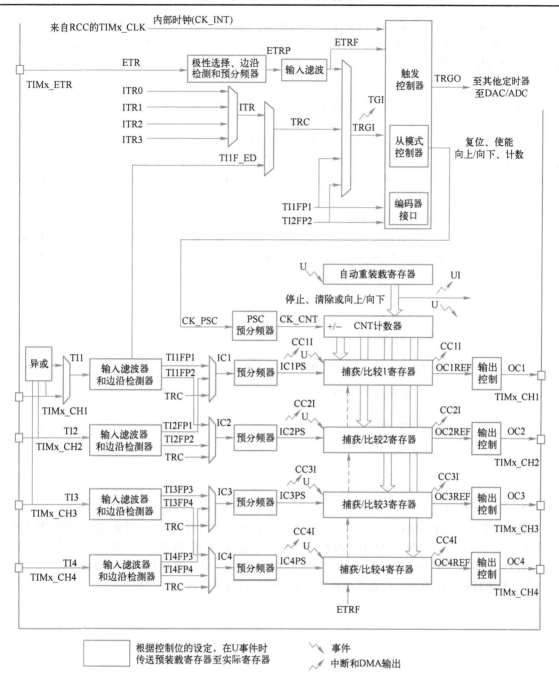

图 7-6 通用定时器内部结构图

自动装载寄存器是预先装载的，写或读自动重装载寄存器将访问预装载寄存器。根据 TIMx_CR1 寄存器中的自动装载预装载使能位（ARPE）的设置，预装载寄存器的内容被立即或在每次更新事件 UEV 时传送到影子寄存器。当计数器达到溢出条件（向下计数时的下溢条件）并当 TIMx_CR1 寄存器中的 UDIS 位等于 0 时，产生更新事件。更新事件也可以由软件产生。

计数器由预分频器的时钟输出 CK_CNT 驱动，仅当设置了计数器 TIMx_CR1 寄存器中的计数器使能位（CEN）时，CK_CNT 才有效。真正的计数器使能信号 CNT_EN 在 CEN 的一个时钟周期后被设置。

预分频器可以将计数器的时钟频率按 1~65536 的任意值分频。它是一个基于 16 位寄存器控制的 16 位计数器。这个控制寄存器带有缓冲器，能够在工作时被改变。新的预分频器参数在下一次更新事件到来时被采用。

2．计数模式

TIM2~TIM5 可以向上计数、向下计数、向上/向下计数模式。

（1）向上计数模式

向上计数模式的工作过程同基本定时器向上计数模式的工作过程，计数器时序图如图 7-4 所示。在向上计数模式中，计数器在时钟 CK_CNT 的驱动下从 0 计数到自动重装载寄存器 TIMx_ARR 的预设值，然后重新从 0 开始计数，并产生一个计数器溢出事件，可触发中断或 DMA 请求。

当发生一个更新事件时，所有的寄存器都被更新，硬件同时设置更新标志位。

对于一个工作在向上计数模式下的通用定时器，当自动重装载寄存器 TIMx_ARR 的值为 0x36 时，内部时钟分频系数为 4（预分频寄存器 TIMx_PSC 的值为 3）的计数器时序图如图 7-7 所示。

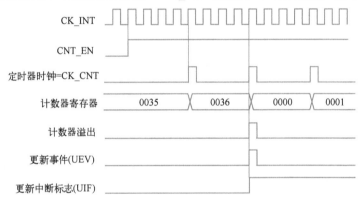

图 7-7　计数器时序图（内部时钟分频系数为 4）

（2）向下计数模式

通用定时器向下计数模式工作过程如图 7-8 所示。在向下计数模式中，计数器在时钟 CK_CNT 的驱动下从自动重装载寄存器 TIMx_ARR 的预设值开始向下计数到 0，然后从自动重装载寄存器 TIMx_ARR 的预设值重新开始计数，并产生一个计数器溢出事件，可触发中断或 DMA 请求。当发生一个更新事件时，所有的寄存器都被更新，硬件同时设置更新标志位。

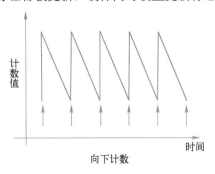

图 7-8　向下计数模式工作过程

对于一个工作在向下计数模式下的通用定时器，当自动重装载寄存器 TIMx_ARR 的值为 0x36 时，内部时钟分频系数为 2（预分频寄存器 TIMx_PSC 的值为 1）的计数器时序图如图 7-9 所示。

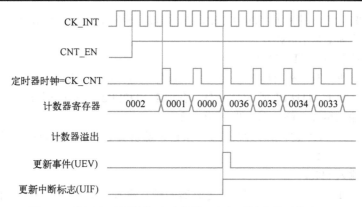

图 7-9 通用定时器计数器时序图（内部时钟分频系数为 2）

（3）向上/向下计数模式

向上/向下计数模式又称为中央对齐模式或双向计数模式，其工作过程如图 7-10 所示。计数器从 0 开始计数到自动加载的值（TIMx_ARR 寄存器）-1，产生一个计数器溢出事件，然后向下计数到 1，并且产生一个计数器下溢事件，再从 0 开始重新计数。在这个模式下，不能写入 TIMx_CR1 中的 DIR 方向位。它由硬件更新并指示当前的计数方向。可以在每次计数上溢和每次计数下溢时产生更新事件，触发中断或 DMA 请求。

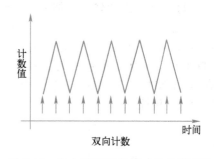

图 7-10 向上/向下计数模式的工作过程

对于一个工作在向上/向下计数模式下的通用定时器，当自动重装载寄存器 TIMx_ARR 的值为 0x06 时，内部时钟分频系数为 1（预分频寄存器 TIMx_PSC 的值为 0）的计数器时序图如图 7-11 所示。

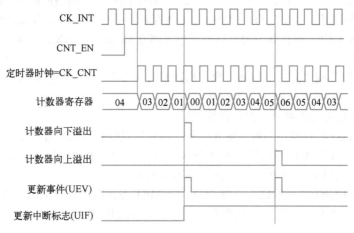

图 7-11 计数器时序图（内部时钟分频系数为 1）

3．时钟选择

相比于基本定时器单一的内部时钟源，STM32F407 通用定时器的 16 位计数器的时钟源有多种选择，可由以下时钟源提供。

（1）内部时钟（CK_INT）

内部时钟（CK_INT）来自 RCC 的 TIMxCLK。根据 STM32F407 时钟树，通用定时器 TIM2～

TIM5 内部时钟（CK_INT）的来源 TIM_CLK 与基本定时器相同，都来自 APB1 预分频器的输出。通常情况下，其时钟频率是 168MHz。

（2）外部输入捕获引脚 TIx（外部时钟模式 1）

外部输入捕获引脚 TIx（外部时钟模式 1）来自外部输入捕获引脚上的边沿信号。计数器可以在选定的输入端（引脚 1：TI1FP1 或 TI1F_ED；引脚 2：TI2FP2）的每个上升沿或下降沿计数。

（3）外部触发输入引脚 ETR（外部时钟模式 2）

外部触发输入引脚 ETR（外部时钟模式 2）来自外部引脚 ETR。计数器能在外部触发输入 ETR 的每个上升沿或下降沿计数。

（4）内部触发输入 ITRx

内部触发输入 ITRx 来自芯片内部其他定时器的触发输入，使用一个定时器作为另一个定时器的预分频器，例如，可以配置 TIM1 作为 TIM2 的预分频器。

4. 捕获/比较通道

每一个捕获/比较通道都围绕一个捕获/比较寄存器（包含影子寄存器），包括捕获的输入部分（数字滤波、多路复用和预分频器）和输出部分（比较器和输出控制）。输入部分对相应的 TIx 输入信号采样，并产生一个滤波后的信号 TIxF。然后，一个带极性选择的边缘检测器产生一个信号（TIxFPx），它可以作为从模式控制器的输入触发或者作为捕获控制。该信号通过预分频进入捕获寄存器（ICxPS）。输出部分产生一个中间波形 OCxRef（高有效）并作为基准，链的末端决定最终输出信号的极性。

7.3.3　通用定时器的工作模式

1. 输入捕获模式

在输入捕获模式下，当检测到 ICx 信号上相应的边沿后，计数器的当前值被锁存到捕获/比较寄存器（TIMx_CCRx）中。当捕获事件发生时，相应的 CCxIF 标志（TIMx_SR 寄存器）被置为 1，如果使能了中断或者 DMA 操作，则将产生中断或者 DMA 操作。如果捕获事件发生时 CCxIF 标志已经为高，那么重复捕获标志 CCxOF（TIMx_SR 寄存器）被置为 1。写 CCxIF=0 可清除 CCxIF，或读取存储在 TIMx_CCRx 寄存器中的捕获数据也可清除 CCxIF。写 CCxOF=0 可清除 CCxOF。

2. PWM 输入模式

该模式是输入捕获模式的一个特例，除下列区别外，操作与输入捕获模式相同：

1）2 个 ICx 信号被映射至同一个 TIx 输入。

2）这 2 个 ICx 信号边沿有效，但是极性相反。

3）其中一个 TIxFP 信号作为触发输入信号，而从模式控制器被配置成复位模式。例如，需要测量输入到 TI1 上的 PWM 信号的长度（TIMx_CCR1 寄存器）和占空比（TIMx_CCR2 寄存器），具体步骤如下（取决于 CK_INT 的频率和预分频器的值）：

① 选择 TIMx_CCR1 的有效输入：置 TIMx_CCMR1 寄存器的 CC1S=01（选择 TI1）。

② 选择 TI1FP1 的有效极性（用来捕获数据到 TIMx_CCR1 中和清除计数器）：置 CC1P=0（上升沿有效）。

③ 选择 TIMx_CCR2 的有效输入：置 TIMx_CCMR1 寄存器的 CC2S=10（选择 14478）。

④ 选择 TI1FP2 的有效极性（捕获数据到 TIMx_CCR2）：置 CC2P=1（下降沿有效）。

⑤ 选择有效的触发输入信号：置 TIMx_SMCR 寄存器中的 TS=101（选择 TI1FP1）。

⑥ 配置从模式控制器为复位模式：置 TIMx_SMCR 中的 SMS=100。

⑦ 使能捕获：置 TIMx_CCER 寄存器中的 CC1E=1 且 CC2E=1。

3. 强置输出模式

在输出模式（TIMx_CCMRx 寄存器中 CCxS=00）下，输出比较信号（OCxREF 和相应的

OCx）能够直接由软件强置为有效或无效状态，而不依赖于输出比较寄存器和计数器间的比较结果。置 TIMx_CCMRx 寄存器中相应的 OCxM=101，即可强置输出比较信号（OCxREF/OCx）为有效状态。这样，OCxREF 被强置为高电平（OCxREF 始终为高电平有效），同时 OCx 得到 CCxP 极性位相反的值。

例如，CCxP=0（OCx 高电平有效），则 OCx 被强置为高电平。置 TIMx_CCMRx 寄存器中的 OCxM=100，可强置 OCxREF 信号为低。该模式下，TIMx_CCRx 影子寄存器和计数器之间的比较仍然在进行，相应的标志也会被修改，因此仍然会产生相应的中断和 DMA 请求。

4．输出比较模式

此项功能用来控制一个输出波形，或者指示一段给定的时间已经到时。

当计数器与捕获/比较寄存器的内容相同时，输出比较功能做如下操作：

1）将输出比较模式（TIMx_CCMRx 寄存器中的 OCxM 位）和输出极性（TIMx_CCER 寄存器中的 CCxP 位）定义的值输出到对应的引脚上。在比较匹配时，输出引脚可以保持它的电平（OCxM=000）、被设置成有效电平（OCxM=001）、被设置成无效电平 OCxM=010）或进行翻转（OCxM=011）。

2）设置中断状态寄存器中的标志位（TIMx_SR 寄存器中的 CCxIF 位）。

3）若设置了相应的中断屏蔽（TIMx_DIER 寄存器中的 CCxIE 位），则产生一个中断。

4）若设置了相应的使能位（TIMx_DIER 寄存器中的 CCxDE 位，TIMx_CR2 寄存器中的 CCDS 位选择 DMA 请求功能），则产生一个 DMA 请求。

输出比较模式的配置步骤：

1）选择计数器时钟（内部、外部、预分频器）。

2）将相应的数据写入 TIMx_ARR 和 TIMx_CCRx 寄存器中。

3）如果要产生一个中断请求或一个 DMA 请求，则设置 CCxIE 位或 CCxDE 位。

4）选择输出模式，例如，当计数器 CNT 与 CCRx 匹配时翻转 OCx 的输出引脚，CCRx 预装载未用，开启 OCx 输出且高电平有效，则必须设置 OCxM=011、OCxPE=0、CCxP=0 和 CCxE=1。

5）设置 TIMx_CR1 寄存器的 CEN 位来启动计数器。

TIMx_CCRx 寄存器能够在任何时候通过软件进行更新以控制输出波形，条件是未使用预装载寄存器（OCxPE=0，否则 TIMx_CCRx 影子寄存器只能在发生下一次更新事件时被更新）。

5．PWM 模式

PWM 模式是一种特殊的输出模式，在电力、电子和电机控制领域得到广泛应用。

STM32F407 就是这样一款具有 PWM 输出功能的微控制器，除了基本定时器 TIM6 和 TIM7 外，其他的定时器都可以用来产生 PWM 输出。其中，高级定时器 TIM1 和 TIM8 可以同时产生多达 7 路的 PWM 输出。而通用定时器也能同时产生多达 4 路的 PWM 输出，STM32 最多可以同时产生 30 路 PWM 输出。

STM32F407 微控制器脉冲宽度调制模式可以产生一个由 TIMx_ARR 寄存器确定频率、由 TIMx_CCRx 寄存器确定占空比的信号，PWM 产生原理如图 7-12 所示。

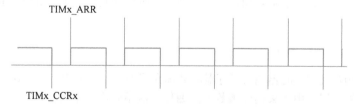

图 7-12　STM32F407 微控制器 PWM 产生原理

通用定时器 PWM 模式的工作过程如下：

1）若配置脉冲计数器 TIMx_CNT 为向上计数模式，自动重装载寄存器 TIMx_ARR 的预设为 N，则脉冲计数器 TIMx_CNT 的当前计数值 X 在时钟 CK_CNT（通常由 TIMACLK 经 TIMx_PSC 分频而得）的驱动下从 0 开始不断累加计数。

2）在脉冲计数器 TIMx_CNT 随着时钟 CK_CNT 触发进行累加计数的同时，脉冲计数 M_CNT 的当前计数值 x 与捕获/比较寄存器 TIMx_CCR 的预设值 A 进行比较：如果 X<A，则输出高电平（或低电平）；如果 X≥A，则输出低电平（或高电平）。

3）当脉冲计数器 TIMx_CNT 的计数值 x 大于自动重装载寄存器 TIMx_ARR 的预设值 N 时，脉冲计数器 TIMx_CNT 的计数值清零并重新开始计数。如此循环往复，得到的 PWM 的输出信号周期为（N+1）×TCK_CNT，其中，N 为自动重装载寄存器 TIMx_ARR 的预设值，TCK_CNT 为时钟 CK_CNT 的周期。PWM 输出信号脉冲宽度为 A*TCKCNT，其中，A 为捕获/比较寄存器 TIMx_CCR 的预设值，TCK_CNT 为时钟 CK_CNT 的周期。PWM 输出信号的占空比为 A/（N+1）。

当通用定时器被设置为向上计数，自动重装载寄存器 TIMx_ARR 的预设值为 8，4 个捕获/比较寄存器 TIMx_CCRx 分别设为 0、4、8 和大于 8 时，通用定时器的 4 个 PWM 通道的输出时序 OCxREF 和触发中断时序 CCxIF 图如图 7-13 所示。例如，在 TIMx_CCR=4 的情况下，当 TIMx_CNT<4 时，OCxREF 输出高电平；当 TIMx_CNT≥4 时，OCxREF 输出低电平，并在比较结果改变时触发 CCxIF 中断标志。此 PWM 的占空比为 4/（8+1）。

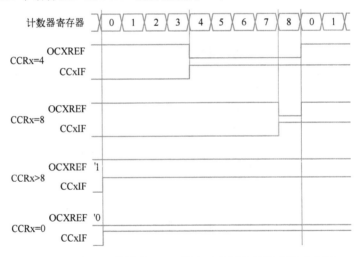

图 7-13　向上计数模式 PWM 输出时序图和触发中断时序图

需要注意的是，在 PWM 输出模式下，脉冲计数器 TIMx_CNT 的计数模式有向上计数、向下计数和向上/向下计数（中央对齐）3 种。以上仅介绍其中的向上计数方式，读者在掌握了通用定时器向上计数模式的 PWM 输出原理后，由此及彼，通用定时器的其他两种计数模式的 PWM 输出也就容易推出了。

7.3.4　通用定时器的寄存器

现将 STM32F407 通用定时器相关寄存器的名称介绍如下，可以用半字（16 位）或字（位）的方式操作这些外设寄存器。由于采用库函数方式编程，故不做进一步的探讨。

1）控制寄存器 1（TIMx_CR1）。

2）控制寄存器 2（TIMx_CR2）。

3）从模式控制寄存器（TIMx_SMCR）。

4）DMA/中断使能寄存器（TIMx_DIER）。

5）状态寄存器（TIMx_SR）。

6）事件产生寄存器（TIMx_EGR）。

7）捕获/比较模式寄存器 1（TIMx_CCMR1）。

8）捕获/比较模式寄存器 2（TIMx_CCMR2）。

9）捕获/比较使能寄存器（TIMx_CCER）。

10）计数器（TIMx_CNT）。

11）预分频器（TIMx_PSC）。

12）自动重装载寄存器（TIMx_ARR）。

13）捕获/比较寄存器 1（TIMx_CCR1）。

14）捕获/比较寄存器 2（TIMx_CCR2）。

15）捕获/比较寄存器 3（TIMx_CCR3）。

16）捕获/比较寄存器 4（TIMx_CCR4）。

17）DMA 控制寄存器（TIMx_DCR）。

18）连续模式的 DMA 地址（TIMx_DMAR）。

综上所述，与基本定时器相比，STM32F407 通用定时器具有以下不同特性：

1）具有自动重装载功能的 16 位递增/递减计数器，其内部时钟（CK_CNT）的来源 TIMxCLK 为 APB1 预分频器的输出。

2）具有 4 个独立的通道，每个通道都可用于输入捕获、输出比较、PWM 输入和输出，以及单脉冲模式输出等。

3）在更新（向上溢出/向下溢出）、触发（计数器启动/停止）、输入捕获以及输出比较事件时，可产生中断/DMA 请求。

4）支持针对定位的增量（正交）编码器和霍尔传感器电路。

5）使用外部信号控制定时器和定时器互连的同步电路。

7.4 STM32F4 定时器 HAL 库函数

7.4.1 基础定时器 HAL 驱动程序

基础定时器只有定时这一个基本功能，在计数溢出时产生的 UEV 事件是基础定时器中断的唯一事件源。根据控制寄存器 TIMx_CR1 中 OPM（One Pulse Mode）位的设定值不同，基础定时器有两种定时模式：连续定时模式和单次定时模式。

1）当 OPM 位是 0 时，定时器是连续定时模式，也就是计数器在发生 UEV 事件时不停止计数。所以在连续定时模式下，可以产生连续的 UEV 事件，也就可以产生连续、周期性的定时中断，这是定时器默认的工作模式。

2）当 OPM 位是 1 时，定时器是单次定时模式，也就是计数器在发生下一次 UEV 事件时会停止计数。所以在单次定时模式下，如果启用了 UEV 事件中断，在产生一次定时中断后，定时器就停止计数了。

1. 基础定时器主要函数

表 7-2 是基础定时器的一些主要的 HAL 驱动函数。所有定时器都具有定时功能，所以这些函数对于通用定时器、高级控制定时器也是适用的。

表 7-2　基础定时器的一些主要的 HAL 驱动函数

分组	函数名	功能描述
初始化	HAL_TIM_Base_Init ()	定时器初始化，设置各种参数和连续定时模式
	HAL_TIM_OnePulse_Init ()	将定时器配置为单次定时模式，需要先执行 HAL_TIM_Base_Init()
	HAL_TIM_Base_MspInit ()	MSP 弱函数，在 HAL_TIM_Base_Init()里被调用，重新实现的这个函数一般用于定时器时钟使能和中断设置
启动和停止	HAL_TIM_Base_Start ()	以轮询工作方式启动定时器，不会产生中断
	HAL_TIM_Base_Stop ()	停止轮询工作方式的定时器
	HAL_TIM_Base_Start_IT ()	以中断工作方式启动定时器，发生 UEV 事件时产生中断
	HAL_TIM_Base_Stop_IT ()	停止中断工作方式的定时器
	HAL_TIM_Base_Start_DMA ()	以 DMA 工作方式启动定时器
	HAL_TIM_Base_Stop_DMA ()	停止 DMA 工作方式的定时器
获取状态	HAL_TIM_Base_GetState ()	获取基本定时器的当前状态

（1）定时器初始化

函数 HAL_TIM_Base_Init()对定时器的连续定时工作模式和参数进行初始化设置，其原型定义如下：

HAL_StatusTypeDef HAL_TIM_Base_Init(TIM_HandleTypeDef *htim);

其中，参数 htim 是定时器外设对象指针，是 TIM_HandleTypeDef 结构体类型指针，这个结构体类型的定义在文件 stm32f4xx_hal_tim.h 中，其定义如下，各成员变量的意义见注释。

```
typedef struct
{
TIM_Typedef              *Instance;     //定时器的寄存器基址
TIM_Base_InitTypeDef     Init;          //定时器参数
HAL_TIM_ActiveChannel    Channe1;       //当前通道
DMA_HandleTypeDef        *hdma[7];       //DMA 处理相关数组
HAL_LockTypeDef          Lock;          //是否锁定
__IO HAL_TIM_StateTypeDef State;        //定时器的工作状态
} TIM_HandleTypeDef;
```

其中，Instance 是定时器的寄存器基址，用于表示具体是哪个定时器；Init 是定时器的各种参数，是一个结构体类型 TIM_Base_InitTypeDef，这个结构体的定义如下，各成员变量的意义见注释。

```
typedef struct
{
uint32_t  Prescaler;          //预分频系数
uint32_t  CounterMode;        //计数模式，递增、递减、递增/递减
uint32_t  Period;             //计数周期
uint32_t  ClockDivision;      //内部时钟分频，基本定时器无此参数
uint32_t  RepetitionCounter;  //重复计数器值，用于 PWM 模式
uint32_t  AutoReloadPreload;  //是否开启寄存器 TIMx_ARR 的缓存功能
}TIM_Base_InitTypeDef;
```

要初始化定时器，一般是先定义一个 TIM_HandleTypeDef 类型的变量表示定时器，对其各个成

员变量赋值，然后调用函数 HAL_TIM_Base_Init()进行初始化。定时器的初始化设置可以在 STM32CubeMX 里可视化完成，从而自动生成初始化函数代码。

函数 HAL_TIM_Base_Init()会调用 MSP 函数 HAL_TIM_Base_MspInit()，这是一个弱函数，在 STM32CubeMX 生成的定时器初始化程序文件里会重新实现这个函数，用于开启定时器的时钟，设置定时器的中断优先级。

（2）配置为单次定时模式

定时器默认工作于连续定时模式，如果要配置定时器工作于单次定时模式，在调用定时器初始化函数 HAL_TIM_Base_Init()之后，还需要用函数 HAL_TIM_OnePulse_Init()将定时器配置为单次模式。其原型定义如下：

HAL_StatusTypeDef HAL_TIM_OnePulse_Init(TIM_HandleTypeDef *htim, uint32_t OnePulseMode)

其中，参数 htim 是定时器对象指针，参数 OnePulseMode 是产生脉冲的方式，有两种宏定义常量可作为该参数的取值。

1）TIM_OPMODE_SINGLE，单次模式，就是将控制寄存器 TIMx_CR1 中的 OPM 位置 1。

2）TIM_OPMODE_REPETITIVE，重复模式，就是将控制寄存器 TIMx_CR1 中的 OPM 位置 0。

函数 HAL_TIM_OnePulse_Init()其实是用于定时器单脉冲模式的一个函数，单脉冲模式是定时器输出比较功能的一种特殊模式。在定时器的 HAL 驱动程序中有一组以 "HAL_TIM_OnePulse" 为前缀的函数，它们是专门用于定时器输出比较的单脉冲模式的。

在配置定时器的定时工作模式时，只是为了使用函数 HAL_TIM_OnePulse_Init()将控制寄存器 TIMx_CR1 中的 OPM 位置 1，从而将定时器配置为单次定时模式。

（3）启动和停止定时器

定时器有 3 种启动和停止方式，对应于表 7-2 中的 3 组函数。

1）轮询方式。以函数 HAL_TIM_Base_Start()启动定时器后，定时器会开始计数，计数溢出时会产生 UEV 事件标志，但是不会触发中断。用户程序需要不断地查询计数值或 UEV 事件标志来判断是否发生了计数溢出。

2）中断方式。以函数 HAL_TIM_Base_Start_IT()启动定时器后，定时器会开始计数，计数溢出时会产生 UEV 事件，并触发中断。用户在中断 ISR 里进行处理即可，这是定时器最常用的处理方式。

3）DMA 方式。以函数 HAL_TIM_Base_Start_DMA()启动定时器后，定时器会开始计数，计数溢出时会产生 UEV 事件，并产生 DMA 请求。DMA 一般用于需要进行高速数据传输的场合，定时器一般用不着 DMA 功能。

实际使用定时器的周期性连续定时功能时，一般使用中断方式。函数 HAL_TIM_Base_Start_IT()的原型定义如下：

HAL_StatusTypeDef HAL_TIM_Base_Start_IT(TIM_HandleTypeDef *htim);

其中，参数 htim 是定时器对象指针。其他几个启动和停止定时器的函数参数与此相同。

（4）获取定时器运行状态

函数 HAL_TIM_Base_GetState()用于获取定时器的运行状态，其原型定义如下：

HAL_TIM_StateTypeDef HAL_TIM_Base_GetState(TIM_HandleTypeDef *htim);

函数返回值是枚举类型 HAL_TIM_StateTypeDef，表示定时器的当前状态。这个枚举类型的定义如下，各枚举常量的意义见注释。

```
typedef enum
{
    HAL_TIM_STATE_RESET     =0x00U,      /* 定时器还未被初始化，或被禁用了 */
    HAL_TIM_STATE_READY     =0x01U,      /* 定时器已经初始化，可以使用了 */
    HAL_TIM_STATE_BUSY      = 0x02U,     /* 一个内部处理过程正在执行 */
    HAL_TIM_STATE_TIMEOUT   =0x03U,      /* 定时到期（Timeout）状态 */
    HAL_TIM_STATE_ERROR     =0x04U       /* 发生错误，Reception 过程正在运行 */
}HAL_TIM_StateTypeDef;
```

2．其他通用操作函数

文件 stm32f4xx_hal_tim.h 定义了定时器操作的一些通用函数，这些函数都是宏函数，直接操作寄存器，主要用于在定时器运行时直接读取或修改某些寄存器的值，如修改定时周期、重新设置预分频系数等，如表 7-3 所示。表中寄存器名称用了前缀"TIMx_"，其中的"x"可以用具体的定时器编号替换，例如，TIMx_CR1 表示 TIM6_CR1、TIM7_CR1 或 TIM9_CR1 等。

表 7-3　定时器操作部分通用函数

函数名	功能描述
_HAL_TIM_ENABLE ()	启用某个定时器，就是将定时器控制寄存器 TIMx_CR1 的 CEN 位置 1
_HAL_TIM_DISABLE ()	禁用某个定时器
_HAL_TIM_GET_COUNTER ()	在运行时读取定时器的当前计数值，就是读取 TIMx_CNT 寄存器的值
_HAL_TIM_SET_COUNTER ()	在运行时设置定时器的计数值，就是设置 TIMx_CNT 寄存器的值
_HAL_TIM_GET_AUTORELOAD ()	在运行时读取自重载寄存器 TIMx_ARR 的值
_HAL_TIM_SET_AUTORELOAD ()	在运行时设置自重载寄存器 TIMx_ARR 的值，并改变定时的周期
_HAL_TIM_SET_PRESCALER ()	在运行时设置预分频系数，就是设置预分频寄存器 TIMx_PSC 的值

这些函数都需要一个定时器对象指针作为参数，例如，启用定时器的函数定义如下：

```
#define _HAL_TIM_ENABLE(_HANDLE_) ((_HANDLE_)->Intendance->CR1|= (TIMx_CR1 CR1_CEN))
```

其中，参数_HANDLE_表示定时器对象的指针，即 TIM_HandleTypeDef 类型的指针。

函数的功能就是将定时器的 TIMx_CR1 寄存器的 CEN 位置 1。这个函数的使用示意代码如下：

```
TIM_HandleTypeDef   htim6;          //定时器 TIM6 的外设对象变量
_HAL_TIM_ENABLE(&htim6);
```

读取寄存器的函数会返回一个数值，例如，读取当前计数值的函数定义如下：

```
#define _HAL_TIM_GET_COUNTER(_HANDLE_) ((_HANDLE_)->Instance->CNT)
```

其返回值就是寄存器 TIMx_CNT 的值。有的定时器是 32 位的，有的是 16 位的，实际使用时用 uint32_t 类型的变量存储函数返回值即可。

设置某个寄存器的值的函数有两个参数，例如，设置当前计数值的函数的定义如下：

```
#define _HAL_TIM_SET_COUNTER(_HANDLE_,_COUNTER_)((_HANDLE_)->Instance->CNT=
(_COUNTER_))
```

其中，参数_HANDLE_表示定时器的指针，参数_COUNTER_表示需要设置的值。

3. 中断处理

定时器中断处理相关函数如表 7-4 所示,这些函数对所有定时器都是适用的。

表 7-4 定时器中断处理相关函数

函数名	函数功能描述
_HAL_TIM_ENABLE_IT ()	启用某个事件的中断,就是将中断使能寄存器 TIMx_DIER 中相应事件位置 1
_HAL_TIM_DISABLE_IT ()	禁用某个事件的中断,就是将中断使能寄存器 TIMx_DIER 中相应事件位置 0
_HAL_TIM_GET_FLAG ()	判断某个中断事件源的中断挂起标志位是否被置位,就是读取状态寄存器 TIMx_SR 中相应的中断事件位是否置 1,返回值为 TRUE 或 FALSE
_HAL_TIM_CLEAR_FLAG ()	清除某个中断事件源的中断挂起标志位,就是将状态寄存器 TIMx_SR 中相应的中断事件位清零
_HAL_TIM_CLEAR_IT ()	与 _HAL_TIM_CLEAR_FLAG()的代码和功能完全相同
_HAL_TIM_GET_IT_SOURCE ()	查询是否允许某个中断事件源产生中断,就是检查中断使能寄存器 TIMx_DIER 中相应事件位是否置 1,返回值为 SET 或 RESET
HAL_TIM_IRQHandler ()	定时器中断的 ISR 里调用的定时器中断通用处理函数
HAL_TIM_PeriodElapsedCallback ()	弱函数,UEV 事件中断的回调函数

每个定时器都只有一个中断号,也就是只有一个 ISR。基本定时器只有一个中断事件源,即 UEV 事件,但是通用定时器和高级控制定时器有多个中断事件源。在定时器的 HAL 驱动程序中,每一种中断事件都对应一个回调函数,HAL 驱动程序会自动判断中断事件源,清除中断事件挂起标志,然后调用相应的回调函数。

(1)中断事件类型

文件 stm32f4xx_hal_tim.h 定义了表示定时器中断事件类型的宏,定义如下:

```
#define  TIM_IT_UPDATE   TIM_DIER_UIE      //更新中断(Update interrupt)
#define  TIM_IT_CC1       TIM_DIER_CC1IE   //捕获/比较 1 中断(Capture/Compare 1 interrupt)
#define  TIM_IT_CC2       TIM_DIER_CC2IE   //捕获/比较 2 中断(Capture/Compare 2 interrupt)
#define  TIM_IT_CC3       TIM_DIER_CC3IE   //捕获/比较 3 中断(Capture/Compare 3 interrupt)
#define  TIM_IT_CC4       TIM_DIER_CC4IE   //捕获/比较 4 中断(Capture/Compare 4 interrupt)
#define  TIM_IT_COM       TIM_DIER_COMIE   //换相中断(Commutation interrupt)
#define  TIM_IT_TRIGGER   TIM_DIER_TIE     //触发中断(Trigger interrupt)
#define  TIM_IT_BREAK     TIM_DIER_BIE     //断路中断(Break interrupt)
```

这些宏定义实际上是定时器的中断使能寄存器(TIMx_DIER)中相应位的掩码。基本定时器只有一个中断事件源,即 TIM_IT_UPDATE,其他中断事件源是通用定时器或高级控制定时器才有的。

表 7-4 中的一些宏函数需要以中断事件类型作为输入参数,就是用以上的中断事件类型的宏定义。例如,函数 _HAL_TIM_ENABLE_IT()的功能是开启某个中断事件源,也就是在发生这个事件时允许产生定时器中断,否则只是发生事件而不会产生中断。该函数定义如下:

```
#define_HAL_TIM_ENABLE_IT(_HANDLE_,_INTERRUPT_)((_HANDLE_)->Instance->DIER|=
(_INTERRUPT_))
```

其中,参数_HANDLE_表示定时器对象指针,_INTERRUPT_表示某个中断类型的宏定义。这个函数的功能就是将中断使能寄存器(TIMx_DIER)中对应于中断事件_INTERRUPT_的位置 1,从而开启该中断事件源。

（2）定时器中断处理流程

每个定时器都只有一个中断号，也就是只有一个 ISR。STM32CubeMX 生成代码时，会在文件 stm32f4xx_it .c 中生成定时器中断 ISR 的代码框架。例如，TIM6 的 ISR 代码如下：

```
void TIM6_DAC_IRQHandler(void)
{
/* USER CODE BEGIN TIM6_DAC_IRQn 0 */
/* USER CODE END TIM6_DAC_IRQn 0 */
HAL_TIM_IRQHandler(&htim6);
/* USER CODE BEGIN TIM6_DAC_IRQn 1 */
/*   USER CODE END TIM6_DAC_IRQn 1 */
}
```

其实，所有定时器的 ISR 代码都与此类似，都调用函数 HAL_TIM_IRQHandler()，只是传递了各自的定时器对象指针，这与 EXTI 中断的 ISR 的处理方式类似。

所以，函数 HAL_TIM_IRQHandler()是定时器中断通用处理函数。跟踪分析这个函数的源代码，发现它的功能就是判断中断事件源、清除中断挂起标志位、调用相应的回调函数。例如，这个函数里判断中断事件是否是 UEV 事件的代码如下：

```
/*TIM（定时器）更新事件 */
If(_HAL_TIM_GET_FLAG(htim，TIM_FLAG_UPDATE)!= RESET)   //事件的中断挂起标志位是否置位
{
    If(_HAL_TIM_GET_IT_SOURCE(htim，TIM_IT_UPDATE)!= RESET) //事件的中断是否已开启
    {
    _HAL_TIM_CLEAR_IT(htim, TIM_IT_UPDATE);      //清除中断挂起标志位
    HAL_TIM_PeriodElapsedCallback(htim);         //执行事件的中断回调函数
    }
}
```

可以看到，它先调用函数_HAL_TIM_GET_FLAG()判断 UEV 事件的中断挂起标志位是否被置位，再调用函数_HAL_TIM_GET_IT_SOURCE()判断是否已开启了 UEV 事件源中断。如果这两个条件都成立，则说明发生了 UEV 事件中断，此时调用函数_HAL_TIM_CLEAR_IT()清除 UEV 事件的中断挂起标志位，再调用 UEV 事件中断对应的回调函数 HAL_TIM_PeriodElapsedCallback()。

所以，用户要做的事情就是重新实现回调函数 HAL_TIM_PeriodElapsedCallback()，在定时器发生 UEV 事件中断时做相应的处理。判断中断是否发生、清除中断挂起标志位等操作都由 HAL 库函数完成了。这大大简化了中断处理的复杂度，特别是在一个中断号有多个中断事件源时。

基本定时器只有一个 UEV 中断事件源，只需重新实现回调函数 HAL_TIM_PeriodElapsed Callback()。通用定时器和高级控制定时器有多个中断事件源，对应不同的回调函数。

7.4.2 外设的中断处理概念小结

第 6 章介绍了外部中断处理的相关函数和流程，本章又介绍了基本定时器中断处理的相关函数和流程，从中可以发现一个外设的中断处理所涉及的一些概念、寄存器和常用的 HAL 函数。

每一种外设的 HAL 驱动程序头文件中都定义了一些以"_HAL"开头的宏函数，这些宏函数直接操作寄存器，几乎每一种外设都有表 7-5 中的宏函数。这些函数分为 3 组，操作 3 个寄存器。一般的外设都有这样 3 个独立的寄存器，也有将功能合并的寄存器，所以，这里的 3 个寄存器是概念上的。在表 7-5 中，用"×××"表示某种外设。

搞清楚表 7-5 中涉及的寄存器和宏函数的作用，对于理解 HAL 库的代码和运行原理，从而灵活使用 HAL 库是很有帮助的。

表 7-5　一般外设都定义的宏函数及其作用

寄存器	宏函数	功能描述	示例函数
外设控制寄存器	_HAL_XXX_ENABLE ()	启用某个外设×××	_HAL_TIM_ENABLE ()
	_HAL_XXX_DISABLE ()	禁用某个外设×××	_HAL_XXX_DISABLE ()
中断使能寄存器	_HAL_XXX_ENABLE_IT ()	允许某个事件触发硬件中断，就是将中断使能寄存器中对应的事件使能控制位置 1	_HAL_XXX_ENABLE_IT ()
	_HAL_TIM_DISABLE_IT ()	允许某个事件触发硬件中断，就是将中断使能寄存器中对应的事件使能控制位置 0	_HAL_TIM_DISABLE_IT ()
	_HAL_XXX_GET_IT_SOURCE ()	判断某个事件的中断是否开启，就是检查中断使能寄存器中相应事件使能控制位是否置 1，返回值为 SET 或 RESET	_HAL_TIM_GET_IT_SOURCE ()
状态寄存器	_HAL_XXX_GET_FLAG()	判断某个事件的挂起标志位是否被置位，返回值为 TRUE 或 FALSE	_HAL_TIM_GET_FLAG ()
	_HAL_TIM_CLEAR_FLAG ()	清除某个事件的挂起标志位	_HAL_TIM_CLEAR_FLAG ()
	_HAL_XXX_CLEAR_IT ()	与 _HAL_×××_CLEAR_FLAG() 的代码和功能相同	_HAL_TIM_CLEAR_IT ()

1．外设控制寄存器

外设控制寄存器中有用于控制外设使能或禁用的位，通过函数_HAL_×××_ENABLE()启用外设，用函数_HAL_×××_DISABLE()禁用外设。一个外设被禁用后就停止工作了，也就不会产生中断了。例如，定时器 TIM6 的控制寄存器 TIM46_CR1 的 CEN 位就是控制 TIM6 定时器是否工作的位。通过函数_HAL_TIM_DISABLE()和_HAL_TIM_ENABLE()就可以操作这个位，从而停止或启用TIM6。

2．外设全局中断管理

NVIC 管理硬件中断，一个外设一般有一个中断号，称为外设的全局中断。一个中断号对应一个 ISR，发生硬件中断时自动执行中断的 ISR。

NVIC 管理中断的相关函数的主要功能包括启用或禁用硬件中断，设置中断优先级等。使用函数 HAL_NVIC_EnableIRQ()启用一个硬件中断，启用外设的中断且启用外设后，发生中断事件时才会触发硬件中断。使用函数 HAL_NVIC_DisableIRQ()禁用一个硬件中断，禁用中断后即使发生事件，也不会触发中断的 ISR。

3．中断使能寄存器

外设的一个硬件中断可能有多个中断事件源，例如，通用定时器的硬件中断就有多个中断事件源。外设有一个中断使能控制寄存器，用于控制每个事件发生时是否触发硬件中断。一般情况下，每个中断事件源在中断使能寄存器中都有一个对应的事件中断使能控制位。

例如，定时器 TIM6 的中断使能寄存器 TIM6_DIER 的 UIE 位是 UEV 事件的中断使能控制位。如果 UIE 位被置 1，那么定时溢出时产生 UEV 事件会触发 TIM6 的硬件中断，执行硬件中断的ISR。如果 UIE 位被置 0，那么定时溢出时仍然会产生 UEV 事件（也可通过寄存器配置是否产生UEV 事件，这里假设配置为允许产生 UEV 事件），但是不会触发 TIM6 的硬件中断，也就不会执行ISR。

对于每一种外设，HAL 驱动程序都为其中断使能寄存器中的事件中断使能控制位定义了宏，实际上就是这些位的掩码。例如，定时器的事件中断使能控制位宏定义如下：

#define	TIM_IT_UPDATE	TIM_DIER_UIE	//更新中断（Update Interrupt）
#define	TIM_IT_CC1	TIM_DIER_CC1IE	//捕获/比较 1 中断（Capture/Compare 1 Interrupt）
#define	TIM_IT_CC2	TIM_DIER_CC2IE	//捕获/比较 2 中断（Capture/Compare 2 Interrupt）
#define	TIM_IT_CC3	TIM_DIER_CC3IE	//捕获/比较 3 中断（Capture/Compare 3 Interrupt）
#define	TIM_IT_CC4	TIM_DIER_CC4IE	//捕获/比较 4 中断（Capture/Compare 4 Interrupt）
#define	TIM_IT_COM	TIM_DIER_COMIE	//换相中断（Commutation Interrupt）
#define	TIM_IT_TRIGGER	TIM_DIER_TIE	//触发中断（Trigger Interrupt）
#define	TIM_IT_BREAK	TIM_DIER_BIE	//断路中断（Break Interrupt）

函数_HAL_×××_ENABLE_IT()和_HAL_×××_DISABLE_IT()用于将中断使能寄存器中的事件中断使能控制位置位或复位，从而允许或禁止某个事件源产生硬件中断。

函数_HAL_×××_GET_IT_SOURCE()用于判断中断使能寄存器中某个事件使能控制位是否被置位，也就是判断这个事件源是否被允许产生硬件中断。

当一个外设有多个中断事件源时，将外设的中断使能寄存器中的事件中断使能控制位的宏定义作为中断事件类型定义，例如，定时器的中断事件类型就是前面定义的宏 TIM_IT_UPDATE、TIM_IT_CC1、TIM_IT_CC2 等。这些宏可以作为_HHAL_×××_ENABLE_IT（HANDLE_,_INTERRUPT_）等宏函数中参数_INTERRUPT_的取值。

4. 状态寄存器

状态寄存器中有表示事件是否发生的事件更新标志位，当事件发生时，标志位被硬件置 1，需要软件清零。例如，定时器 TIM6 的状态寄存器 TIM6_SR 中有一个 UIF 位，当定时溢出发生 UEV 事件时，UIF 位被硬件置 1。

注意，即使外设的中断使能寄存器中某个事件的中断使能控制位被置 0，事件发生时也会使状态寄存器中的事件更新标志位置 1，只是不会产生硬件中断。例如，用函数 HAL_TIM_Base_Start()以轮询方式启动定时器 TIM6 之后，发生 UEV 事件时，状态寄存器 TIM6_SR 中的 UIF 位会被硬件置 1，但是不会产生硬件中断，用户程序需要不断地查询状态寄存器 TIM6_SR 中的 UIF 位是否被置 1。

如果在中断使能寄存器中允许事件产生硬件中断，那么事件发生时，状态寄存器中的事件更新标志位会被硬件置 1，并且触发硬件中断，系统会执行硬件中断的 ISR。所以，一般将状态寄存器中的事件更新标志位称为事件中断标志位（Interrupt Flag）。在响应完事件中断后，用户需要用软件将事件中断标志位清零。例如，用函数 HAL_TIM_Base_Start_IT()以中断方式启动定时器 TIM6 之后，发生 UEV 事件时，状态寄存器 TIM6_SR 中的 UIF 位会被硬件置 1，并触发硬件中断，执行 TIM6 硬件中断的 ISR。在 ISR 里处理完中断后，用户需要调用函数_HAL_TIM_CLEAR_FLAG()将 UEV 事件中断标志位清零。

一般情况下，一个中断事件类型对应一个事件中断标志位，但也有一个事件类型对应多个事件中断标志位的情况。例如，下面是定时器的事件中断标志位宏定义，它们可以作为宏函数_HAL_TIM_CLEAR_FLAG(_HANDLE_,_FLAG_)中参数_FLAG_的取值。

#define TIM_FLAG_UPDATE	TIM_SR_UIF	/*! <更新中断标志 */
#define TIM_FLAG_CC1	TIM_SR_CC1IF	/*! <捕获/比较器 1 中断标志 */
#define TIM_FLAG_CC2	TIM_SR_CC2IF	/*! <捕获/比较器 2 中断标志 */
#define TIM_FLAG_CC3	TIM_SR_CC3IF	/*! <捕获/比较器 3 中断标志*/
#define TIM_FLAG_CC4	TIM_SR_CC4IF	/*! <捕获/比较器 4 中断标志*/
#define TIM_FLAG_COM	TIM_SR_COMIF	/*! <换向中断标志*/
#define TIM_FLAG_TRIGGER	TIM_SR_TIF	/*! < 触发中断标志*/
#define TIM_FLAG_BREAK	TIM_SR_BIF	/*! < 刹车中断标志*/

```
#define TIM_FLAG_CC10F      TIM_SR_CC10F     /*! <捕获器 1 过捕获标志 */
#define TIM_FLAG_CC20F      TIM_SR_CC20F     /*! <捕获器 2 过捕获标志 */
#define TIM_FLAG_CC30F      TIM_SR_CC30F     /*! <捕获器 3 过捕获标志 */
#define TIM_FLAG_CC40F      TIM_SR_CC40F     /*! < 捕获器 4 过捕获标志 */
```

当一个硬件中断有多个中断事件源时，在中断响应 ISR 中，用户需要先判断具体是哪个事件引发了中断，再调用相应的回调函数进行处理。一般用函数_HAL_×××_GET_FLAG()判断某个事件中断标志位是否被置位。调用中断处理回调函数之前或之后要调用函数_HAL_×××_CLEAR_FLAG()清除中断标志位，这样硬件才能响应下次的中断。

5．中断事件对应的回调函数

在 STM32Cube 编程方式中，STM32CubeMX 为每个启用的硬件中断号生成 ISR 代码框架，ISR 里调用 HAL 库中外设的中断处理通用函数，例如，定时器的中断处理通用函数是HAL_TIM_IRQHandler()。在中断处理通用函数里再判断引发中断的事件源、清除事件的中断标志位、调用事件处理回调函数。例如，函数 HAL_TIM_IRQHandler()中判断是否由 UEV 事件（中断事件类型宏 TIM_IT_UPDATE，事件中断标志位宏 TIM_FLAG_UPDATE）引发中断并进行处理的代码如下：

```
void HAL_TIM_IRQHandler(TIM_HandleTypeDef *htim)
{
 /*  省略其他代码  */
/*  TIM（定时器）更新事件*/
if(_HAL_TIM_GET_FLAG(htim, TIM_FLAG_UPDATE)!=RESET)            //事件的中断标志是否置位
{
if(_HAL_TIM_GET_IT_SOURCE(htim, TIM_IT_UPDATE)!=RESET)        //是否允许该事件中断
{
_HAL_TIM_CLEAR_IT(htim, TIM_IT_UPDATE);         //清除中断标志位
HAL_TIM_PeriodElapsedCallback(htim);            //执行事件的中断回调函数
}
}
/*  省略其他代码    */
}
```

当一个外设的硬件中断有多个中断事件源时，主要的中断事件源一般对应一个中断处理回调函数。用户要对某个中断事件进行处理，只需要重新实现对应的回调函数就可以了。在后面介绍各种外设时，我们会具体介绍外设的中断事件源和对应的回调函数。

但要注意，不一定外设的所有中断事件源都有对应的回调函数，例如，USART 接口的某些中断事件源就没有对应的回调函数。另外，HAL 库中的回调函数也不全都是用于中断处理的，也有一些其他用途的回调函数。

7.5　采用 STM32CubeMX 和 HAL 库的定时器应用实例

7.5.1　STM32F4 的通用定时器配置流程

通用定时器具有多种功能，其原理大致相同，但其流程有所区别。这里以使用中断方式为例，主要包括 3 部分，即 NVIC 设置、TIM 中断配置、定时器中断服务程序。

下面对每个步骤通过库函数的实现方式描述。首先要提到的是定时器相关的库函数主要在

HAL 库文件 stm32f4xx_hal_tim.h 和 stm32f4xx_hal_tim.c 中。

定时器配置步骤如下：

1）TIM3 时钟使能。

HAL 中的定时器使能是通过宏定义标识符实现对相关寄存器操作的，方法如下：

```
_HAL_RCC_TIM3_CLK_ENABLE();        //使能 TIM3 时钟
```

2）初始化定时器参数，设置自动重装值、分频系数、计数方式等。

在 HAL 库中，定时器的初始化参数是通过定时器初始化函数 HAL_TIM_Base_Init()实现的：

```
HAL_StatusTypeDef HAL_TIM_Base_Init(TIM_HandleTypeDef *htim);
```

该函数只有一个入口参数，就是 TIM_HandleTypeDef 类型的结构体指针，下面为这个结构体的定义：

```
typedef struct
{
TIM_TypeDef                    *Instance;
TIM_Base_InitTypeDef           Init;
HAL_TIM_ActiveChannel          Channel;
DMA_HandleTypeDef              *hdma[7];
HAL_LockTypeDef                Lock;
__IO HAL_TIM_StateTypeDef      State;
}TIM_HandleTypeDef;
```

第 1 个参数 Instance 是寄存器基地址。和串口、看门狗等外设一样，一般外设的初始化结构体定义的第一个成员变量都是寄存器基地址。这在 HAL 中都定义好了，比如要初始化串口 1，那么 Instance 的值设置为 TIM1 即可。

第 2 个参数 Init 为真正的初始化结构体 TIM_Base_InitTypeDef 类型。该结构体定义如下：

```
typedef struct
{
uint32_t Prescaler;         //预分频系数
uint32_t CounterMode;       //计数方式
uint32_t Period;            //自动装载值 ARR
uint32_t ClockDivision;     //时钟分频因子
uint32_t RepetitionCounter;
} TIM_Base_InitTypeDef;
```

该初始化结构体中，参数 Prescaler 是用于设置分频系数的。参数 CounterMode 是用来设置计数模式的，可以设置为向上计数模式、向下计数模式或中央对齐计数模式，比较常用的是向上计数模式 TIM_CounterMode_Up 和向下计数模式 TIM_CounterMode_Down。参数 Period 表示设置自动重载计数周期值。参数 ClockDivision 用来设置时钟分频系数，也就是定时器时钟频率 CK_INT 与数字滤波器所使用的采样时钟之间的分频比。参数 RepetitionCounter 用来设置重复计数器寄存器的值，用在高级定时器中。

第 3 个参数 Channel 用来设置活跃通道。每个定时器最多有 4 个通道可以用于输出比较、输入捕获等功能。这里的 Channel 就是用来设置活跃通道的，取值范围为 HAL_TIM_ACTIVE_CHANNEL_1～HAL_TIM_ACTIVE_CHANNEL_4。

第 4 个参数 hdma 在使用定时器的 DMA 功能时用到，为了简单起见，暂时不讲解。

第 5 个和第 6 个参数 Lock 和 State 是状态过程标识符，是 HAL 库用来记录和标志定时器处理过程的。定时器初始化范例如下：

```
TIM_HandleTypeDef TIM3_Handler;        //定时器句柄
TIM3__Handler.Instance=TIM3;           //通用定时器 3
TIM3_Handler.Init.Prescaler= 7199;     //分频系数
TIM3_Handler.Init.CounterMode=TIM_COUNTERMODE_UP;        //向上计数器
TIM3_Handler.Init.Period=4999;         //自动装载值
TIM3_Handler.Init.ClockDivision=TIM_CLOCKDIVISION_DIV1;  //时钟分频系数
HAL_TIM_Base_Init(&TIM3_Handler);
```

3）使能定时器更新中断，使能定时器。

HAL 库中，使能定时器更新中断和使能定时器两个操作可以在函数 HAL_TIM_Base_Start_IT() 中一次完成，该函数声明如下：

```
HAL_StatusTypeDef HAL_TIM_Base_Start_IT(TIM_HandleTypeDef *htim);
```

该函数非常好理解，只有一个入口参数。调用该定时器之后，会首先调用_HAL_TIM_ENABLE_IT()宏定义使能更新中断，然后调用宏定义__HAL_TIM_ENABLE()使能相应的定时器。这里分别列出单独使能/关闭定时器中断和使能/关闭定时器的方法：

```
__HAL_TIM_ENABLE_IT(htim, TIM_IT_UPDATE);    //使能句柄指定的定时器更新中断
__HAL_TIM_DISABLE_IT (htim, TIM_IT_UPDATE);  //关闭句柄指定的定时器更新中断
__HAL_TIM_ENABLE(htim);    //使能句柄 htim 指定的定时器
__HAL_TIM_DISABLE(htim);   //关闭句柄 htim 指定的定时器
```

4）TIM3 中断优先级设置。

在定时器中断使能之后，因为要产生中断，所以必不可少地要设置 NVIC 相关寄存器，设置中断优先级。之前多次讲解到中断优先级的设置，这里就不重复讲解。

和串口等其他外设一样，HAL 库为定时器初始化定义了回调函数 HAL_TIM_Base_MspInit()。一般情况下，与 MCU 有关的时钟使能，以及中断优先级配置都会放在该回调函数内部。函数声明如下：

```
void HAL_TIM_Base_MspInit(TIM_HandleTypeDef *htim);
```

对于回调函数，这里不做过多讲解，只需要重写这个函数即可。

5）编写中断服务函数。

最后还要编写定时器中断服务函数，通过该函数处理定时器产生的相关中断。通常情况下，在中断产生后，通过状态寄存器的值判断此次产生的中断属于什么类型，然后执行相关的操作，这里使用的是更新（溢出）中断，所以在状态寄存器 SR 的最低位。在处理完中断之后应该向 TIM3_SR 的最低位写 0，清除该中断标志。

跟串口一样，对于定时器中断，HAL 库同样封装了处理过程。这里以定时器 3 的更新中断为例讲解。

首先，中断服务函数是不变的，定时器 3 的中断服务函数为：

```
TIM3_IRQHandler();
```

一般情况下是在中断服务函数内部编写中断控制逻辑。但是 HAL 库定义了新的定时器中断共

用处理函数 HAL_TIM_IRQHandler()，在每个定时器的中断服务函数内部会调用该函数。该函数声明如下：

    void HAL_TIM_IRQHandler(TIM_HandleTypeDef *htim);

而函数 HAL_TIM_IRQHandler()内部，会对相应的中断标志位进行详细判断，判断并确定中断来源后，会自动清掉该中断标志位，同时调用不同类型中断的回调函数。因此，开发者只需在中断回调函数中编写中断控制逻辑，而无须手动清除中断标志位。这种设计简化了中断处理流程，提高了代码的可维护性和可读性。

比如定时器更新中断回调函数为：

    void HAL_TIM_PeriodElapsedCallback(TIM_HandleTypeDef *htim);

跟串口中断回调函数一样，只需要重写该函数即可。对于其他类型的中断，HAL 库同样提供了几个不同的回调函数，这里列出常用的几个回调函数：

    void HAL_TIM_PeriodElapsedCallback(TIM_HandleTypeDef *htim);   //更新中断
    void HAL_TIM_OC_DelayElapsedCallback(TIM_HandleTypeDef *htim);   //输出比较
    void HAL_TIM_IC_CaptureCallback(TIM_HandleTypeDef *htim);   //输入捕获
    void HAL_TIM_TriggerCallback(TIM_HandleTypeDef *htim);   //触发中断

7.5.2 STM32F4 的定时器应用的硬件设计

本实例利用基本定时器 TIM6/7 定时 0.5s。0.5s 时间到，LED 翻转一次。基本定时器是单片机内部的资源，没有外部 I/O，不需要接外部电路，只需要一个 LED 灯即可。

7.5.3 STM32F4 的定时器应用的软件设计

在 HAL 库函数头文件 stm32f4xx_hal_tim.h 中对定时器外设建立了 4 个初始化结构体，基本定时器只用到其中一个，即 TIM_TimeBaseInitTypeDef，其实现如下：

```
typedef struct {
uint32_t Prescaler;             //预分频器
uint32_t CounterMode;           //计数模式
uint32_t Period;                //定时器周期
uint32_t ClockDivision;         //时钟分频
uint32_t RepetitionCounter;     //重复计算器
uint32_t AutoReloadPreload;     //自动预装载
} TIM_TimeBaseInitTypeDef;
```

这些结构体成员说明如下，其中，括号{}内的文字是对应参数在 STM32 HAL 库中定义的宏。

1）Prescaler：定时器预分频器设置，定时器时钟是通过对时钟源进行预分频后得出的。这可以通过设置 TIMx_PSC 寄存器的值来实现。预分频范围可设置为 0~65535，对应的分频系为 1~65536。

2）CounterMode：定时器计数方式，可设置为向上计数、向下计数以及中心对齐模式。基本定时器只能是向上计数，即 TIMx_CNT 只能从 0 开始递增，并且无须初始化。

3）Period：定时器周期，实际就是设定自动重载寄存器的值，在事件生成时更新到影子寄存器，可设置范围为 0~65535。

4）ClockDivision：时钟分频，设置定时器时钟 CK_INT 频率与数字滤波器采样时钟频率分频比，基本定时器没有此功能，不用设置。

5）RepetitionCounter：重复计数器，属于高级控制寄存器专用寄存器位，利用它可以非常容易地控制输出 PWM 的个数。这里不用设置。

6）AutoReloadPreload：计数器在计满一个周期之后会自动重新计数，也就是默认会连续运行。连续运行过程中如果修改了 Period，那么根据当前状态的不同有可能发生超出预料的过程。如果使能了 AutoReloadPreload，那么对 Period 的修改将会在完成当前计数周期后才更新。这里不用设置。

1. 通过 STM32CubeMX 新建工程

通过 STM32CubeMX 新建工程的步骤如下：

（1）新建文件夹

在 Demo 目录下新建文件夹 TIMER，这是保存本章新建工程的文件夹。

（2）新建 STM32CubeMX 工程

在 STM32CubeMX 开发环境中新建工程。

（3）选择 MCU 或开发板

Commercial Part Number 和 MCUs/MPUs List 选择 STM32F407ZGT6，单击 Start Project 按钮启动工程。

（4）保存 STM32Cube MX 工程

选择 STM32CubeMX 中的菜单 File→Save Project 命令，保存工程。

（5）生成报告

选择 STM32CubeMX 中的菜单 File→Generate Report 命令，生成当前工程的报告文件。

（6）配置 MCU 时钟树

在 STM32CubeMX 的 Pinout & Configuration 选项卡中，选择 System Core→RCC，High Speed Clock（HSE）根据开发板实际情况选择 Crystal/Ceramic Resonator（晶体/陶瓷晶振）。切换到 Clock Configuration 选项卡，根据开发板外设情况配置总线时钟。此处配置 Input frequency 为 25MHz、PLL Source Mux 为 HSE、分配系数/M 为 25、PLLMul 倍频为 336MHz、PLLCLK 分频/2 后为 168MHz、System Clock Mux 为 PLLCLK、APB1 Prescaler 为/4、APB2 Prescaler 为/2，其余默认设置即可。

（7）配置 MCU 外设

根据 LED 电路，整理出 MCU 连接的 GPIO 引脚的输入/输出配置，如表 7-6 所示。

表 7-6　MCU 连接的 GPIO 引脚的输入/输出配置

用户标签	引脚名称	引脚功能	GPIO 模式	上拉或下拉	端口速率
LED1_RED	PF6	GPIO_Output	推挽输出	上拉	最高
LED2_GREEN	PF7	GPIO_Output	推挽输出	上拉	最高
LED3_BLUE	PF8	GPIO_Output	推挽输出	上拉	最高

根据表 7-6 进行 GPIO 引脚的配置，具体步骤如下。

在 STM32CubeMX 的 Pinout & Configuration 选项卡中选择 System Core→GPIO，对使用的 GPIO 口进行设置。LED 输出端口包括 LED1_RED(PF6)、LED2_GREEN(PF7)和 LED3_BLUE(PF8)，配置完成后的 GPIO 端口页面如图 7-14 所示。

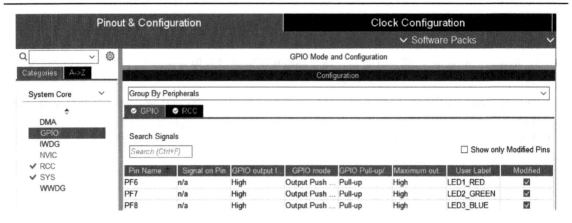

图 7-14   配置完成后的 GPIO 端口页面

在 STM32CubeMX 的 Pinout & Configuration 选项卡中选择 Timers→TIM6，对 TIM6 进行设置。Mode 选择 Activated，TIM6 所在的 APB1 总线时钟为 84MHz，设置定时器预分频器为(8400-1)，经过预分频器后得到 10kHz 的频率。设置定时器周期数为 4999，即计数 5000 次生成事件，这样定时器的周期为 0.5s。TIM6 配置页面如图 7-15 所示。

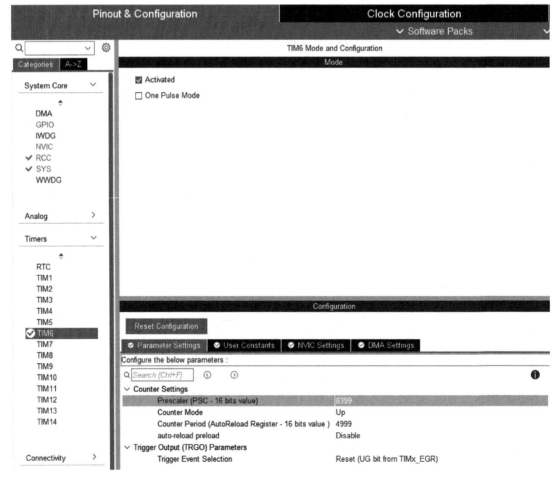

图 7-15   TIM6 配置页面

切换到 STM32CubeMX 的 Pinout & Configuration 选项卡中，选择 System Core→NVIC，修改 Priority Group 为 2 bits for pre-emption priority（2 位抢占优先级），Enabled 栏勾选 "TIM6 global interrupt,DAC1 and DAC2 underrun error interrupts"，修改 Preemption Priority（抢占优先级）为 0，Sub Priority（子优先级）为 3。TIM6 NVIC 配置页面如图 7-16 所示。

图 7-16 TIM6 NVIC 配置页面

在 Code Generation 页面中，Select for init sequence ordering 栏勾选 "TIM6 global interrupt,DAC1 and DAC2 underrun error interrupts"，NVIC Code Generation 配置页面如图 7-17 所示。

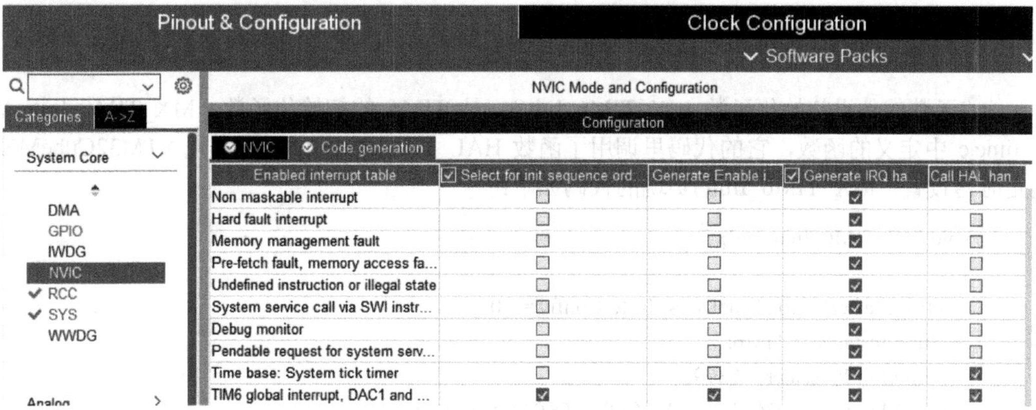

图 7-17 NVIC Code Generation 配置页面

（8）配置工程

在 STM32CubeMX 的 Project Manager 选项卡中，在 Project 栏下，Toolchain/IDE 选择 MDK-Arm，Min Version 选择 V5，可生成 Keil MDK 工程；选择 STM32CubeIDE，可生成 STM32CubeIDE 工程。

（9）生成 C 代码工程

在 STM32CubeMX 主页面，单击 GENERATE CODE 按钮，生成 C 代码工程。

2. 通过 Keil MDK 实现工程

通过 Keil MDK 实现工程的步骤如下：

（1）打开工程

打开 TIMER\MDK-Arm 文件夹下的工程文件。

（2）编译 STM32CubeMX 自动生成的 MDK 工程

在 MDK 开发环境中选择菜单 Project→Rebuild all target files 命令或单击工具栏中的 Rebuild 按钮 🔳 编译工程。

（3）STM32CubeMX 自动生成的 MDK 工程

main.c 文件中，函数 main()调用了 HAL_Init()函数以用于复位所有外设，初始化 Flash 接口和 Systick 定时器。SystemClock_Config()函数用于配置各种时钟信号频率。MX_GPIO_Init()函数初始化 GPIO 引脚。

文件 gpio.c 包含了函数 MX_GPIO_Init()的实现代码，代码如下：

```
void MX_GPIO_Init(void)
{
    GPIO_InitTypeDef GPIO_InitStruct = {0};
    /* GPIO 端口时钟使能 */
    __HAL_RCC_GPIOF_CLK_ENABLE();
    __HAL_RCC_GPIOH_CLK_ENABLE();
    /*配置 GPIO 引脚输出电平 */
    HAL_GPIO_WritePin(GPIOF, LED1_RED_Pin|LED2_GREEN_Pin|LED3_BLUE_Pin, GPIO_PIN_SET);
    /*配置 GPIO 引脚: PFPin PFPin PFPin */
    GPIO_InitStruct.Pin = LED1_RED_Pin|LED2_GREEN_Pin|LED3_BLUE_Pin;
    GPIO_InitStruct.Mode = GPIO_MODE_OUTPUT_PP;
    GPIO_InitStruct.Pull = GPIO_PULLUP;
    GPIO_InitStruct.Speed = GPIO_SPEED_FREQ_HIGH;
    HAL_GPIO_Init(GPIOF, &GPIO_InitStruct);
}
```

main()函数的外设初始化函数 MX_TIM6_Init()，是 TIM6 的初始化函数。MX_TIM6_Init()是在文件 time.c 中定义的函数，它的代码里调用了函数 HAL_TIM_Base_Init()来实现 STM32CubeMX 配置的定时器设置。MX_TIM6_Init()实现的代码如下：

```
void MX_TIM6_Init(void)
{
    TIM_MasterConfigTypeDef sMasterConfig = {0};
    htim6.Instance = TIM6;
    htim6.Init.Prescaler = 8399;
    htim6.Init.CounterMode = TIM_COUNTERMODE_UP;
    htim6.Init.Period = 4999;
    htim6.Init.AutoReloadPreload = TIM_AUTORELOAD_PRELOAD_DISABLE;
    if (HAL_TIM_Base_Init(&htim6) != HAL_OK)
    {
        Error_Handler();
    }
    sMasterConfig.MasterOutputTrigger = TIM_TRGO_RESET;
    sMasterConfig.MasterSlaveMode = TIM_MASTERSLAVEMODE_DISABLE;
```

```
    if (HAL_TIMEx_MasterConfigSynchronization(&htim6, &sMasterConfig) != HAL_OK)
    {
       Error_Handler();
    }
    /* USER CODE BEGIN TIM6_Init 2 */
    HAL_TIM_Base_Start_IT(&htim6);
    /* USER CODE END TIM6_Init 2 */
}
```

函数 MX_NVIC_Init() 实现中断的初始化，代码如下：

```
    static void MX_NVIC_Init(void)
    {
       /* TIM6_DAC_IRQn 中断配置 */
       HAL_NVIC_SetPriority(TIM6_DAC_IRQn, 0, 3);
       HAL_NVIC_EnableIRQ(TIM6_DAC_IRQn);
    }
```

（4）新建用户文件

在 TIMER\Core\Src 下新建 bsp_led.c，在 TIMER\Core\Inc 下新建 bsp_led.h。将 bsp_led.c 添加到工程 Application/User/Core 文件夹下。

（5）编写用户代码

1）在 bsp_led.h 和 bsp_led.c 文件中，实现 LED 操作的宏定义及 LED 初始化。

2）在 timer.c 文件中用 MX_TIM6_Init() 函数使能 TIM6 并更新中断。

```
    /* USER CODE BEGIN TIM6_Init 2 */
    HAL_TIM_Base_Start_IT(&htim6);
    /* USER CODE END TIM6_Init 2 */
```

3）在 timer.c 文件中添加中断回调函数 HAL_TIM_PeriodElapsedCallback()，翻转 LED1：

```
    void HAL_TIM_PeriodElapsedCallback(TIM_HandleTypeDef *htim)
    {
      if(htim==(&htim6))
         LED1_TOGGLE;   //LED1 翻转
    }
```

4）在 main.c 文件中添加对用户自定义头文件的引用：

```
    /* 私有头文件包含-----------------------------------------------------------------*/
    /* USER CODE BEGIN Includes */
    #include "bsp_led.h"
    /* USER CODE END Includes */
```

5）在 main.c 文件中添加对 LED1 的取反操作：

```
    /* USER CODE BEGIN 2 */
    LED_GPIO_Config();
    /* USER CODE END 2 */

    /* 无限循环 */
```

```
  /* USER CODE BEGIN WHILE */
  while (1)
  {

    /* USER CODE END WHILE */

    /* USER CODE BEGIN 3 */
  }
  /* USER CODE END 3 */
```

（6）重新编译工程

重新编译添加代码后的工程。

（7）配置工程仿真与下载项

在 MDK 开发环境中选择菜单 Project→Options for Target 命令或单击工具栏中的 ✕ 按钮配置工程。

打开 Debug 选项卡，选择使用的仿真下载器 ST-Link Debugger。在 Flash Download 下勾选 Reset and Run 选项，单击"确定"按钮。

（8）下载工程

连接好仿真下载器，开发板上电。

在 MDK 开发环境中选择菜单 Flash→Download 命令或单击工具栏中的 ✕ 按钮下载工程。

工程下载完成后，可以看到 LED1 以 1s 的频率闪烁一次。

习题

1．STM32F407 定时器的计数方式有_____、_____、_____。

2．STM32F407 计数寄存器是_____，自动重载寄存器是_____，预分频寄存器是_____。

3．若 TIMx_PSC=4，则时钟源的预分频系数是_____。

4．若 TIMx_ARR=89，则一次计数溢出的计数次数是_____。

5．什么是 PWM 信号？什么是占空比？请绘图举例。

6．递增计数模式是从 0 计数到_____的值，然后产生一次_____。

7．递减计数模式是从_____计数到 0 的值，然后产生一次向下溢出。中心对齐计数模式是先以递增计数模式从 0 计数到_____，然后产生一次向上溢出，再从_____计数到_____，然后产生一次向下溢出。

8．当使能了比较输出功能后，输出 PWM 波，在边沿比较模式下，寄存器_____控制 PWM 周期，寄存器_____控制占空比。

9．当使能了比较输出功能后，输出 PWM 波，在边沿比较模式下，当 TIMx_CNT 计数值在_____范围时，输出有效电平；在_____范围时，输出反向电平。

10．定时器 TIM2 挂载在 APB1 总线上，假设 PCLK1=45MHz，选择内部时钟作为计数时钟源（默认情况下，这一时钟源频率=2×PCLK1），TIM2_PSC=8，TIM2_ARR=49，则计数溢出一次的时间为多长？怎么计算？

11．编程序，使用 TIM1 产生 1s 的定时。

12．编程序，使用 TIM3 产生 PWM 波。

13．编程序，使用 TIM2 检测外部一未知时钟的频率。

第8章 USART 与开发实例

本章详细介绍 STM32F4 系列微控制器的 USART（通用同步/异步收发器）及其实例应用。首先，介绍了串行通信的基础知识，包括串行异步通信数据格式和串行同步通信的数据格式。然后，解析了 USART 的工作原理，并详细描述了其主要特性、功能、通信时序、中断机制及相关寄存器配置。接着，深入讲解了 USART 的 HAL 驱动程序，重点介绍了常用功能函数、宏函数以及中断事件与回调函数的使用方法。最后，通过具体实例展示了如何使用 STM32Cube 和 HAL 库进行 USART 串行通信的开发，实例涵盖了 USART 的基本配置流程、硬件设计和软件设计。通过学习本章，读者将掌握 USART 的基本概念与工作机制，能够熟练应用 HAL 库进行 USART 通信的开发，解决实际项目中的串行通信需求，为实现数据收发功能提供全面的指导和实用技巧。

8.1 串行通信基础

在串行通信中，参与通信的两台或多台设备通常共享一条物理通路。发送者依次逐位发送一串数据信号，按一定的约定规则被接收者接收。由于串行端口通常只是规定了物理层的接口规范，所以为确保每次传送的数据报文能准确到达目的地，使每一个接收者都能够接收到所有发向它的数据，必须在通信连接上采取相应的措施。

8.1.1 串行异步通信数据格式

无论是 RS-232 还是 RS-485，均可采用通用异步收发数据格式。

在串行端口的异步传输中，接收方一般事先并不知道数据会在什么时候到达，在它检测到数据并做出响应之前，第一个数据位就已经过去了。因此，每次异步传输都应该在发送数据之前设置至少一个起始位，以通知接收方有数据到达，给接收方一个准备接收数据、缓存数据和做出其他响应所需要的时间。而在传输过程结束时，应有一个停止位，通知接收方本次传输过程已终止，以便接收方正常终止本次通信而转入其他工作程序。

通用异步收发器（Universal Asynchronous Receiver/Transmitter，UART）通信的数据格式如图 8-1 所示。

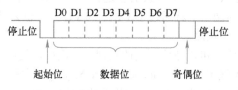

图 8-1 通用异步收发器（UART）通信的数据格式

若通信线上无数据发送，则该线路应处于逻辑 1 状态（高电平）。当计算机向外发送一个字符数据时，应先送出起始位（逻辑 0，低电平），随后紧跟着数据位，这些数据构成要发送的字符信息。有效数据位的个数可以规定为 5、6、7 或 8。奇偶校验位视需要设定，紧跟其后的是停止位（逻辑 1，高电平），其位数可在 1、1.5、2 中选择。

8.1.2   串行同步通信数据格式

串行同步通信是由 1～2 个同步字符和多字节数据位组成的，同步字符作为起始位以触发同步时钟开始发送或接收数据；多字节数据之间不允许有空隙，每位占用的时间相等；空闲位需发送同步字符。

串行同步通信传送的多字节数据由于中间没有空隙，因而传输速度较快，但要求有准确的时钟实现收发双方的严格同步，对硬件要求较高，适用于成批数据传送。串行同步收发通信的数据格式如图 8-2 所示。

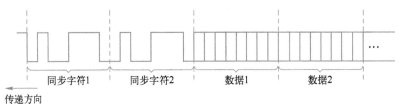

图 8-2   串行同步收发通信的数据格式

8.2   USART 工作原理

目前大多数半导体厂商选择在微控制器内部集成 UART 模块。ST 有限公司的 STM32F407 系列微控制器也不例外，在它内部配备了强大的 UART 模块 USART（Universal Synchronous/Asynchronous Receiver/Transmitter，通用同步/异步收发器）。STM32F407 的 USART 模块不仅具备 UART 接口的基本功能，而且还支持同步单向通信、LIN（Local Interconnect Network，局部互联网）协议、智能卡协议、IrDA SIR 编码/解码规范、调制解调器（CTS/RTS）操作。

8.2.1   USART 介绍

通用同步/异步收发器可以说是嵌入式系统中除了 GPIO 外最常用的一种外设，原因不在于其性能超强，而是因为 USART 简单、通用。自 Intel 公司 20 世纪 70 年代发明 USART 以来，上至服务器、PC 之类的高性能计算机，下到 4 位或 8 位的单片机几乎都配置了 USART 接口。通过 USART，嵌入式系统可以和绝大多数计算机系统进行简单的数据交换。USART 接口的物理连接也很简单，只要 2～3 根线即可实现通信。

与 PC 软件开发不同，很多嵌入式系统没有完备的显示系统，开发者在软硬件开发和调试过程中很难实时地了解系统的运行状态。一般开发者会选择用 USART 作为调试手段：开发者首先完成 USART 的调试，在后续功能的调试中就通过 USART 向 PC 发送嵌入式系统运行状态的提示信息，以便定位软硬件错误，加快调试进度。

USART 通信的另一个优势是可以适应不同的物理层。例如，使用 RS-232 或 RS-485 可以明显提升 USART 通信的距离，无线 FSK（Frequency Shift Keying，频移键控）调制可以降低布线施工的难度。所以 USART 口在工控领域也有着广泛的应用，是串行接口的工业标准（Industry Standard）。

通用同步异步收发器提供了一种灵活的方法与使用工业标准 NRZ 码（Non-Return to Zero Code，非归零码）异步串行数据格式的外部设备之间进行全双工数据交换。USART 利用分数波特率发生器提供宽范围的波特率选择。它支持同步单向通信和半双工单线通信，也支持 LIN（局部互联网）、智能卡协议和 IrDA（红外数据组织）SIR ENDEC 规范，以及调制解调器（CTS/RTS）操作。它还允许多处理器通信。使用多缓冲器配置的 DMA 方式，可以实现高速数据通信。

SM32F407 微控制器的小容量产品有 2 个 USART，中等容量产品有 3 个 USART，大容量产品有 3 个 USART 和 2 个 UART。

8.2.2　USART 的主要特性

USART 主要特性如下：

1）全双工，异步通信。

2）NRZ 标准格式。

3）分数波特率发生器系统。发送和接收共用的可编程波特率，最高达 10.5Mbit/s。

4）可编程数据字长度（8 位或 9 位）。

5）可配置的停止位（支持 1 或 2 个停止位）。

6）LIN 主发送同步断开符的能力以及 LIN 从检测断开符的能力。当 USART 硬件配置成 LIN 时，生成 13 位断开符；检测 10/11 位断开符。

7）发送方为同步传输提供时钟。

8）IRDA SIR 编码器/解码器。在正常模式下支持 3/16 位的持续时间。

9）智能卡模拟功能。智能卡接口支持 ISO7816-3 标准中定义的异步智能卡协议；智能卡用到 0.5 和 1.5 个停止位。

10）单线半双工通信。

11）可配置的使用 DMA 的多缓冲器通信。在 SRAM 中利用集中式 DMA 缓冲接收/发送字节。

12）单独的发送器和接收器使能位。

13）检测标志：接收缓冲器满、发送缓冲器空、传输结束标志。

14）校验控制：发送校验位、对接收数据进行校验。

15）4 个错误检测标志：溢出错误、噪声错误、帧错误、校验错误。

16）10 个带标志的中断源：CTS 改变、LIN 断开符检测、发送数据寄存器空、发送完成、接收数据寄存器满、检测到总线为空闲、溢出错误、帧错误、噪声错误、校验错误。

17）多处理器通信：如果地址不匹配，则进入静默模式。

18）从静默模式中唤醒：通过空闲总线检测或地址标志检测。

19）两种唤醒接收器的方式：地址位（MSB，第 9 位）、总线空闲。

8.2.3　USART 的功能

STM32F407 微控制器 USART 接口通过 3 个引脚与其他设备连接在一起，其内部结构如图 8-3 所示。

任何 USART 双向通信都至少需要两个引脚：接收数据输入（RX）和发送数据输出（TX）。

RX：接收数据串行输入。通过过采样技术区别数据和噪声，从而恢复数据。

TX：发送数据串行输出。当发送器被禁止时，输出引脚恢复到它的 I/O 端口配置。当发送器被激活且不发送数据时，TX 引脚处于高电平。在单线和智能卡模式下，此 I/O 被同时用于数据的发送和接收。

1）总线在发送或接收前应处于空闲状态。

2）一个起始位。

3）一个数据字（8 或 9 位），最低有效位在前。

4）0.5、1.5、2 个的停止位，由此表明数据帧结束。

5）分数波特率生成器采用 12 位整数和 4 位小数的格式表示。这种设计允许更精确地设置波特率，从而确保串行通信的准确性和一致性。

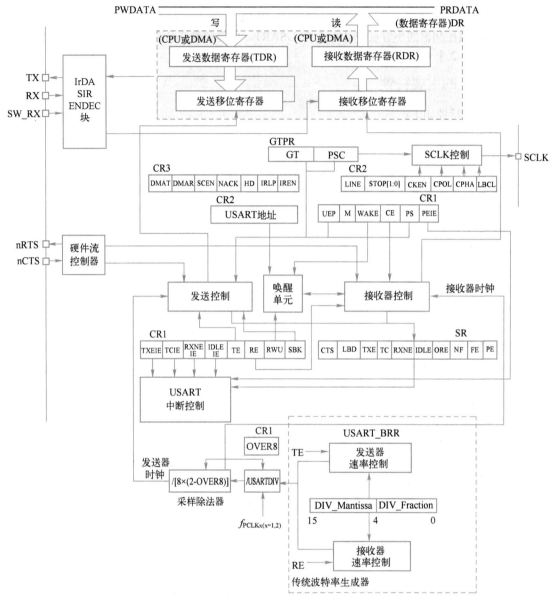

图 8-3　USART 内部结构

6）一个状态寄存器（USART_SR）。

7）数据寄存器（USART_DR）。

8）一个波特率寄存器（USART_BRR），包括 12 位的整数和 4 位小数。

9）一个智能卡模式下的保护时间寄存器（USART_GTPR）。

在同步模式下需要引脚 CK：发送器时钟输出。此引脚输出用于同步传输的时钟。这可以用来控制带有移位寄存器的外部设备（如 LCD 驱动器）。时钟相位和极性都是软件可编程的。在智能卡模式下，CK 可以为智能卡提供时钟。

在 IrDA 模式里需要下列引脚：

1）IrDA_RDI：IrDA 模式下的数据输入。

2）IrDA_TDO：IrDA 模式下的数据输出。

在硬件流控模式下需要以下引脚：

1）nCTS：清除发送，若是高电平，则在当前数据传输结束时阻断下一次的数据发送。

2）nRTS：发送请求，若是低电平，则表明 USART 准备好接收数据。

1. 波特率控制

波特率控制即图 8-3 下部虚线框的部分。通过对 USART 时钟的控制，可以控制 USART 的数据传输速度。

USART 外设时钟源根据 USART 编号的不同而不同：对于挂载在 APB2 总线上的 USART1，它的时钟源是 f_{PCLk2}；对于挂载在 APB1 总线上的其他 USART（如 USART2 和 USART3 等），它们的时钟源是 f_{PCLk1}。以上 USART 外设时钟源经各自 USART 的分频系数——USARTDIV 分频后，分别输出以作为发送器时钟和接收器时钟，控制发送和接收的时序。

通过改变 USART 外设时钟源的分频系数 USARTDIV，可以设置 USART 的波特率。

波特率决定了 USART 数据通信的速率，通过设置波特率寄存器（USART_BRR）配置波特率。标准 USART 的波特率计算公式为：

$$波特率 = f_{PCLK}/(8 \times (2 - OVER8) \times USARTDIV)$$

式中，f_{PCLk} 是 USART 总线时钟；OVER8 是过采样设置；USARTDIV 是需要存储在 USART_BRR 中的数据。

USART_BRR 由以下两部分组成。USARTDIV 的整数部分：USART_BRR 的位 15:4，即 DIV_Mantissa[11:0]。USARTDIV 的小数部分：USART_BRR 的位 3:0，即 DIV_Fraction[3:0]。

一般根据需要的波特率计算 USARTDIV，然后换算成存储到 USART_BRR 的数据。

接收器采用过采样技术（除了同步模式）检测接收到的数据，这可以从噪声中提取有效数据。可通过编程 USART_CR1 中的 OVER8 位选择采样方法，且采样时钟可以是波特率时钟的 16 倍或 8 倍。

8 倍过采样（OVER8=1）：此时以 8 倍于波特率的采样频率对输入信号进行采样，每个采样数据位被采样 8 次。此时可以获得最高的波特率（$f_{PCLK}/16$）。根据采样中间的 3 次采样（第 4、5、6 次）判断当前采样数据位的状态。

16 倍过采样（OVER8=0）：此时以 16 倍于波特率的采样频率对输入信号进行采样，每个采样数据位被采样 16 次。此时可以获得最高的波特率（$f_{PCLK}/16$）。根据采样中间的 3 次采样（第 8、9、10 次）判断当前采样数据位的状态。

2. 收发控制

收发控制即图 8-3 的中间部分。该部分由若干个控制寄存器组成，如 USART 控制寄存器（Control Register，如 CR1、CR2、CR3）和 USART 状态寄存器（Status Register，SR）等。通过向以上控制寄存器写入各种参数，控制 USART 数据的发送和接收。同时，通过读取状态寄存器，可以查询 USART 当前的状态。USART 状态的查询和控制可以通过库函数实现，因此，无须深入了解这些寄存器的具体细节（如各个位代表的意义），学会使用 USART 相关的库函数即可。

3. 数据存储转移

数据存储转移即图 8-3 上部灰色的部分。它的核心是两个移位寄存器：发送移位寄存器和接收移位寄存器。这两个移位寄存器负责收发数据并进行并串转换。

（1）USART 数据发送过程

当 USART 发送数据时，内核指令或 DMA 外设先将数据从内存（变量）写入发送数据寄存器（TDR）。然后，发送控制器适时地自动把数据从 TDR 加载到发送移位寄存器，将数据一位一位地通过 TX 引脚发送出去。

当数据完成从 TDR 到发送移位寄存器的转移后，会产生发送数据寄存器已空的事件 TXE。当数据从发送移位寄存器全部发送到 TX 引脚后，会产生数据发送完成事件 TC。这些事件都可以在状态寄存器中查询到。

（2）USART 数据接收过程

USART 数据接收是 USART 数据发送的逆过程。

当 USART 接收数据时，数据从 RX 引脚一位一位地输入到接收移位寄存器中。然后，接收控制器自动将接收移位寄存器的数据转移到接收数据寄存器（RDR）中。最后，内核指令或 DMA 将接收数据寄存器的数据读入内存（变量）中。

当接收移位寄存器的数据转移到接收数据寄存器后，会产生接收数据寄存器非空/已满事件 RXNE。

8.2.4   USART 的通信时序

可以通过编程 USART_CR1 寄存器中的 M 位，选择 8 或 9 位字长，USART 通信时序如图 8-4 所示。

在起始位传输期间，TX 引脚处于低电平；在停止位传输期间，TX 引脚处于高电平。空闲符号被视为完全由 1 组成的一个完整的数据帧，后面跟着包含了数据的下一帧的开始位。断开符号被视为在一个帧周期内全部收到 0。在断开帧结束时，发送器再插入 1 或 2 个停止位（即高电平），以应答起始位。发送和接收由一个共用的波特率发生器驱动，当发送器和接收器的使能位分别置位时，为其产生时钟。

图 8-4 中的 LBCL（Last Bit Clock Pulse，最后一位时钟脉冲）为控制寄存器 2（USART_CR2）的第 8 位。在同步模式下，该位用于控制是否在 CK 引脚上输出最后发送的那个数据位（最高位）对应的时钟脉冲。

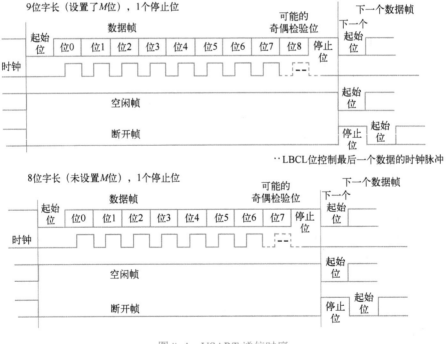

图 8-4   USART 通信时序

0：最后一位数据的时钟脉冲不从 CK 输出。

1：最后一位数据的时钟脉冲会从 CK 输出。

注：

1）最后一个数据位就是第 8 个或者第 9 个发送的位（根据 USART_CR1 寄存器中的 M 位所定

义的 8 或者 9 位数据帧格式）。

2）UART4 和 UART5 上不存在这一位。

8.2.5　USART 的中断

STM32F407 系列微控制器的 USART 主要有以下中断事件：

1）发送期间的中断事件包括发送完成（TC）、清除发送（CTS）、发送数据寄存器空（TXE）。

2）接收期间的中断事件包括空闲总线检测（IDLE）、溢出错误（ORE）、接收数据寄存器非空（RXNE）、校验错误（PE）、LIN 断开检测（LBD）、噪声错误（NE，仅在多缓冲器通信）和帧错误（FE，仅在多缓冲器通信）。

如果设置了对应的使能控制位，那么这些事件就可以产生各自的中断，如表 8-1 所示。

表 8-1　STM32F407 系列微控制器 USART 的中断事件、标志及使能位

中断事件	事件标志	使能位
发送数据寄存器空	TXE	TXEIE
清除发送（CTS）标志	CTS	CTSIE
发送完成	TC	TCIE
接收数据寄存器非空	RXNE	RXNEIE
溢出错误	ORE	OREIE
空闲总线检测	IDLE	IDLEIE
帧错误	PE	PEIE
LIN 断开检测	LBD	LBDIE
噪声错误、帧错误	NE、FE	EIE

8.2.6　USART 的相关寄存器

下面介绍 STM32F407 的 USART 相关寄存器名称。可以用半字（16 位）或字（32 位）的方式操作这些外设寄存器，由于采用库函数方式编程，故在此不做进一步探讨。

1）状态寄存器（USART_SR）。

2）数据寄存器（USART_DR）。

3）波特率寄存器（USART_BRR）。

4）控制寄存器 1（USART_CR1）。

5）控制寄存器 2（USART_CR2）。

6）控制寄存器 3（USART_CR3）。

7）保护时间和预分频寄存器（USART_GTPR）。

8.3　USART 的 HAL 驱动程序

下面讲述 USART 的 HAL（Hardware Abstract Layer，硬件抽象层）驱动程序中的库函数。

8.3.1　常用功能函数

串口的驱动程序头文件是 stm32f4xx_hal_uart.h。串口操作的常用 HAL 函数如表 8-2 所示。

表 8-2　串口操作的常用 HAL 函数

分组	函数名	功能说明
初始化和总体功能	HAL_UART_Init ()	串口初始化，设置串口通信参数
	HAL_UART_MspInit ()	串口初始化的 MSP 弱函数，在 HAL_UART_Init()中被调用。重新实现的这个函数一般用于串口引脚的 GPIO 初始化和中断设置
	HAL_UART_GetState ()	获取串口当前状态
	HAL_UART_GetError ()	返回串口错误代码
	HAL_UART_Transmit ()	以阻塞方式发送一个缓冲区的数据，发送完成或超时后才返回
	HAL_UART_Receive ()	以阻塞方式将数据接收到一个缓冲区，接收完成或超时后才返回
阻塞式传输	HAL_UART_Transmit_IT ()	以中断方式（非阻塞式）发送一个缓冲区的数据
	HAL_UART_Receive_IT ()	以中断方式（非阻塞式）将指定长度的数据接收到缓冲区
中断方式传输	HAL_UART_Transmit_IT ()	以中断方式发送一个缓冲区的数据
	HAL_UART_Receive_IT ()	以中断方式将指定长度的数据接收到缓冲区
DMA 方式传输	HAL_UART_Transmit_DMA ()	以 DMA 方式发送一个缓冲区的数据
	HAL_UART_Receive_DMA ()	以 DMA 方式将指定长度的数据接收到缓冲区
	HAL_UART_DMAPause ()	暂停 DMA 传输过程
	HAL_UART_DMAResume ()	继续先前暂停的 DMA 传输过程
	HAL_UART_DMAStop ()	停止 DMA 传输过程
取消数据传输	HAL_UART_Abort ()	终止以中断方式或 DMA 方式启动的传输过程，函数自身以阻塞方式运行
	HAL_UART_AbortTransmit ()	终止以中断方式或 DMA 方式启动的数据发送过程，函数自身以阻塞方式运行
	HAL_UART_AbortReceive ()	终止以中断方式或 DMA 方式启动的数据接收过程，函数自身以阻塞方式运行
	HAL_UART_Abort_IT ()	终止以中断方式或 DMA 方式启动的传输过程，函数自身以非阻塞方式运行
	HAL_UART_AbortTransmit_IT ()	终止以中断方式或 DMA 方式启动的数据发送过程，函数自身以非阻塞方式运行
	HAL_UART_AbortReceive_IT ()	终止以中断方式或 DMA 方式启动的数据接收过程，函数自身以非阻塞方式运行

1. 串口初始化

函数 HAL_UART_Init()用于串口初始化，主要设置串口通信参数。其原型定义如下：

　　HAL_StatusTypeDef　HAL_UART_Init(UART_HandleTypeDef *huart)

其中，参数 huart 是 UART_HandleTypeDef 类型的指针，是串口外设对象指针。在 STM32CubeMX 生成的串口程序文件 usart.c 里，会为一个串口定义外设对象变量，如：

　　UART_HandleTypeDef　huartl; //USART1 的外设对象变量

结构体 UART_HandleTypeDef 的定义如下，各成员变量的意义见注释：

```
typedef struct_UART_HandleTypeDef
{
UART_TypeDef            *Instance;        //UART 寄存器基址
UART_InitTypeDef         Init;            //UART 通信参数
uint8_t                 *pTxBuffPtr;      //发送数据缓冲区指针
uint16_t                 TxXferSize;      //需要发送数据的字节数
_IO uint16_t             TxXferCount;     //发送数据计数器，递增计数
uint8_t                 *pRxBuffPtr;      //接收数据缓冲区指针
uint16_t                 RxXferSize;      //需要接收数据的字节数
_IO uint16_t             RxXferCount;     //接收数据计数器，递减计数
```

```
DMA_HandleTypeDef              *hdmatx;          //数据发送 DMA 流对象指针
DMA_HandleTypeDef              *hdmarx;          //数据接收 DMA 流对象指针
HAL_LockTypeDef                Lock;             //锁定类型
_IO HAL_UART_StateTypeDef      gState;           //UART 状态
_IO HAL_UART_StateTypeDef      RxState;          //发送操作相关的状态
_IO uint32_t                   ErrorCode;        //错误码
} UART_HandleTypeDef;
```

结构体 UART_HandleTypeDef 的成员变量 Init 是结构体类型 UART_InitTypeDef 的，它表示串口通信参数，其定义如下，各成员变量的意义见注释：

```
typedef struct
{
uint32_t  BaudRate;        //波特率
uint32_t  WordLength;      //字长
uint32_t  StopBits;        //停止位个数
uint32_t  Parity;          //是否有奇偶校验
uint32_t  Mode;            //工作模式
uint32_t  HwFlowCtl;       //硬件流控制
uint32_t  OverSampling;    //过采样
} UART_InitTypeDef;
```

在 STM32CubeMX 中，用户可以可视化地设置串口通信参数，生成代码时会自动生成串口初始化函数。

2．阻塞模式数据传输

串口数据传输有两种模式：阻塞模式和非阻塞模式。

1）阻塞模式（Blocking Mode）就是轮询模式，例如，使用函数 HAL_UART_Transmit()发送一个缓冲区的数据时，这个函数会一直执行，直到数据传输完成或超时之后，函数才返回。

2）非阻塞模式（Non-blocking Mode）使用中断或 DMA 方式进行数据传输，例如，使用函数 HAL_UART_Transmit_IT()启动一个缓冲区的数据传输后，该函数立刻返回。数据传输的过程引发各种事件中断，用户在相应的回调函数中进行处理。

以阻塞模式发送数据的函数是 HAL_UART_Transmit()，其原型定义如下：

```
HAL_StatusTypeDef HAL_UART_Transmit(UART_HandleTypeDef *huart,uint8_t *pData,uint16_t Size,
uint32_t Timeout)
```

其中，参数 pData 设置缓冲区指针；参数 Size 设置需要发送的数据长度（字节）；参数 Timeout 设置超时，用嘀嗒信号的节拍数表示。该函数使用的示例代码如下：

```
uint8_t  timeStr[]=" 15:32:06\n " ;
HAL_UART_Transmit(&huart1, timeStr, sizeof(timeStr), 200);
```

函数 HAL_UART_Transmit()以阻塞模式发送一个缓冲区的数据，若返回值为 HAL_OK，则表示传输成功，否则可能表示超时或其他错误。超时参数 Timeout 的单位是嘀嗒信号的节拍数，当 Systick 定时器的定时周期是 1ms 时，Timeout 的单位就是 ms。

以阻塞模式接收数据的函数是 HAL_UART_Receive()，其原型定义如下：

```
HAL_StatusTypeDef HAL_UART_Receive(UART_HandleTypeDef *huart, uint8_t *pData, uint16_t Size,
uint32_t Timeout)
```

其中，参数 pData 设置用于存放接收数据的缓冲区指针；参数 Size 设置需要接收的数据长度（字节）；参数 Timeout 设置超时限制时间，单位是嘀嗒信号的节拍数，默认情况下是 ms。例如：

```
uint8_t recvstr[10];
HAL_UART_Receive(&huartl, recvStr, 10, 200);
```

函数 HAL_UART_Receive() 以阻塞模式将指定长度的数据接收到缓冲区，若返回值为 HAL_OK，则表示接收成功，否则可能表示超时或其他错误。

3．非阻塞模式数据传输

以中断或 DMA 方式启动的数据传输是非阻塞模式的。本章只介绍中断方式。以中断方式发送数据的函数是 HAL_UART_Transmit_IT()，其原型定义如下：

```
HAL_StatuaTypeDet  HAL_UART_Transmit_IT(UART_HandleTypeDef *huart,uint8_t *pData,uint16_t Size)
```

其中，参数 pData 设置需要发送的数据缓冲区指针，参数 Size 设置需要发送的数据长度（字节）。这个函数以中断方式发送一定长度的数据，若函数返回值为 HAL_OK，则表示启动发送成功，但并不表示数据发送完成了。该函数使用的示例代码如下：

```
uint8_t  timeStr[]= " 15:32:06\n " ;
HAL_UART_Transmit_IT(&huartl,timeStr,sizeof(timestr));
```

数据发送结束时，会触发中断并调用回调函数 HAL_UART_TxCpltCallback()，若要在数据发送结束时做一些处理，就需要重新实现这个回调函数。

以中断方式接收数据的函数是 HAL_UART_Receive_IT()，其原型定义如下：

```
HAL_StatusTypeDef  HAL_UART_Receive_IT(UART_HandleTypeDef *huart,uint8_t *pData,uint16_t Size)
```

其中，参数 pData 设置存放接收数据的缓冲区的指针，参数 Size 设置需要接收的数据长度（字节数）。这个函数以中断方式接收一定长度的数据，若函数返回值为 HAL_OK，则表示启动成功，但并不表示已经接收完数据了。该函数使用的示例代码如下：

```
uint8_t  rxBuffer[10];          //接收数据的缓冲区
HAL_UART_Receive_IT(huart,rxBuffer,10);
```

数据接收完成时，会触发中断并调用回调函数 HAL_UART_RxCpltCallback()。若要在接收完数据后做一些处理，就需要重新实现这个回调函数。

函数 HAL_UART_Receive_IT() 有一些特性需要注意。

1）这个函数执行一次只能接收固定长度的数据，即使设置为只接收 1 字节的数据。

2）在完成数据接收后，会自动关闭接收中断，不会再继续接收数据，也就是说，这个函数是"一次性"的。若要再接收下一批数据，就需要再次执行这个函数，但是不能在回调函数 HAL_UART_RxCpltCallback() 中调用这个函数启动下一次数据接收。

函数 HAL_UART_Receive_IT() 的这些特性，使其在处理不确定长度、不确定输入时间的串口数据输入时比较麻烦，需要做一些特殊的处理。我们会在后面的示例里介绍处理方法。

8.3.2　常用宏函数

在 HAL 驱动程序中，每个外设都有一些以"__HAL"为前缀的宏函数。这些宏函数直接操作寄存器，主要是进行启用或禁用外设、开启或禁止事件中断、判断和清除中断标志位等操作。串口操作常用的宏函数如表 8-3 所示。

表 8-3　串口操作常用的宏函数

宏函数	功能描述
_HAL_UART_ENABLE(_HANDLE_)	启用某个串口，如_HAL_UART_ENABLE（&huart1）
_HAL_UART_DISABLE(_HANDLE_)	禁用某个串口，如_HAL_UART_DISABLE（&huartl）
_HAL_UART_ENABLE_IT (_HANDLE, INTERRUPT)	允许某个事件产生硬件中断，例如_HAL_UART_ENABLE_IT (&huartl, UART_IT_IDLE)
_HAL_UART_GET_IT_SOURCE (_HANDLE, IT)	检查某个事件是否被允许产生硬件中断
_HAL_UART_GET_FLAG (HANDLE, FLAG_)	检查某个事件的中断标志位是否被置位
_HAL_UART_CLEAR_FLAG (HANDLE, FLAG)	清除某个事件的中断标志位

这些宏函数中的参数_HANDLE_设置串口外设对象指针，参数_INTERRUPT_和_IT_都表示中断事件类型。一个串口只有一个中断号，但是中断事件类型较多，文件 stm32f4xx_hal_uart.h 定义了这些中断事件类型的宏，全部中断事件类型定义如下：

```
#define   UART_IT_PE ((uint32_t)(UART_CR1_REG_INDEX<<28U | USART_CR1_PEIE))
#define   UART_IT_TXE ((uint32_t)(UART_CR1_REG_INDEX<<28U | USART_CR1_TXEIE))
#define   UART_IT_TC ((uint32_t)(UART_CR1_REG_INDEX << 28 U | USART_CR1_TCIE))
#define   UART_IT_RXNE ((uint32_t)(UART_CR1_REG_INDEX << 28 U | USART_CR1_RXNEIE))
#define   UART_IT_IDLE ((uint32_t)(UART_CR1_REG_INDEX << 28U | USART_CR1_IDLEIE))
#define   UART_IT_LBD ((uint32_t)(UART_CR2_REG_INDEX <<28U | USART_CR2_LBDIE))
#define   UART_IT_CTS ((uint32_t)(UART_CR3_REG_INDEX<<28U | USART_CR3_CTSIE))
#define   UART_IT_ERR ((uint32_t)(UART_CR3_REG_INDEX<<28 U | USART_CR3_EIE))
```

8.3.3　中断事件与回调函数

一个串口只有一个中断号，也就是只有一个 ISR（中断服务程序），例如，USART1 的全局中断对应的 ISR 是 USART1__IRQHandler()。在 STM32CubeMX 自动生成代码时，其 ISR 框架会在文件 stm32f4xx_it.c 中生成，代码如下：

```
void USART1_IRQHandler(void)        //USART1 中断 ISR
{
HAL_UART_IRQHandler(&huart1);      //串口中断通用处理函数
}
```

所有串口的 ISR 都会调用 HAL_UART_IRQHandler()函数，这个函数是中断处理通用函数。这个函数会判断产生中断的事件类型、清除事件中断标志位、调用中断事件对应的回调函数。

对函数 HAL_UART_IRQHandler()进行代码跟踪分析，整理出表 8-4 所示的串口中断事件类型与回调函数的对应关系。注意，并不是所有的中断事件都有对应的回调函数，例如，UART_IT_IDLE 中断事件就没有对应的回调函数。

表 8-4　串口中断事件类型与回调函数的对应关系

中断事件类型	中断事件描述	对应的回调函数
UART_IT_CTS	CTS 信号变化中断	无
UART_IT_LBD	LIN 打断检测中断	无
UART_IT_TXE	发送数据寄存器非空中断	无
UART_IT_TC	传输完成中断，用于发送完成	HAL_UART_TxCpltCallback ()
UART_IT_RXNE	接收数据寄存器非空中断	HAL_UART_RxCpltCallback ()
UART_IT_IDLE	线路空闲状态中断	无
UART_IT_PE	奇偶校验错误中断	HAL_UART_ErrorCallback ()
UART_IT_ERR	发生帧错误、噪声错误、溢出错误的中断	HAL_UART_ErrorCallback ()

常用的回调函数有 HAL_UART_TxCpltCallback()和 HAL_UART_RxCpltCallback()。在以中断或 DMA 方式发送数据完成时，会触发 UART_IT_TC 事件中断，执行回调函数 HAL_UART_TxCpltCallback()；在以中断或 DMA 方式接收数据完成时，会触发 UART_IT_RXNE 事件中断，执行回调函数 HAL_UART_TxCpltCallback()。

文件 stm32f4xx_hal_uart.h 中还有其他几个回调函数，这几个函数的定义如下：

> void HAL_UART_TxHalfCpltCallback(UART_HandleTypeDef *huart);
> void HAL_UART_RxHalfCpltCallback(UART_HandleTypeDef *huart);
> void HAL_UART_AbortCpltCallback (UART_HandleTypeDef *huart);
> void HAL_UART_AbortTransmitCpltCallback(UART_HandleTypeDef *huart);
> void HAL_UART_AbortReceiveCpltCallback(UART_HandleTypeDef *huart);

其中，HAL_UART_TxHalfCpltCallback()是 DMA 传输完成一半时调用的回调函数，函数 HAL_UART_AbortCpltCallback()是在函数 HAL_UART_Abort()里调用的。

所以，并不是所有的中断事件都有对应的回调函数，也不是所有回调函数都与中断事件关联。

8.4   采用 STM32CubeMX 和 HAL 库的 USART 串行通信应用实例

STM32 通常具有 3 个以上的串行通信接口（USART），可根据需要选择其中一个。

在串行通信应用的实现中，难点在于正确设置相应的 USART。与 51 单片机不同的是，除了要设置串行通信接口的波特率、数据位数、停止位和奇偶校验等参数外，还要正确设置 USART 涉及的 GPIO 和 USART 口本身的时钟，即使能相应的时钟，否则无法正常通信。

8.4.1   STM32F4 的 USART 基本配置流程

STM32F4 的 USART 的功能很多，最基本的功能就是发送和接收。其功能的实现需要串口工作方式配置、串口发送和串口接收 3 部分程序。本小节只介绍基本配置，其他功能都是在基本配置的基础上完成的，读者可参考相关资料。

HAL 库提供了串口相关操作函数。

（1）串口参数初始化（波特率/停止位等），并使能串口

串口作为 STM32 的一个外设，HAL 库为其配置了串口初始化函数。接下来介绍串口初始化函数 HAL_UART_Init()的相关知识，定义如下：

> HAL_StatusTypeDef HAL_UART_Init(UART_HandleTypeDef *huart);

该函数只有一个入口参数 huart，为 UART_HandleTypeDef 结构体指针类型，俗称串口句柄，它的使用会贯穿整个串口程序。一般情况下，会定义一个 UART_HandleTypeDef 结构体类型的全局变量，然后初始化各个成员变量。结构体 UART_HandleTypeDef 的定义如下：

```
typedef struct
{
  USART_TypeDef            *Instance;
  UART_InitTypeDef         Init;
  uint8_t                  *pTxBuffPtr;
  uint16_t                 TxXferSize;
  IO uint16_t              TxXferCount;
  uint8_t                  *pRxBuffPtr;
  uint16_t                 RxXferSize;
```

IO uint16_t	RxXferCount;
DMA_HandleTypeDef	*hdmatx;
DMA_HandleTypeDef	*hdmarx;
HAL_LockTypeDef	Lock;
__IO_HAL_UART_StateTypeDef	gState;
__IO_HAL_UART_StateTypeDef	RxState;
__IO uint32_t	ErrorCode;
}UART_HandleTypeDef;	

该结构体的成员变量非常多，通常调用函数 HAL_UART_Init()对串口进行初始化时，只需要先设置 Instance 和 Init 两个成员变量的值即可。接下来介绍部分成员变量的含义。

Instance 是 USART_TypeDef 结构体指针类型变量，它是执行寄存器基地址。实际上这个基地址在 HAL 库中已经定义好了，如果是串口 1，那么取值为 USART1 即可。

Init 是 UART_InitTypeDef 结构体类型变量，它用来设置串口的各个参数，包括波特率、停止位等，它的使用方法非常简单。

UART_InitTypeDef 结构体定义如下：

```
typedef struct
{
uint32_t    BaudRate;        //波特率
uint32_t    WordLength;      //字长
uint32_t    StopBits;        //停止位
uint32_t    Parity;          //奇偶校验
uint32_t    Mode;            //收/发模式设置
uint32_t    HwFlowCtl;       //硬件流设置
uint32_t    OverSampling;    //过采样设置
}UART_InitTypeDef
```

该结构体的第 1 个参数 BaudRate 为串口波特率，是串口通信最重要的参数之一，用来确定串口通信的速率。第 2 个参数 WordLength 为字长，可以设置为 8 位或 9 位字长，这里设置为 8 位字长，数据格式为 UART_WORDLENGTH_8B。第 3 个参数 StopBits 为停止位设置，可以设置为 1 位停止位或者 2 位停止位，这里设置为 1 位停止位，数据格式为 UART_STOPBITS_1。第 4 个参数 Parity 用于设定是否需要奇偶校验，这里设置为无奇偶校验位。第 5 个参数 Mode 为串口模式，可以设置为只收模式、只发模式或者收发模式，这里设置为全双工收发模式。第 6 个参数 HwFlowCtl 为是否支持硬件流控制，这里设置为无硬件流控制。第 7 个参数 OverSampling 用来设置过采样为 16 倍还是 8 倍。

pTxBuffPtr、TxXferSize 和 TxXferCount 这 3 个变量分别用来设置串口发送的数据缓存指针、发送的数据量和还剩余的要发送的数据量。而接下来的 3 个变量 pRxBuffPtr、RxXferSize 和 RxXferCount 则用来设置接收的数据缓存指针、接收的最大数据量以及还剩余的要接收的数据量。

hdmatx 和 hdmarx 是串口 DMA 相关的变量，指向 DMA 句柄，这里先不讲解。

其他变量就是一些 HAL 库处理过程状态标志位和串口通信的错误码。

函数 HAL_UART_Init()使用的一般格式为：

```
UART_HandleTypeDef UART1_Handler;                        //UART 句柄
UART1_Handler.Instance=USART1;                           //USART1
UART1_Handler.Init.BaudRate=115200;                      //波特率
UART1_Handler.Init.WordLength=UART_WORDLENGTH_8B;        //字长为 8 位格式
```

```
UART1_Handler.Init.StopBits=UART_STOPBITS_1;                      //一个停止位
UART1_Handler.Init.Parity=UART_PARITY_NONE;                      //无奇偶校验位
UART1_Handler.Init.HwFlowCtl=UART_HWCONTROL_NONE;                //无硬件流控
UART1_Handler.Init.Mode=UART_MODE_TX_RX;                          //收发模式
HAL_UART_Init(&UART1_Handler);                                    //HAL_UART_Init()会使能 UART1
```

需要说明的是，函数 HAL_UART_Init()内部会调用串口使能函数使能相应串口，所以调用了该函数之后就不需要重复使能串口了。当然，HAL 库也提供了具体的串口使能和关闭方法，具体使用方法如下：

```
__HAL_UART_ENABLE(handler);              //使能句柄 handler 指定的串口
--HAL-UART-DISABLE(handler);              //关闭句柄 handler 指定的串口
```

还需要提醒的是，串口作为一个重要外设，在调用的初始化函数 HAL_UART_Init()内部会先调用 MSP 初始化回调函数进行 MCU 相关的初始化，函数为：

```
void HAL_UART_MspInit(UART_HandleTypeDef *huart);
```

在程序中，只需要重写该函数即可。一般情况下，该函数内部用来编写 GPIO 口初始化、时钟使能及 NVIC 配置。

（2）使能串口和 GPIO 口时钟

要使用串口，必须使能串口时钟和使用到的 GPIO 口时钟。例如，要使用串口 1，必须使能串口 1 时钟和 GPIOA 时钟（串口 1 使用的是 PA9 和 PA10）。具体方法如下：

```
_HAL_RCC_USART1_CLK_ENABLE();         //使能 USART1 时钟
_HAL_RCC_GPIOA_CLK_ENABLE();          //使能 GPIOA 时钟
```

（3）GPIO 口初始化设置（速度、上下拉等）以及复用映射设置

在 HAL 库中，GPIO 口初始化参数设置和复用映射设置是在函数 HAL_GPIO_Init()中一次性完成的。这里只需要注意，要复用 PA9 和 PA10 为串口发送接收相关引脚，需要设置 GPIO 口为复用，同时复用映射到串口 1。设置源码如下：

```
GPIO_Initure.Pin=GPIO_PIN_9;                  //PA9
GPIO_Initure.Mode=GPIO_MODE_AF_PP;            //复用推挽输出
GPIO_Initure.Pull=GPIO_PULLUP;                //上拉
GPIO_Initure.Speed=GPIO_SPEED_FREQ_HIGH;      //高速
HAL_GPIO_Init(GPIOA,&GPIO_Initure);           //初始化 PA9
GPIO_Initure.Pin=GPIO_PIN_10;                 //PA10
GPIO_Initure.Mode=GPIO_MODE_AF_INPUT;         //模式要设置为复用输入模式
HAL_GPIO_Init(GPIOA,&GPIO_Initure);           //初始化 PA10
```

（4）开启串口相关中断，设置串口中断优先级

HAL 库中定义了一个使能串口中断的标识符_HAL_UART_ENABLE_IT，可以把它当一个函数使用，具体定义可参考 HAL 库文件 stm32f4xx_hal_uart.h 中该标识符的定义。例如要使能接收完成中断，方法如下：

```
HAL_UART_ENABLE_IT(huart,UART_IT_RXNE);       //开启接收完成中断
```

第 1 个参数为串口句柄，类型为 UART_HandleTypeDef 结构体。第 2 个参数为要开启的中断类型值，可选值在头文件 stm32f4xx_hal_uart.h 中有宏定义。

有开启中断就有关闭中断，操作方法为：

　　　　HAL_UART_DISABLE_IT(huart,UART_IT_RXNE);　　//关闭接收完成中断

对于中断优先级设置，方法就非常简单，参考方法为：

　　　　HAL_NVIC_EnableIRQ(USART1_IRQn);　　　　　　//使能 USART1 中断通道
　　　　HAL_NVIC_SetPriority(USART1_IRQn,3,3);　　　　//抢占优先级 3，子优先级 3

（5）编写中断服务函数

串口 1 的中断服务函数为：

　　　　void USART1_IRQHandler(void) ;

当发生中断时，程序就会执行中断服务函数，然后在中断服务函数中编写相应的逻辑代码即可。

（6）串口数据接收和发送

STM32F4 的发送与接收是通过数据寄存器 USART_DR 实现的，这是一个双寄存器，包含了 TDR 和 RDR。当向该寄存器写数据时，串口就会自动发送，当收到数据时，也是存在该寄存器内。HAL 库操作 USART_DR 寄存器发送数据的函数是：

　　　　HAL_StatusTypeDef HAL_UART_Transmit(UART_HandleTypeDef *huart,uint8_t *pData, uint16_t Size, uint32_t Timeout);

通过该函数向串口寄存器 USART_DR 写入一个数据。

HAL 库操作 USART_DR 寄存器读取串口接收到的数据的函数是：

　　　　HAL_StatusTypeDef HAL_UART_Receive(UART_HandleTypeDef *huart,uint8_t *pData, uint16_t Size, uint32_t Timeout);

通过该函数可以读取串口接收到的数据。

8.4.2　STM32F4 的 USART 串行通信应用硬件设计

为利用 USART 实现开发板与计算机的通信，需要用到一个 USB 转 USART 的 IC 电路，选择 CH340G 芯片实现这个功能。CH340G 是一个 USB 总线的转接芯片，实现 USB 转 USART、USB 转 IrDA 或者 USB 转打印机接口等功能。这里主要使用其 USB 转 USART 功能，具体电路设计如图 8-5 所示。

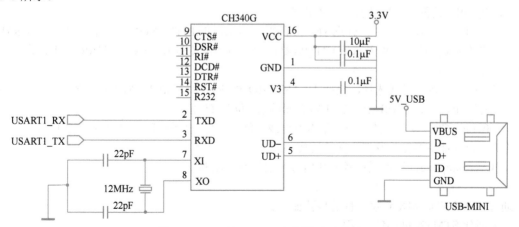

图 8-5　USB 转 USART 的硬件电路设计

将 CH340G 的 TXD 引脚与 USART1 的 RX 引脚连接，CH340G 的 RXD 引脚与 USART1 的 TX 引脚连接，CH340G 芯片集成在开发板上，其地线（GND）已与控制器的 GND 相连。

在本实例中，编写程序实现开发板与计算机串口调试助手通信。在开发板上电时，通过 USART1 发送一串字符串给计算机，然后开发板进入中断接收等待状态，如果计算机发送数据过来，开发板就会产生中断，中断服务函数接收数据，并立即将数据返回发送给计算机。

8.4.3 STM32F4 的 USART 串行通信应用软件设计

STM32F407ZGT6 有 4 个 USART 和 2 个 UART。其中，USART1 和 USART6 的时钟来源于 APB2 总线时钟，其最大频率为 84MHz；其他 4 个时钟来源于 APB1 总线时钟，其最大频率为 42MHz。

USART_InitTypeDef 结构体成员用于设置 USART 工作参数，并由外设初始化配置函数，比如 MX_USART1_UART_Init()调用，这些参数将会设置外设相应的寄存器，达到设置外设工作环境的目的。初始化结构体定义在 stm32f4xx_hal_usart.h 文件中，初始化库函数定义在 stm32f4xx_hal_usart.c 文件中，编程时可以结合这两个文件内的注释使用。

USART_InitTypeDef 结构体如下：

```
typedef struct {
    uint32_t BaudRate;          //波特率
    uint32_t WordLength;        //字长
    uint32_t StopBits;          //停止位
    uint32_t Parity;            //校验位
    uint32_t Mode;              //UART 模式
    uint32_t HwFlowCtl;         //硬件流控制
    uint32_t OverSampling;      //过采样模式
} USART_InitTypeDef;
```

这些结构体成员说明如下，其中，括号{}内的文字是对应参数在 STM32 HAL 库中定义的宏：

1）BaudRate：波特率设置。一般设置为 2400、9600、19200、115200。HAL 库函数会根据设定值计算得到 UARTDIV 值，并设置 UART_BRR 寄存器值。

2）WordLength：数据帧字长，可选 8 位或 9 位。它设定 UART_CR1 寄存器的 M 位的值。如果没有使能奇偶校验控制，则一般使用 8 位数据位；如果使能了奇偶校验控制，则一般设置为 9 位数据位。

3）StopBits：停止位设置，可选 0.5 个、1 个、1.5 个和 2 个停止位，它设定 USART_CR2 寄存器的 STOP[1:0]位的值，一般选择 1 个停止位。

4）Parity：奇偶校验控制选择，可选 USART_PARITY_NONE（无校验）、USART_PARITY_EVEN（偶校验）以及 USART_PARITY_ODD（奇校验），它设定 UART_CR1 寄存器的 PCE 位和 PS 位的值。

5）Mode：UART 模式选择，包括 USART_MODE_RX 和 USART_MODE_TX，允许使用逻辑或运算选择两个，它设定 USART_CR1 寄存器的 RE 位和 TE 位。

6）HwFlowCtl：设置硬件流控制是否使能或禁能。硬件流控制可以控制数据传输的进程，防止数据丢失，该功能主要在收发双方传输速度不匹配的时候使用。

7）OverSampling：设置采样频率和信号传输频率的比例。

1. 通过 STM32CubeMX 新建工程

通过 STM32CubeMX 新建工程的步骤如下。

（1）新建 STM32CubeMX 工程

在 Demo 目录下新建文件夹 USART，这是保存本章新建工程的文件夹。在 STM32CubeMX 开发环境中新建工程。

（2）选择 MCU 或开发板

Commercial Part Number 和 MCUs/MPUs List 选择 STM32F407ZGT6，单击 Start Project 按钮启动工程。

（3）保存 STM32CubeMX 工程并生成报告

选择 STM32CubeMX 菜单 File→Save Project 命令，保存工程。选择 STM32CubeMX 菜单 File→Generate Report 命令生成当前工程的报告文件。

（4）配置 MCU 时钟树

在 STM32CubeMX 的 Pinout & Configuration 选项卡中，选择 System Core→RCC，High Speed Clock(HSE)根据开发板实际情况选择 Crystal/Ceramic Resonator （晶体/陶瓷晶振）。

切换到 Clock Configuration 选项卡，根据开发板外设情况配置总线时钟。此处配置 Input frequency 为 25MHz、PLL Source Mux 为 HSE、分配系数/M 为 25、PLLMul 倍频为 336MHz、PLLCLK 分频/2 后为 168MHz、System Clock Mux 为 PLLCLK、APB1 Prescaler 为/4、APB2 Prescaler 为/2，其余使用默认设置即可。

（5）配置 MCU 外设

首先配置 USART1，在 STM32CubeMX 的 Pinout & Configuration 选项卡中选择 Connectivity→USART1，对 USART1 进行设置。Mode 选择 Asynchronous，Hardware Flow Control (RS232) 选择 Disable，Parameter Settings 配置页面如图 8-6 所示。

图 8-6　Parameter Settings 配置页面

　　在 Pinout & Configuration 选项卡中选择 System Core→NVIC，修改 Priority Group 为 2 bits for pre-emption priority（2 位抢占优先级），Enabled 栏勾选 USART1 global interrupt 复选框，修改 Preemption Priority（抢占优先级）为 0，Sub Priority（子优先级）为 1。NVIC 配置页面如图 8-7 所示。

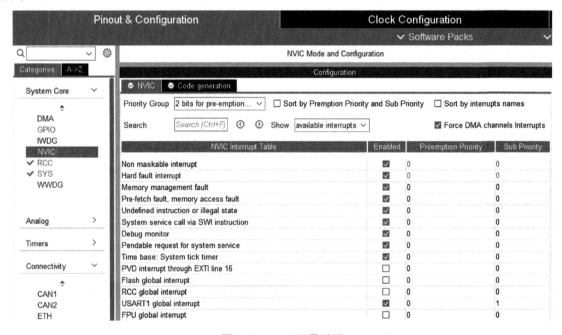

图 8-7　NVIC 配置页面

　　在 Code Generation 子页面，在 Select for init sequence ordering 栏勾选 USART1 global interrupt 复选框，Code generation 配置页面如图 8-8 所示。

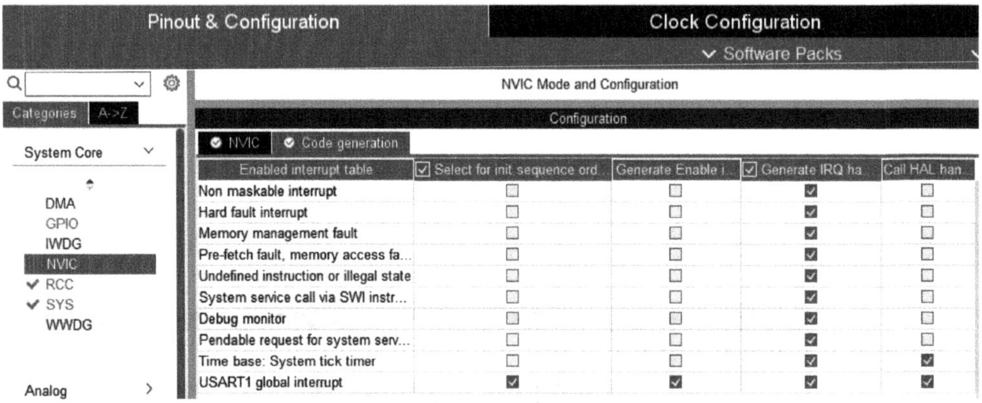

图 8-8　Code generation 配置页面

　　根据 USART1 电路，整理出 MCU 连接的 GPIO 引脚的输入/输出配置，如表 8-5 所示。

表 8-5　MCU 连接的 GPIO 引脚的输入/输出配置

用户标签	引脚名称	引脚功能	GPIO 模式	端口速率
–	PA9	USART1_TX	复用推挽输出	最高
–	PA10	USART1_RX	复用输入模式	最高

在 STM32CubeMX 中配置完 USART1 后，会自动完成相关 GPIO 口的配置，不需用户配置。GPIO 配置页面如图 8-9 所示。

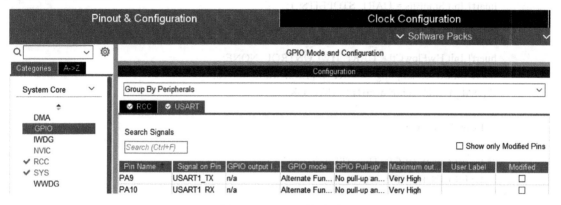

图 8-9   GPIO 配置页面

（6）配置工程

在 STM32CubeMX 的 Project Manager 选项卡的 Project 栏下，Toolchain/IDE 选择 MDK-Arm，Min Version 选择 V5，可生成 Keil MDK 工程；选择 STM32CubeIDE，可生成 STM32CubeIDE 工程。

（7）生成 C 代码工程

在 STM32CubeMX 主页面，单击 GENERATE CODE 按钮生成 C 代码工程。

2. 通过 Keil MDK 实现工程

通过 Keil MDK 实现工程的步骤如下。

（1）打开工程编译 STM32CubeMX 自动生成的 MDK 工程

打开 USART\MDK-Arm 文件夹下的工程文件。在 MDK 开发环境中选择菜单 Project→Rebuild all target files 命令或单击工具栏中的 Rebuild 按钮 ⊞ 编译工程。

（2）STM32CubeMX 自动生成的 MDK 工程

main.c 文件中的函数 main()调用了 HAL_Init()函数用于复位所有外设，初始化 Flash 接口和 Systick 定时器。SystemClock_Config()函数用于配置各种时钟信号频率。MX_GPIO_Init()函数初始化 GPIO 引脚。

文件 gpio.c 包含了函数 MX_GPIO_Init()的实现代码，代码如下。

```
void MX_GPIO_Init(void)
{
    /* GPIO Ports Clock Enable */
    __HAL_RCC_GPIOH_CLK_ENABLE();
    __HAL_RCC_GPIOA_CLK_ENABLE();
}
```

main()函数中新增了一个外设初始化函数 MX_USART1_UART_Init()，它是 USART1 的初始化函数。MX_USART1_UART_Init()是在文件 usart.c 中定义的函数，实现 STM32CubeMX 的 USART1 设置。MX_USART1_UART_Init()实现的代码如下。

```
void MX_USART1_UART_Init(void)
{
huart1.Instance = USART1;
```

```
        huart1.Init.BaudRate = 115200;
        huart1.Init.WordLength = UART_WORDLENGTH_8B;
        huart1.Init.StopBits = UART_STOPBITS_1;
        huart1.Init.Parity = UART_PARITY_NONE;
        huart1.Init.Mode = UART_MODE_TX_RX;
        huart1.Init.HwFlowCtl = UART_HWCONTROL_NONE;
        huart1.Init.OverSampling = UART_OVERSAMPLING_16;
        if (HAL_UART_Init(&huart1) != HAL_OK)
        {
          Error_Handler();
        }
        /* USER CODE BEGIN USART1_Init 2 */
        /* USER CODE END USART1_Init 2 */
    }
```

MX_USART1_UART_Init() 函数调用了 HAL_UART_Init()，继而调用了 usart.c 中实现的 HAL_UART_MspInit()，初始化 USART1 相关的时钟和 GPIO 口。HAL_UART_MspInit()函数实现代码如下。

```
    void HAL_UART_MspInit(UART_HandleTypeDef* uartHandle)
    {

        GPIO_InitTypeDef GPIO_InitStruct = {0};
        if(uartHandle->Instance==USART1)
        {
        /* USER CODE BEGIN USART1_MspInit 0 */

        /* USER CODE END USART1_MspInit 0 */
          /* USART1 clock enable */
          __HAL_RCC_USART1_CLK_ENABLE();

          __HAL_RCC_GPIOA_CLK_ENABLE();
          /**USART1 GPIO Configuration
          PA9      ------> USART1_TX
          PA10     ------> USART1_RX
          */
          GPIO_InitStruct.Pin = GPIO_PIN_9|GPIO_PIN_10;
          GPIO_InitStruct.Mode = GPIO_MODE_AF_PP;
          GPIO_InitStruct.Pull = GPIO_NOPULL;
          GPIO_InitStruct.Speed = GPIO_SPEED_FREQ_VERY_HIGH;
          GPIO_InitStruct.Alternate = GPIO_AF7_USART1;
          HAL_GPIO_Init(GPIOA, &GPIO_InitStruct);

        /* USER CODE BEGIN USART1_MspInit 1 */

        /* USER CODE END USART1_MspInit 1 */
        }
    }
```

（3）新建用户文件并编写用户代码

不需新建用户文件，所需文件均由 STM32CubeMX 自动生成。

usart.c 文件中的 MX_USART1_UART_Init()函数开启 USART1 接收中断。

```
/* USER CODE BEGIN USART1_Init 2 */
/*使能串口接收中断 */
__HAL_UART_ENABLE_IT(&huart1,UART_IT_RXNE);
/* USER CODE END USART1_Init 2 */
```

　　usart.c 文件添加函数 Usart_SendString()用于发送字符串。Usart_SendString()函数用来发送一个字符串，它实际是通过调用 HAL_UART_Transmit()函数（这是一个阻塞的发送函数，无须重复判断串口是否发送完成）发送每个字符，直到遇到空字符才停止发送。最后使用循环检测发送完成的事件标志，保证数据发送完成后才退出函数。

```
void Usart_SendString(uint8_t *str)
{
 unsigned int k=0;
  do
  {
        HAL_UART_Transmit(&huart1,(uint8_t *)(str + k) ,1,1000);
        k++;
  } while(*(str + k)!='\0');

}
```

　　在 C 语言的 HAL 库中，fputc()函数是 printf()函数内部的一个函数，功能是将字符 ch 写入文件指针 f 所指向文件的当前写指针位置，简单理解就是把字符写入特定文件中。使用 USART 函数重新修改 fputc()函数的内容，达到类似"写入"的功能。

　　在 MDK 环境中，若用户希望通过 printf()函数实现串口输出，并且使用的是 HAL 库，那么有几个关键步骤需要遵循。首先，需要勾选"Use MicroLIB"选项，以便启用微型库函数，这其中包括了 fputc()函数的特殊实现，它能够将输出重定向至指定的串口。其次，必须在 usart.c 文件中包含 stdio.h 头文件，同时还需要提供一个 fputc()函数的自定义实现，以便将 printf()的输出引导到 USART1（或用户所选择的其他 USART 实例）。

```
//重定向 C 库函数
int fputc(int ch, FILE *f)
{
/* 发送一个字节数据到串口 DEBUG_USART */
HAL_UART_Transmit(&huart1, (uint8_t *)&ch, 1, 1000);
return (ch);
}
```

　　stm32f4xx_it.c 对 USART1_IRQHandler()函数添加接收数据的处理。stm32f4xx_it.c 文件用来集中存放外设中断服务函数。当使能了中断并且中断发生时就会执行中断服务函数。这里使能了 USART1 接收中断，当 USART1 接收到数据就会执行 USART1_IRQHandler()函数。__HAL_UART_GET_FLAG()函数用来获取中断事件标志。使用 if 语句判断是否是真的产生 USART 数据来接收这个中断事件，如果是真的，就使用 USART 数据读取函数 READ_REG()，读取数据并赋值给 ch，读取过程会清除 UART_FLAG_RXNE 标志位。最后调用 USART 写函数 WRITE_REG()把数据发送给源设备。

```
void USART1_IRQHandler(void)
{
    HAL_UART_IRQHandler(&huart1);
    /* USER CODE BEGIN USART1_IRQn 1 */
    uint8_t ch=0;
    if(__HAL_UART_GET_FLAG( &huart1, UART_FLAG_RXNE ) != RESET)
    {
        ch=( uint16_t)READ_REG(huart1.Instance->DR);
        WRITE_REG(huart1.Instance->DR,ch);
    }
    /* USER CODE END USART1_IRQn 1 */
}
```

main.c 文件添加对串口的操作，打印如下信息，主循环中无操作。

```
    /* USER CODE BEGIN 2 */
/*调用 printf()函数，因为重定向了 fputc()，printf()的内容会输出到串口*/
printf("欢迎使用野火开发板\n");

/*自定义函数方式*/
Usart_SendString( (uint8_t *)"自定义函数输出：这是一个串口中断接收回显实验\n" );
    /* USER CODE END 2 */
```

（4）重新编译工程

这里使用到了 printf()函数，选择 Project→Options for Target→Target 选项，在 Target 选项卡中，需勾选"Use MicroLIB"复选框，如图 8-10 所示，重新编译添加代码后的工程。

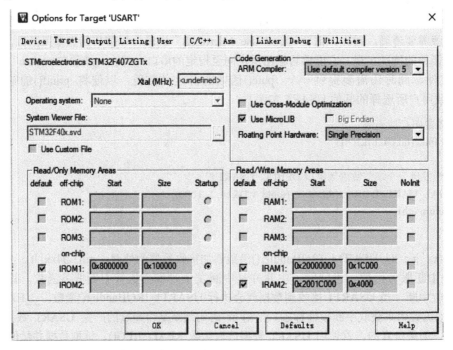

图 8-10　Target 选项卡

（5）配置工程仿真与下载项

在 MDK 开发环境中选择菜单 Project→Options for Target 命令或单击工具栏中的 按钮配置工程。

打开 Debug 选项卡，选择使用的仿真下载器 ST-Link Debugger，在 Flash Download 下勾选 Reset and Run 复选框，单击 OK 确定。

（6）下载工程

连接好仿真下载器，开发板上电。

在 MDK 开发环境中选择菜单 Flash→Download 命令或单击工具栏中的 按钮下载工程。

工程下载完成后，连接串口，打开串口调试助手，在串口调试助手发送区域输入任意字符，单击 Send 按钮，在串口调试助手接收区域即可看到相同的字符。

习题

1. 串行异步通信数据的格式是什么？用图说明。

2. 已知异步通信接口的帧格式由 1 个起始位、8 个数据位、无奇偶校验位和 1 位停止位组成。当该接口每分钟传送 9600 个字符时，试计算其波特率。

3. 简要说明 USART 的工作原理。

4. 简要说明 USART 数据接收配置步骤。

5. 当使用 USART 模块进行全双工异步通信时，需要做哪些配置？

6. 编程写出 USART 的初始化程序。

7. 分别说明 USART 在发送期间和接收期间有几种中断事件？

8. 编程序配置 STM32F407 微控制器的 USART2 的以下功能：波特率=9600bit/s，8 位有效数据位、无奇偶校验、无硬件流控、使能接收和发送、使能接收中断。

9. 编写 USART2 接收中断的程序。

10. 编写 USART2 查询式发送数据的程序。

11. 怎么通过 USART 接收连续、不定长的数据流？

第9章 RT-Thread 嵌入式实时操作系统

本章全面介绍 RT-Thread 嵌入式实时操作系统，内容涵盖概述、架构、内核基础、线程管理、消息队列、信号、互斥量、事件集、软件定时器、邮箱。首先，RT-Thread 概述部分为读者提供了对该操作系统的整体介绍。接着阐述了 RT-Thread 架构，之后介绍了 RT-Thread 的启动流程、程序内存分布及自动初始化机制，并深入介绍了其内核对象模型。然后详细解析了线程管理，涵盖线程管理的功能特点、工作机制、管理方式、常用线程函数及创建线程的过程。随后，讨论了消息队列的工作机制、控制块、管理方式及常用函数。信号部分介绍了信号的工作机制、管理方式及常用信号函数接口。在互斥量环节，介绍了基本概念、优先级继承机制、工作机制、控制块及管理方式。事件集部分则着重于基本概念、工作机制、控制块、管理方式及函数接口。随后，软件定时器部分讲解了其基本概念、工作机制和使用。最后，邮箱部分描述了基本概念、工作机制、控制块、管理方式及函数接口。通过本章的学习，读者可以全面掌握 RT-Thread 操作系统的核心功能和使用技巧，具备在实际项目中进行实时操作系统开发的能力。

9.1 RT-Thread 概述

RT-Thread（Real Time-Thread）是一款嵌入式实时多线程操作系统，基本属性之一是支持多任务，允许多个任务同时运行，这并不意味着处理器在同一时刻真正执行了多个任务。事实上，一个处理器核心在某一时刻只能运行一个任务，由于每次对一个任务的执行时间很短、任务与任务之间通过任务调度器进行非常快速的切换（调度器根据优先级决定此刻该执行的任务），给人造成多个任务在一个时刻同时运行的错觉。在 RT-Thread 系统中，任务通过线程实现，RT-Thread 中的线程调度器也就是以上提到的任务调度器。

RT-Thread 主要采用 C 语言编写，浅显易懂，方便移植。它把面向对象的设计方法应用到实时系统设计中，使得代码风格优雅、架构清晰、系统模块化，并且可裁剪性非常好。针对资源受限的微控制器（MCU）系统，可通过方便易用的工具裁剪出仅需要 3KB Flash、1.2KB RAM 内存资源的 NANO 版本（NANO 是 RT-Thread 官方于 2017 年 7 月份发布的一个极简版内核）；而对于资源丰富的物联网设备，RT-Thread 又能使用在线的软件包管理工具，配合系统配置工具实现直观快速的模块化裁剪，无缝导入丰富的软件功能包，实现类似 Android 的图形界面及触摸滑动效果、智能语音交互效果等复杂功能。

相较于 Linux 操作系统，RT-Thread 体积小，成本低，功耗低，启动快速。除此以外，RT-Thread 还具有实时性高、占用资源小等特点，非常适用于各种资源受限（如成本、功耗限制等）的场合。虽然 32 位 MCU 是它的主要运行平台，但实际上很多带有 MMU，以及基于 ARM9、ARM11 甚至 Cortex-A 系列级别 CPU 的应用处理器在特定应用场合也适合使用 RT-Thread。

RT-Thread 系统完全开源，3.1.0 及以前的版本遵循 GPL V2+开源许可协议，3.1.0 以后的版本遵循 Apache License 2.0 开源许可协议，可以免费在商业产品中使用，并且不需要公开私有代码。

1. RT-Thread 的实时核心

RT-Thread 的实时核心是精巧、高效、高度可定制的，功能特点如下：

1）采用 C 语言风格的内核面向对象设计，完美的模块化设计。

2）具备高度的可裁剪性和可伸缩性，其最小版本资源占用极低，仅需 2.5KB ROM、1KB RAM。

3）支持所有的 MCU 架构（ARM、MIPS、Xtensa、Risc-V、C-sky）。

4）支持几乎所有主流的 MCU、Wi-Fi 芯片，包括 STM32F/L 系列、NXP LPC/Kinetis 系列、GD32 系列、乐鑫 ESP32、Realtek 871X、Marvell 88MW300、Cypress FM 系列、新唐 M 系列等。

5）支持 Keil MDK/RVDS armcc、GNU GCC、IAR 等多种主流编译器。

2．RT-Thread 框架

RT-Thread 框架如图 9-1 所示。

图 9-1　RT-Thread 框架

RT-Thread 设备框架的功能特点如下：

1）设备框架提供标准接口访问底层设备，上层应用采用抽象的设备接口进行底层硬件的访问操作，上层应用与底层硬件设备无关；更换底层驱动时，不需要更改上层应用代码，从而降低系统耦合性，提高设备可靠性。

2）当前支持的设备类型包括字符型设备、块设备、网络设备、声音设备、图形设备和 Flash 设备等。

3．RT-Thread 设备虚拟文件系统框架

RT-Thread 设备虚拟文件系统框架如图 9-2 所示。

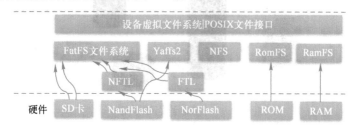

图 9-2　RT-Thread 设备虚拟文件系统框架

设备虚拟文件系统主要面向小型设备，功能特点如下：

1）以类似 Linux 虚拟文件系统的方式融合了多种文件系统的超级文件系统。

2）为上层应用提供统一的文件访问接口，无须关心底层文件系统的具体实现及存储方式。

3）支持系统内同时存在多种不同的文件系统。

4）支持 FAT（包括长文件名、中文文件名）、UFFS、NFSv3、ROMFS 和 RAMFS 等多种文件系统。

5）支持 SPI NOR Flash、NandFlash、SD 卡等多种存储介质。

6）面向 MCU 的 NFTL 闪存转换层，完成 NAND Flash 上的日志管理、坏块管理，擦写均衡，掉电保护等功能。

4．RT-Thread 协议栈

RT-Thread 协议栈如图 9-3 所示。

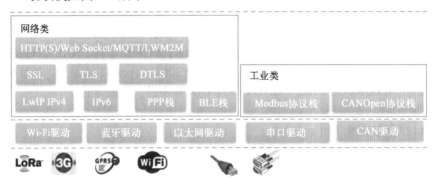

图 9-3　RT-Thread 协议栈

RT-Thread 协议栈的功能特点如下：

1）支持广域网 LoRa、NB-IoT、无线局域网 Wi-Fi、蓝牙 BLE、有线以太网。

2）支持 IPv4、IPv6、UDP、PPP。

3）支持 TLS、DTLS 安全传输。

4）支持 HTTP、HTTPS、Web Socket、MQTT、LWM2M 协议。

5）支持 Modbus、Canopen 工业协议。

5．音频流媒体框架

音频流媒体框架如图 9-4 所示。

图 9-4　音频流媒体框架

音频流媒体框架的功能特点如下：

1）适合 MCU 的轻型流媒体音频框架，资源占用小，响应快。

2）支持 wav、mp3、aac、flac、m4a、alac、speex、opus、amr 等音频格式。

3）支持流媒体协议：HTTP、hls、rtsp、rtp、shoutcast。

4）支持媒体渲染协议：DLNA、Airplay、QQ Play。

5）支持语音识别及语音合成。

6．PersimmonUI 图形库

PersimmonUI 图形库是一套小型、现代化的图形库，功能特点如下：

1）支持多点触摸操作，实现滑屏、拖动、旋转、牵引等多种界面动画增强效果。

2）支持按钮、图片框、列表、面板、卡片、轮转等基础控件，以及窗口上的悬浮带透明效果控件。

3）使用类似 signal/slot 的方式，灵活地把界面事件映射到用户动作。

4）支持 TTF 矢量字体，针对 MCU 优化的自定义图像格式，大幅提升图片加载和渲染速度。

5）支持多国语言。

7. 低功耗管理

低功耗管理的功能特点如下：

1）自动休眠，系统空闲时休眠省电（支持睡眠模式、定时唤醒模式、停止模式）。

2）自动调频调压，系统激活工作时，根据程序设定值或基于芯片性能动态调节运行时频率。

3）对用户应用透明，用户应用不需要关心功耗情况，系统自动进入休眠状态。

8. 应用接口 API

RT-Thread 支持各类标准接口，方便移植各类应用程序：

1）兼容 POSIX（IEEE Std 1003.1，2004 版本）。

2）支持 ARM CMSIS 接口。

3）CMSIS CORE。

4）CMSIS DSP。

5）CMSIS RTOS。

6）支持 C++ 应用环境。

Free RTOS、μc/OS、RT-Thread、Lite OS、AliOS things 比较如表 9-1 所示。

表 9-1　Free RTOS、μc/OS、RT-Thread、Lite OS、AliOS things 比较

项目	Free RTOS	μC/OS	RT-Thread	Lite OS	AliOS things
成熟度	高	高	高	中	中
易用性	高	高	高	低	低
内核大小	5KB ROM、2KB RAM	6KB ROM、1KB RAM	3KB ROM、1KB RAM	32KB ROM、6KB RAM	8KB ROM、6KB RAM
开发工具支持	支持多种主流开发工具，工具链完善	支持多种主流开发工具，工具链完善	支持多种主流开发工具，工具链完善，提供辅助工具	支持多种主流开发工具，工具链完善	支持多种主流开发工具，工具链完善
调试工具	Shell SystemView	SystemView	Shell　Logging system NetUtils ADB SystemView	无	简易 Shell
测试系统	不支持	不支持	单元测试框架、自动测试系统	无	单元测试框架
支持芯片和 CPU 架构	支持 ARM、MIPS、RISC-V 和其他主流 CPU 架构	支持 ARM、MIPS 和其他主流 CPU 架构	支持 ARM、MIPS、RISC-V 和其他主流 CPU 架构	仅开放 M0、M3、M4、M7	支持 ARM、MIPS 等
文件系统	支持 FAT	需要授权	提供文件系统层，支持 fatfs、littlefs、jffs2、romfs 和其他流行文件系统	支持 FAT	支持虚拟文件系统
低功耗	支持部分	支持部分	支持	无	无
GUI	无	μC/GUI，需授权	提供 GUI 引擎、柿饼 UI、UI 开发工具	无	无
组件生态	提供网络、调试、安全相关组件	有部分，但需要授权	提供软件包平台，目前有约 700 个组件，覆盖面广	宣传得很多，但大部分未开发	提供网络、调试、安全相关组件
物联网组件	TCP/UDP/AWS	Need authorization 需要授权	TCP/UDP、Azure、Ayla、Aliyun、腾讯云、京东云、onenet、webclient、mqtt、websocket、WebNet 等	用于对接华为云平台	用于对接阿里云平台

9.2　RT-Thread 架构

近年来，物联网（Internet Of Things，IoT）概念广为普及，物联网市场发展迅猛，嵌入式设备的联网已是大势所趋。终端联网使得软件复杂性大幅增加，传统的 RTOS 内核越来越难以满足市场的需求，在这种情况下，物联网操作系统（IoT OS）的概念应运而生。物联网操作系统是指以操作系统内核（可以是 RTOS、Linux 等）为基础，包括文件系统、图形库等较为完整的中间件组件，具备低功耗、安全、通信协议支持和云端连接能力的软件平台。RT-Thread 就是一个 IoT OS。

RT-Thread 与其他很多 RTOS（如 FreeRTOS、uC/OS）的主要区别是，它不仅是一个实时内核，还具备丰富的中间层组件。RT-Thread 操作系统架构如图 9-5 所示，从下往上依次为内核层、组件服务层和软件包 3 层。

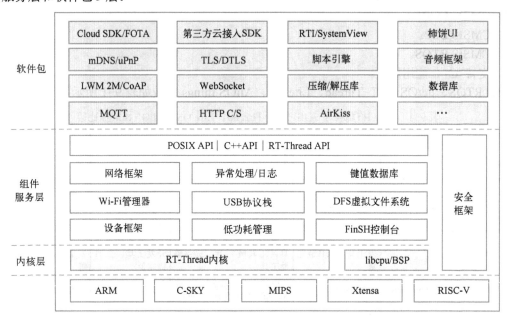

图 9-5　RT-Thread 操作系统架构

1．内核层

内核层包括 RT-Thread 内核和 libcpu/BSP 两部分。其中，RT-Thread 内核是 RT-Thread 的核心部分，用于实现多线程及其调度、信号、邮箱、消息队列、内存管理、定时器等功能；libcpu/BSP 是芯片移植相关文件和板级支持包，由外设驱动和 CPU 移植构成，与底层硬件密切相关。

2．组件服务层

组件服务层采用模块化设计，包括设备框架、低功耗管理、FinSH 控制台、Wi-Fi 管理器、USB 协议栈、DFS 虚拟文件系统、网络框架、异常处理/日志、键值数据库等组件模块，各组件模块高内聚、低耦合，是在 RT-Thread 内核之上的上层软件模块。

3．软件包

软件包运行于 RT-Thread 物联网操作系统平台上，面向不同应用领域的通用软件组件，由描述信息、源代码、库文件组成。RT-Thread 提供了开放的软件包平台，存放了大量官方提供或开发者提供的软件包。这些软件包具有很强的可重用性，极大地方便了开发者在尽量短的时间内完成应用开发，是 RT-Thread 生态的重要组成部分。截至目前，平台提供的软件包已超过 400 个，软件包下载量超过 800 万。RT-Thread 对软件包进行了分类管理，包括物联网相关软件包（Paho-Mqtt、Webclient、Tcpserver、Webnet 等）、外设相关软件包（aht10 温湿度传感器、bh1750 发光强度传感器、oled 驱动、at24 系列 eeprom 驱动等）、系统相关软件包（SQLite 数据库、USB 协议栈、CMSIS 软件包等）、编程语言相关软件包（Lua、JerryScript、MicroPython 等）、多媒体相关软件包（openmv、persimmon UI、LVGL 图形库等）、嵌入式 AI 软件包（嵌入式线性代数库、多种神经网络模型等）等。

9.3　内核基础

本节从软件架构入手，讲解实时内核的组成与实现。学完本节，读者将知道内核的组成部分、系统如何启动、内存分布情况及内核配置方法。

9.3.1　RT-Thread 内核介绍

内核是操作系统最基础也是最重要的部分。RT-Thread 内核及底层架构如图 9-6 所示，内核处于硬件层之上。内核部分包括内核库、实时内核。

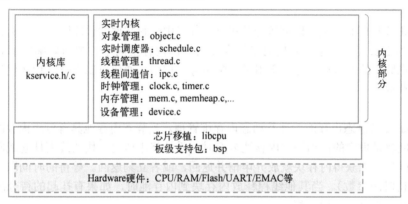

图 9-6　RT-Thread 内核及底层架构

内核库是为了保证内核能够独立运行的一套小型的类似 C 库的函数实现子集。根据编译器的不同，自带 C 库的情况也会有些不同，当使用 GNU GCC 编译器时，会携带更多的标准 C 库实现。

C 库也叫 C 运行库（C Runtime Library），它提供了类似 strcpy()、memcpy()等的函数，有些也会包括 printf()、scanf()函数。RT-Thread Kernel Service Library 仅提供内核用到的一小部分 C 库函数的实现。为了避免与标准 C 库重名，在这些函数前都会添加 rt_ 前缀。

实时内核的实现包括对象管理、实时调度器及线程管理、线程间通信、时钟管理、内存管理及设备管理等，内核最小的资源占用情况是 3KB ROM、1.2KB RAM。

1. 线程调度

线程是 RT-Thread 操作系统中最小的调度单位。线程调度算法是基于优先级的全抢占式多线程调度算法，即在系统中除了中断处理函数、调度器上锁部分的代码和禁止中断的代码不可抢占之外，系统的其他部分都是可以抢占的，包括线程调度器自身。支持 256 个线程优先级（也可通过配置文件更改为最大支持 32 个或 8 个线程优先级。针对 STM32，默认配置是 32 个线程优先级），0 优先级代表最高优先级，最低优先级留给空闲线程使用。同时，它也支持创建多个具有相同优先级的线程，相同优先级的线程间采用时间片的轮转调度算法进行调度，使线程运行相同的时间。另外，调度器在寻找那些处于就绪状态的具有最高优先级的线程时，所使用的时间是恒定的，系统也不限制线程数量的多少，线程数目只和硬件平台的具体内存相关。

2．时钟管理

RT-Thread 的时钟管理以时钟节拍为基础，时钟节拍是 RT-Thread 操作系统中最小的时钟单位。RT-Thread 的定时器提供两类定时器机制：第一类是单次触发定时器，这类定时器在启动后只会触发一次定时器事件，然后定时器自动停止；第二类是周期触发定时器，这类定时器会周期性地触发定时器事件，直到用户手动停止定时器，否则将永远持续执行下去。

另外，根据超时函数执行时所处的上下文环境，RT-Thread 的定时器可以设置为 HARD_TIMER 模式或者 SOFTTIMER 模式。

通常，使用定时器定时回调函数（即超时函数），完成定时服务。用户可根据自己对定时处理的实时性要求选择合适类型的定时器。

3．线程间同步

RT-Thread 采用信号、互斥量与事件集实现线程间同步。线程通过对信号、互斥量的获取与释放进行同步；互斥量采用优先级继承的方式解决了实时系统常见的优先级翻转问题。线程同步机制支持线程按优先级等待或按先进先出方式获取信号或互斥量。线程通过对事件的发送与接收进行同步；事件集支持多事件的"或触发"和"与触发"，适合线程等待多个事件的情况。

4．线程间通信

RT-Thread 支持邮箱和消息队列等通信机制。邮箱中一封邮件的长度固定为 4B 大小；消息队列能够接收非固定长度的消息，并把消息缓存在自己的内存空间中。邮箱效率较消息队列更为高效。邮箱和消息队列的发送动作可安全用于中断服务例程中。通信机制支持线程按优先级等待或按先进先出方式获取。

5．内存管理

RT-Thread 支持静态内存池管理及动态内存堆管理。当静态内存池具有可用内存时，系统对内存块分配的时间将是恒定的；当静态内存池为空时，系统将申请内存块的线程挂起或阻塞掉（即线程等待一段时间后仍未获得内存块就放弃申请并返回，或者立刻返回。等待的时间取决于申请内存块时设置的等待时间参数）。当其他线程释放内存块到内存池时，如果有挂起的待分配内存块的线程存在，则系统会将这个线程唤醒。

在系统资源不同的情况下，动态内存堆管理模块分别提供了面向小内存系统的内存管理算法及面向大内存系统的 slab 内存管理算法。

还有一种动态内存堆管理，称为 memheap，适用于系统有多个地址且不连续的内存堆。使用 memheap 可以将多个内存堆"粘贴"在一起，让用户操作起来像是在操作一个内存堆。

6．I/O 设备管理

RT-Thread 将 PIN、IC、SPI、USB、UART 等作为外设设备。实现了按名称访问的设备管理子系统，可按照统一的 API 界面访问硬件设备。在设备驱动接口上，根据嵌入式系统的特点，可以对不同的设备挂接相应的事件。当设备事件触发时，由驱动程序通知给上层的应用程序。

9.3.2 RT-Thread 启动流程

启动流程是了解一个系统的开始。RT-Thread 支持多种平台和多种编译器，而 rtthread_startup()函数是 RT-Thread 规定的统一启动入口，其执行顺序是：系统先从启动文件开始运行，然后执行 RT-Thread 启动函数 rtthread_startup()，最后执行用户入口函数 main()。

以 RT-Thread Studio 为例，用户程序入口为位于 main.c 文件中的启动流程 main()函数。系统启动后先运行 startup_stm32f407.s 文件中的汇编程序，完成堆栈指针设置、PC 指针设置、系统时钟配置、变量存储设置等，最后执行"bl entry"指令后跳转到 components.c 文件中调用 entry()函数，如图 9-7 和图 9-8 所示。

图 9-7　执行 bl entry 指令

图 9-8　调用 entry()函数

进而调用 rtthread_startup()函数，启动 RT-Thread 操作系统，如图 9-9 所示。

图 9-9　调用 rtthread_startup()函数

在运行 rtthread_startup()函数时调用 rt_application_init()函数，创建并启动 main()线程，如图 9-10 所示。等调度器工作后进入 mian.c 文件中运行 main()函数，完成系统启动。

图 9-10　创建并启动 main()线程

rtthread_startup()函数主要完成硬件初始化、内核对象初始化（定时器、调度器、信号）、main()线程创建、定时器线程初始化、空闲线程初始化和调度器启动等工作。

调度器启动之前，系统所创建的线程在执行 rtthread_startup()函数后并不会立刻运行，它们会处于就绪态来等待系统调度。待调度器启动之后，系统才转入第一个线程开始运行。根据调度规则，选择的是就绪队列中优先级最高的线程。

RT-Thread 启动流程如图 9-11 所示。

其中，rtthread_startup()函数的代码如下：

```
int rtthread_startup(void)
{
  rt_hw_interrupt_disable();
  /*板级初始化：需在该函数内部进行系统堆的初始化*/
  rt_hw_board_init(),
  /*打印 RT-Thread 版本信息*/
  rt_show_version();
  /*定时器初始化*/
  rt_system_timer_init();
  /*调度器初始化*/
  rt_system_scheduler_init();
#ifdef  RT_USINGSIGNALS
  /*信号初始化*/
  rt_system_signal_init();
#endif
  /*由此创建一个用户 main()线程*/
  rt_application_init();
  /*定时器线程初始化*/
  rt_system_timer_thread_init();
  /*空闲线程初始化*/
  rt_thread_idle_init();
  /*启动调度器*/
  rt_system_scheduler_start();
  /*不会执行至此*/
  return 0;
}
```

这部分启动代码大致可以分为 4 个部分：

1）初始化与系统相关的硬件。

2）初始化系统内核对象，如定时器、调度器、信号。

3）创建 main()线程，在 main()线程中对各类模块依次进行初始化。

4）初始化定时器线程、空闲线程，并启动调度器。

在 rt_hw_board_init()中完成系统时钟设置，为系统提供心跳、串口初始化，将系统输入/输出终端绑定到这个串口，后续系统运行信息就会从串口打印出来。

main()函数是 RT-Thread 的用户代码入口，用户可以在 main()函数里添加自己的应用。

```
int main(void)
{
  /* 用户应用程序入口 */
    return 0;
}
```

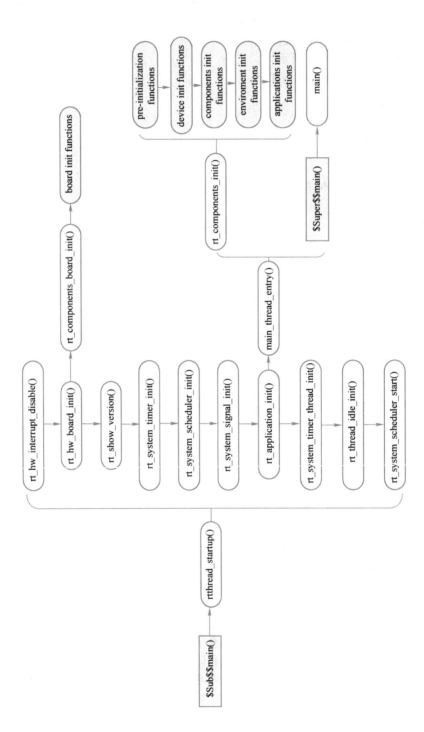

图 9-11　RT-Thread 启动流程

9.3.3 RT-Thread 程序内存分布

一般情况下，MCU 包含 Flash 和 RAM 两类存储空间，Flash 相当于磁盘，RAM 相当于内存。RT-Thread Studio 将程序编译后分为 text、data 和 bss 这 3 个程序段，程序编译结果如图 9-12 所示，显示了各程序段大小、目标文件（rtthread.elf）、占用 Flash 及 RAM 大小等信息。ELF（Executable and Linking Format）文件是 Linux 系统下的一种常用目标文件格式。需要注意的是，通过下载器下载到 MCU 中的可执行文件并不是 rtthread.elf，而是对其解析后生成对应的 rtthread.bin 文件，即图 9-12 中 Flash 大小为 rtthread.bin 文件的大小，并非 rtthread.elf 文件的大小。

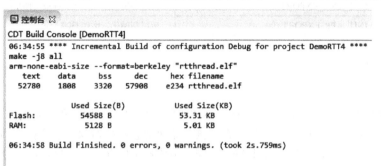

图 9-12　程序编译结果

各程序段与存储区的映射关系如表 9-2 所示。text 程序段的内容为存储代码、中断向量表、初始化的局部变量和局部常量，存储于 Flash；data 程序段的内容为初始化的全局变量和全局或局部静态变量，在 Flash 和 RAM 均会存储；bss 程序段的内容为所有未初始化的数据，存储于 RAM。Flash 大小为 text 程序段与 data 程序段大小之和，RAM 大小为 data 程序段与 bss 程序段大小之和。

表 9-2　各程序段与存储区的映射关系

程序段	存储内容	所在存储区	备注
text	存储代码、中断向量表、初始化的局部变量、局部常量	Flash	Flash=text+data RAM=data+bss
data	初始化的全局变量、全局或局部静态变量	RAM 和 Flash	
bss	所有未初始化的数据	RAM	

9.3.4 自动初始化机制

自动初始化机制是指初始化函数在系统启动过程中被自动调用，需要在函数定义处通过宏定义的方式进行自动初始化声明，无须显式调用。

例如，在某驱动中通过宏定义告知系统启动时需要调用的函数，代码如下：

```
int xxx_init (void)
{
    ...
    return 0;
}
INIT_BOARD_EXPORT(xxx_init);
```

代码最后的 INIT_BOARD_EXPORT(xxx_init)表示使用自动初始化功能，xxx_init()函数在系统初始化时会被自动调用。RT-Thread 的自动初始化机制使用了自定义实时接口符号段，将需要在启动时进行初始化的函数指针放到了该段中，形成一张初始化函数表，在系统启动过程中遍历该表，并调用表中的函数，达到自动初始化的目的。用来实现自动初始化功能的宏接口的详细描述如表 9-3 所示。

表 9-3　实现自动初始化功能的宏接口的详细描述

初始化顺序	宏接口	描述
1	INIT_BOARD_EXPORT(fn)	非常早期的初始化，此时调度器还未启动
2	INIT_PREV_EXPORT (fn)	主要是用于纯软件的初始化，没有太多依赖的函数
3	INIT_DEVICE_EXPORT (fn)	外设驱动初始化，比如网卡设备
4	INIT_COMPONENT_EXPORT (fn)	组件初始化，比如文件系统或者 LWIP
5	INIT_ENV_EXPORT(fn)	系统环境初始化，比如挂载文件系统
6	INIT_APP_EXPORT (fn)	应用初始化，比如 GUI 应用

9.3.5　内核对象模型

1. 静态内核对象和动态内核对象

使用面向对象的设计思想进行设计时，系统级的基础设施（如线程、信号、互斥量、定时器等）都是一种内核对象。内核对象分为静态内核对象和动态内核对象。静态内核对象通常放在 bss 段中，须预先分配资源，此时会占用 RAM 空间，不依赖于内存堆管理器，内由分配时间确定；动态内核对象则是从内存堆中临时创建的，无须预先分配资源，但依赖于内存堆管理器，运行时申请 RAM 空间，当对象被删除后，占用的 RAM 空间被释放。这两种方式各有利弊，可以根据实际环境需求选择具体使用方式。

2. 内核对象管理架构

RT-Thread 内核对象包括线程、信号、互斥量、事件、邮箱、消息队列和定时器、内存池、设备驱动等。RT-Thread 采用内核对象管理系统来访问和管理所有内核对象，不依赖于具体的内存分配方式，系统的灵活性得以极大的提高。RT-Thread 内核对象管理系统的核心是对象容器。对象容器中包含了每类内核对象的类型、大小等信息，并给每类内核对象分配一个链表，所有的内核对象都被链接到链表上，RT-Thread 内核对象容器及链表如图 9-13 所示。对象容器定义了通用的数据结构，用来保存各种对象的共同属性。各具体对象只需要在此基础上加上自己的某些特别的属性，就可以清楚地表示自己的特征，提高了系统的可重用性和扩展性，并统一了对象操作方式，简化了各种具体对象的操作流程步骤，提高了系统的可靠性。

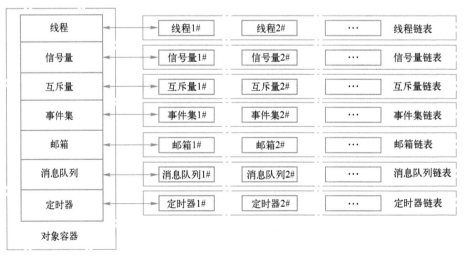

图 9-13　RT-Thread 内核对象容器及链表

9.4　线程管理

在日常生活中，要解决一个复杂问题时，一般会将它分解成多个简单的、容易解决的小问题，小问题逐个被解决，复杂问题也就随之解决了。在多线程操作系统中，同样需要开发人员把一个复杂的应用分解成多个小的、可调度的、序列化的程序单元。当合理地划分任务并正确地执行时，这种设计就能够让系统满足实时系统的性能及时间的要求。例如，让嵌入式系统执行这样的任务，即系统通过传感器采集数据，并通过显示屏将数据显示出来，在多线程实时系统中，可以将该任务分解成两个子任务。如图 9-14 所示，任务 1 不间断地读取传感器数据，并将数据写到共享内存中；任务 2 周期性地从共享内存中读取数据，并将传感器数据输出到显示屏上。

图 9-14　接收传感器数据任务与输出显示任务的切换执行

在 RT-Thread 中，与上述子任务对应的程序实体就是线程。线程是实现任务的载体，是 RT-Thread 中最基本的调度单位，它描述了一个任务执行的运行环境，也描述了该任务所处的优先等级。重要的任务可设置相对较高的优先级，非重要的任务可以设置较低的优先级，不同的任务还可以设置相同的优先级，轮流运行。

当线程运行时，它会认为自己是以独占 CPU 的方式来运行的，线程执行时的运行环境称为上下文，具体来说就是各个变量和数据，包括所有的寄存器变量、堆栈、内存信息等。

9.4.1　线程管理的功能特点

RT-Thread 线程管理的主要功能是对线程进行管理和调度。系统中存在两类线程，分别是系统线程和用户线程，系统线程是由 RT-Thread 内核创建的线程，用户线程是由应用程序创建的线程。这两类线程都会从内核对象容器中分配线程对象，当线程被删除时，线程对象也会从对象容器中删除。如图 9-15 所示，每个线程都有重要的属性，如线程控制块、线程栈、入口函数等。

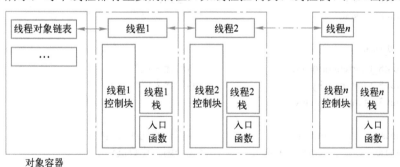

图 9-15　对象容器与线程对象

RT-Thread 的线程调度器是抢占式的，其主要工作就是从就绪线程列表中查找最高优先级线程，保证优先级最高的线程能够被运行。优先级最高的任务一旦就绪，就会立即得到 CPU 的使用权。

当一个运行的线程使一个比它优先级高的线程满足运行条件时，当前线程的 CPU 使用权就被剥夺了，或者说让出了，高优先级的线程会立刻得到 CPU 的使用权。

如果中断服务程序使一个高优先级的线程满足运行条件，则中断完成时，被中断的线程挂起，优先级高的线程开始运行。

当调度器调度线程切换时，先将当前线程上下文保存起来，当再切到这个线程时，线程调度器将恢复该线程的上下文信息。

9.4.2 线程的工作机制

1. 线程控制块

在 RT-Thread 中，线程控制块由结构体 struct rt_thread 表示。线程控制块是操作系统用于管理线程的数据结构，它存储了线程的一些信息，如优先级、线程名称、线程状态等，也包含用于线程间连接的链表结构、线程等待事件集合等，详细定义如下：

```
/*线程控制块*/
struct rt_thread
{
  /*rt 对象*/
  char        name[RT_NAME_MAX];      /*线程名称*/
  rt_uint8_t  type;                   /*对象类型*/
  rt_uint8_t  flags;                  /*标志位*/

  rt_liatt    list                    /*对象列表*/
  rc_listt    tlist                   /*线程列表*/

  /*栈指针与入口指针*/
  vaid        *sp;                    /*栈指针*/
  vaid        *entry;                 /*入口函数指针*/
  void        *parameter;             /*参数*/
  vaid        *stack_addr;            /*栈地址指针*/
  rt_uint32_t stack_sizer;            /*栈大小*/

  /*错误代码*/
  rt_err_t    error;                  /*线程错误代码*/
  rt_uint8_t  stat;                   /*线程状态*/

  /*优先级*/
  rt_uint8_t current priority;        /*当前优先级*/
  rt_uint8_t init_priority;           /*初始优先级*/
  rt_uint32_t number_mask;

  rt_ubase_t  init_tick;              /*线程初始化计数值*/
  rt_ubase_t  remaining_tick;         /*线程剩余计数值*/

  struct rt_timer  thread_timer;      /*内置线程定时器*/

  vcid  (cleanup) (struct rt_thread *tid);  /*线程退出清除函数*/
  rt_uint32_t    user_data;           /*用户数据*/
};
```

其中，init_priority 是线程创建时指定的线程优先级，在线程运行过程中通常不会改变（除非用户执行线程控制函数来手动调整线程优先级）。cleanup 会在线程退出时被空闲线程回调一次，以执行用户设置的清理现场等工作。user_data 可由用户挂接一些数据信息到线程控制块中，以实现类似线程私有数据的功能。

2. 线程的重要属性

根据线程控制块的定义，线程具有一些重要属性，如线程名称、线程栈、线程状态、线程优先级、时间片、线程入口函数、错误代码等。

（1）线程名称

线程名称即线程的名字，由用户命名，命名时遵循 C 语言变量命名规则，通常以字母开头，线程名称的最大长度由 rtconfig.h 中的宏 RT_NAME_MAX 指定，默认长度为 8 位，多余部分会被自动截掉。

（2）线程栈

RT-Thread 线程具有独立的栈空间。当进行线程切换时，会将当前线程的上下文保存在栈中；当线程恢复运行时，再从栈中恢复上下文信息。

线程栈还用来存放函数中的局部变量：函数中的局部变量从线程栈空间中申请；函数中的局部变量初始时从寄存器中分配（ARM 架构），当该函数调用另一个函数时，这些局部变量将被放入栈中。

第一次运行线程时，需要手动构造上下文环境，如设置入口函数（PC 寄存器）、入口参数（R0 寄存器）、返回位置（LR 寄存器）、当前机器运行状态（CPSR 寄存器）。

线程栈的增长方向与芯片构架密切相关。RT-Thread 3.1.0 以前的版本仅支持栈由高地址向低地址增长，例如，ARM Cortex M 架构的线程栈，如图 9-16 所示。

线程栈大小可以这样设定：对于资源较大的 MCU，可以设置较大的线程栈，也可以在初始时设置较大的栈，例如 1KB 或 2KB，然后在 FinSH 中用 list_thread 命令查看线程运行过程中最大栈深度，在此基础上增加适当的余量，最终确定线程栈的大小。

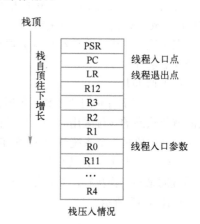

图 9-16　ARM Cortex M 架构的线程栈

（3）线程状态

在线程运行过程中，同一时间内只允许一个线程在处理器中运行。从运行的过程上划分，线程有多种运行状态，如初始状态、挂起状态、就绪状态等。在 RT-Thread 中，线程包含 5 种状态，操作系统会自动根据线程运行的情况来动态调整其状态。RT-Thread 中线程的 5 种状态如表 9-4 所示。

表 9-4　线程的 5 种状态

状态	描述
初始状态	当线程刚开始创建且还没开始运行时就处于初始状态。在初始状态下，RT-Thread 中的宏定义为 RT_THREAD_INIT
就绪状态	在 RT-Thread 实时操作系统中，当线程处于就绪状态时，它们会根据各自的优先级被有序地排列在就绪队列中，随时准备被调度执行。系统始终确保，一旦当前正在运行的线程完成其执行或由于某种原因被挂起，调度器会立即从就绪队列中选取优先级最高的线程来继续执行。这种机制保证了系统的实时性和高效性。在 RT-Thread 中，就绪状态是通过特定的宏定义来标识的，这有助于操作系统内核对线程状态进行统一管理和调度
运行状态	在单核系统中，通常只有一个线程能够处于运行状态，这个线程通过 rtthread_self() 函数返回当前正在执行的线程。然而，在 RT-Thread 实时操作系统中，即使是在单核环境下，从操作系统的角度来看，也可能存在多个线程在逻辑上同时处于"运行中"的状态，尽管在物理上只有一个线程真正在 CPU 上执行。这是因为 RT-Thread 支持多线程的并发执行，通过时间片轮转等调度策略，使得多个线程在宏观上看起来像是同时运行的 在这种情况下，RUNNING 状态在 RT-Thread 中用于标识那些当前被调度器选中的正在或即将在 CPU 上执行的线程。需要注意的是，尽管只有一个线程能够在任意给定时刻实际占用 CPU 资源，但 RUNNING 状态是一个更广泛的概念，它涵盖了所有那些被操作系统视为正在运行的线程，无论它们当前是否真正地在 CPU 上执行

（续）

状态	描述
挂起状态	在 RT-Thread 实时操作系统中，当线程因为某些资源不可用而选择挂起等待，或者线程主动请求延时一段时间时，该线程会进入挂起状态。处于挂起状态的线程将不会参与调度器的调度，即它们不会被选为下一个执行的线程，直到它们所等待的资源变得可用，或者延时时间到期 在 RT-Thread 中，挂起状态是通过特定的宏定义来标识的，这个宏定义通常以 RT_THREAD_ 为前缀（具体定义可能因版本而异，如 RT_THREAD_SUSPEND）。这个宏定义在操作系统的内核中被用来标记线程的状态，以便调度器能够正确地识别和管理处于挂起状态的线程
关闭状态	在 RT-Thread 实时操作系统中，当一个线程完成了它的执行任务或者由于某种原因被强制终止时，它将进入关闭状态。处于关闭状态的线程将不再参与系统的调度过程，其相关的资源也会被操作系统回收 在 RT-Thread 中，关闭状态通过特定的宏定义来标识，这个宏定义通常以 RT_THREAD_ 为前缀，并可能以 CLOSE、TERMINATED 或类似的词汇结尾（具体定义取决于 RT-Thread 的版本和实现）。这个宏定义在操作系统的内核中被用来明确标记线程已经结束执行，从而确保调度器不会再次调度该线程，并且允许操作系统回收与该线程相关的资源

（4）线程优先级

RT-Thread 线程的优先级表示线程被调度的优先程度。每个线程都具有优先级，线程越重要，被赋予的优先级就越高，该线程被调度的可能性就越大。

RT-Thread 最大支持 256 个线程优先级（0～255），数值越小优先级越高，0 为最高优先级。在一些资源比较紧张的系统中，可以根据实际情况选择只支持 8 个或 32 个优先级的系统配置；对于 ARM Cortex M 系列，普遍采用 32 个优先级。最低优先级默认分配给空闲线程使用，用户一般不使用。在系统中，当比当前线程优先级更高的线程就绪时，当前线程将立刻被换出，高优先级线程抢占处理器运行。

（5）时间片

每个线程都有时间片参数，但时间片仅对优先级相同的就绪状态线程有效。当系统对优先级相同的就绪状态的线程采用时间片轮转的调度方式进行调度时，时间片起到约束线程单次运行时长的作用，其单位是一个系统节拍（OS Tick）。例如，有两个优先级相同的就绪状态的线程 A 与 B，A 线程的时间片为 10，B 线程的时间片为 5，当系统中不存在比 A 优先级高的线程时，系统会在 A、B 线程间来回切换执行，并且每次对 A 线程执行 10 个节拍的时长，对 B 线程执行 5 个节拍的时长，如图 9-17 所示。

图 9-17　相同优先级时间片轮转

（6）线程的入口函数

线程控制块中的 entry 是线程的入口函数，它是线程实现预期功能的函数。线程的入口函数由用户设计实现，一般有以下两种代码模式。

1）无限循环模式。在实时系统中，线程通常是被动式的，这是由实时系统的特性决定的，实时系统通常总是等待外界事件的发生，而后进行相应的服务。

```
void thread_entry(void* paramenter)
{
    while (1)
    {
```

```
/*等待事件的发生*/
/*对事件进行服务、处理*/
      }
}
```

线程看似没有限制程序执行的因素，似乎所有的操作都可以执行，但是作为一个优先级明确的实时系统，如果一个线程陷入死循环，那么比它优先级低的线程都不能得到执行。所以在实时操作系统中必须注意的一点是：线程不能陷入死循环操作，必须要有让出 CPU 使用权的动作，如在循环中调用延时函数或者主动挂起。用户设计这种无限循环的线程，就是为了让该线程一直被系统循环调度运行，永不删除。

2）顺序执行或有限次循环模式。简单的顺序语句、do while()或 for()循环等，此类线程不会循环或不会永久循环，可称为"一次性"线程，它们一定会被执行完毕。在执行完毕后，线程将被系统自动删除。

```
static void thread_entry(void* parameter)
{
/*处理事务#1*/
...
/*处理事务#2*/
...
/*处理事务#3*/
}
```

3. 线程状态切换

RT-Thread 提供了一系列的操作系统调用接口，使得线程在初始状态、就绪状态、运行状态、挂起状态和关闭状态这 5 种状态之间切换，如图 9-18 所示。

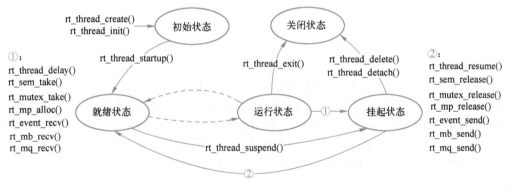

图 9-18　线程状态之前的转换关系

线程通过调用函数 rt_thread_create()或 rt_thread_init()进入初始状态（RT_THREAD_INIT）；初始状态的线程通过调用函数 rt_thread_startup()进入就绪状态（RT_THREAD_READY）；就绪状态的线程被调度器调度后进入运行状态（RT_THREAD_RUNNING）；当处于运行状态的线程调用 rt_thread_delay()、rt_sem_take()、rt_mutex_take()、rt_mb_recv()等函数或获取不到资源时，将进入挂起状态（RT_THREAD_SUSPEND）；处于挂起状态的线程，如果等待超时依然未能获得资源或由于其他线程释放了资源，那么它将返回到就绪状态，如果调用 rt_thread_delete()、rt_thread_detach()函数，将更改为关闭状态（RT_THREAD_CLOSE）。而运行状态的线程如果运行结束，就会在线程的最后部分执行 rt_thread_exit()函数，将状态更改为关闭状态。

4. 系统线程

系统线程是指由系统创建的线程，用户线程是由用户程序调用线程管理接口创建的线程。RT-Thread 内核中的系统线程有空闲线程和主线程。

（1）空闲线程

空闲线程是系统创建的最低优先级的线程，线程状态永远为就绪状态。当系统中无其他就绪线程存在时，调度器将调度空闲线程，它通常是一个死循环，且永远不能被挂起。另外，空闲线程在 RT-Thread 中也有它的特殊用途。

若某线程运行完毕，那么系统将自动删除线程：自动执行 rt_thread_exit()函数，先将该线程从系统就绪队列中删除，再将该线程的状态更改为关闭状态，不再参与系统调度，之后挂入 rt_thread_defunct 僵尸队列（资源未回收、处于关闭状态的线程队列）中，最后空闲线程会回收被删除线程的资源。

空闲线程在 RT-Thread 实时操作系统中扮演了一个特殊且重要的角色。它不仅在系统没有其他更高优先级线程需要执行时保持 CPU 的忙碌，避免资源浪费，而且还为用户提供了一个灵活的接口，允许用户设置自定义的钩子函数。

这个钩子函数的设计非常巧妙，它使得用户能够在空闲线程的运行周期中插入自己的代码逻辑。这种机制特别适合于那些需要在系统空闲时执行的任务，比如功耗管理、看门狗喂狗操作、系统健康监测以及其他后台维护任务。

（2）主线程

在系统启动时，系统会创建 main 线程，它的入口函数为 main_thread_entry()，用户的应用入口函数 main()就是从这里真正开始的。系统调度器启动后，main 线程就开始运行，过程如图 9-19 所示，用户可以在 main()函数里添加自己的应用程序初始化代码。

图 9-19　主线程调用过程

9.4.3　线程的管理方式

前面对线程的功能与工作机制进行了概念上的讲解，相信大家对线程已经不再陌生。

线程的相关操作如图 9-20 所示，包括创建/初始化线程、启动线程、运行线程、删除/脱离线程。可以使用 rt_thread_create()创建一个动态线程，使用 rt_thread_init()初始化一个静态线程。动态线程与静态线程的区别是：动态线程由系统自动从动态内存堆上分配栈空间与线程句柄（初始化 heap 之后才能使用 create 创建动态线程），静态线程由用户分配栈空间与线程句柄。

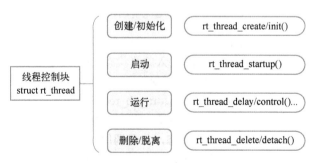

图 9-20　线程的相关操作

1. 创建和删除线程

一个线程要成为可执行的对象，就必须由操作系统的内核来为它创建一个线程。可以通过如下接口创建一个动态线程：

```
rt_thread_t    rt_thread_create(const char* name,
                                void (*entry) (void* parameter),
                                void*        parameter,
                                rt_uint32_t  stack_size,
                                rt_uint8_t   priority,
                                rt_uint32_t  tick);
```

调用这个函数时，系统会从动态堆内存中分配一个线程句柄，并按照参数中指定的栈大小从动态堆内存中分配相应的空间。分配出来的栈空间按照 rtconfig.h 中配置的 RT_ALIGN_SIZE 方式对齐。rt_thread_create() 的输入参数和返回值如表 9-5 所示。

表 9-5　rt_thread_create() 的输入参数和返回值

参数	描述
name	线程的名称。线程名称的最大长度由 rtconfig.h 中的宏 RT_NAME_MAX 指定，多余部分会被自动截掉
entry	线程入口函数
parameter	线程入口函数参数
stack_size	线程栈大小，单位是字节
priority	线程的优先级。优先级范围取决于系统配置情况（由 rtconfig.h 中的 RT_THREAD_PRIORITY_MAX 宏定义）。如果支持的是 256 级优先级，那么范围是 0~255。数值越小，优先级越高，0 代表最高优先级
tick	线程的时间片大小。时间片（tick）的单位是操作系统的时钟节拍。当系统中存在相同优先级的线程时，这个参数指定线程一次调度能够运行的最大时间长度。这个时间片运行结束时，调度器自动选择下一个就绪状态的同优先级线程运行
返回值	描述
thread	线程创建成功，返回线程句柄
RT_NULL	线程创建失败

对于一些使用 rt_thread_create() 创建的线程，当不需要或者运行出错时，可以使用下面的函数接口从系统中把线程完全删除：

```
rt_err_t    rt_thread_delete(rt_thread_t thread);
```

2. 初始化和脱离线程

线程的初始化可以使用下面的函数接口完成，它用于初始化静态线程对象：

```
rt_err_t    rt_thread_init(struct rt_thread* thread,
                           const char* name,
                           void (*entry)(void* parameter),void* parameter,
                           void* stack_start,rt_uint32t stack_size,
                           rt_uint8_t   priority,rt_uint32t tick);
```

静态线程的线程句柄（或者说线程控制块指针）和线程栈由用户提供。静态线程的线程控制块和线程运行栈一般都设置为全局变量，在编译时就被确定和分配，内核不负责动态分配内存空间。需要注意的是，用户提供的栈首地址需要进行系统对齐（如 ARM 上需要进行 4 字节对齐）。rt_thread_init() 的输入参数和返回值如表 9-6 所示。

表 9-6　rt_thread_init()的输入参数和返回值

参数	描述
thread	线程句柄。线程句柄由用户提供，指向对应的线程控制块内存地址
name	线程的名称。线程名称的最大长度由 rtconfig.h 中定义的 RT_NAME_MAX 宏指定，多余部分会被自动截掉
entry	线程入口函数
parameter	线程入口函数参数
stack_start	线程栈起始地址
stack_size	线程栈大小，单位是字节。在大多数系统中需要进行栈空间地址对齐（如 ARM 体系结构中需要向 4 字节地址对齐）
priority	线程的优先级。优先级范围取决于系统配置情况（由 rtconfig.h 中的 RT_THREAD_PRIORITY MAX 宏定义）。如果支持的是 256 级优先级，那么范围是 0～255。数值越小，优先级越高，0 代表最高优先级
tick	线程的时间片大小。时间片（tick）的单位是操作系统的时钟节拍。当系统中存在相同优先级的线程时，这个参数指定线程一次调度能够运行的最大时间长度。这个时间片运行结束时，调度器自动选择下一个就绪状态的同优先级线程运行
返回值	描述
RT_EOK	线程创建成功
–RT_ERROR	线程创建失败

对于用 rt_thread_init()初始化的线程，可以使用 rt_thread_detach()将线程对象从线程队列和内核对象管理器中脱离。线程脱离函数如下：

　　　　rt_err_t　rt_thread_detach (rt_thread_t thread);

这个函数接口是和 rt_thread_delete()函数相对应的，rt_thread_delete()函数操作的对象是 rt_thread_create()创建的句柄，而 rt_hread_detach()函数操作的对象是使用 rt_thread_init()函数初始化的线程控制块。注意，线程本身不应调用这个接口来脱离线程本身。

3．启动线程

创建（初始化）的线程状态处于初始状态，并未进入就绪线程的调度队列，可以在线程初始化/创建成功后调用下面的函数接口让该线程进入就绪状态：

　　　　rt_err_t　rt_thread_startup(rt_thread_t thread);

当调用这个函数时，线程的状态会更改为就绪状态，并且线程会被放到相应优先级队列中等待调度。如果新启动的线程优先级比当前线程的优先级高，则将立刻切换到这个新线程。

9.4.4　常用的线程函数

下面介绍 RT-Thread 对线程操作的一些常用函数。

1．线程挂起函数 rt_thread_suspend()

该函数可挂起指定线程。被挂起的线程绝不会得到处理器的使用权，不管该线程具有什么优先级。

2．线程恢复函数 rt_thread_resume()

线程恢复就是让挂起的线程重新进入就绪状态，恢复的线程会保留挂起前的状态信息，在恢复的时候根据挂起时的状态继续运行。如果被恢复线程在所有就绪态线程中位于最高优先级链表的第一位，那么系统将进行线程上下文的切换。

9.4.5　创建线程

如何使用 RT-Thread 的线程？首先从最简单的创建线程开始——点亮一个 LED。

1．硬件初始化

这里创建的线程需要用到开发板上的 LED，所以先要将 LED 相关的函数初始化，通常是在

board.c 的 rt_hw_board_init()函数中完成,具体见如下代码清单。

```
1  /**
2   * @brief   开发板硬件初始化函数
3   * @param   无
4   * @retval  无
5   *
6   * @attention
7   * RT-Thread 将开发板相关的初始化函数统一放到 board.c 文件中实现
8   * 也可以将这些函数统一放到 main.c 文件中
9   */
10 void rt_hw_board_init()
11 {
12   /* 初始化 SysTick */
13   SysTick_Config( SystemCoreClock / RT_TICK_PER_SECOND );
14
15   /* 硬件 BSP 初始化全部放在这里,比如 LED、串口、LCD 等 */
16
17   /* 初始化开发板的 LED */
18   LED_GPIO_Config();
19
20   /* 调用组件初始化函数 (use INIT_BOARD_EXPORT()) */
21 #ifdef RT_USING_COMPONENTS_INIT
22   rt_components_board_init();
23 #endif
24
25 #if defined(RT_USING_CONSOLE) && defined(RT_USING_DEVICE)
26   rt_console_set_device(RT_CONSOLE_DEVICE_NAME);
27 #endif
28
29 #if defined(RT_USING_USER_MAIN) && defined(RT_USING_HEAP)
30   rt_system_heap_init(rt_heap_begin_get(),rt_heap_end_get());
31 #endif
32 }
```

执行到 rt_hw_board_init() 函数的时候,操作系统完全没有涉及,即 rt_hw_board_init()函数所做的工作与裸机工程里面的硬件初始化工作是一样的。运行完 rt_hw_board_init()函数,接下来才慢慢启动操作系统,最后运行创建好的线程。有时候,线程创建好了,整个系统跑起来了,可想要的实验现象就是出不来,比如 LED 不会亮、串口没有输出、LCD 没有显示等。如果是初学者,这个时候就会心急如焚,四处求救,那么怎么办?这个时候如何排除是硬件的问题还是系统的问题,这里面有个小的技巧,即在硬件初始化之后顺便测试下硬件,测试方法跟裸机编程一样。

在 rt_hw_board_init()中添加硬件测试函数:

```
1  void rt_hw_board_init()
2  {
3    /* 初始化 SysTick */
4    SysTick_Config( SystemCoreClock / RT_TICK_PER_SECOND );
```

```
5
6    /* 硬件 BSP 初始化全部放在这里，比如 LED、串口、LCD 等 */
7
8    /* 初始化开发板的 LED */
9    LED_GPIO_Config();
```

初始化硬件后，顺便测试硬件，查看硬件是否正常工作。

```
10
11   /* 测试硬件是否正常工作 */
12   LED1_ON;
13
14   /* 其他硬件初始化和测试 */
```

接着继续添加其他的硬件初始化和测试。硬件确认没有问题之后，硬件测试代码可删也可不删，因为 rt_hw_board_init()函数只执行一遍。

```
15
16   /* 方便测试硬件好坏，让程序停在这里，不再继续往下执行，当测试完毕后，这个
"while(1);" 必须删除 */
17   while (1);
18
19   /* 调用组件初始化函数 (use INIT_BOARD_EXPORT()) */
20   #ifdef RT_USING_COMPONENTS_INIT
21   rt_components_board_init();
22   #endif
23
24   #if defined(RT_USING_CONSOLE) && defined(RT_USING_DEVICE)
25   rt_console_set_device(RT_CONSOLE_DEVICE_NAME);
26   #endif
27
28   #if defined(RT_USING_USER_MAIN) && defined(RT_USING_HEAP)
29   rt_system_heap_init(rt_heap_begin_get(), rt_heap_end_get());
30   #endif
31
   }
```

2. 创建单线程——SRAM 静态内存

下面创建一个单线程，线程使用的栈和线程控制块都使用静态内存，即预先定义好的全局变量，这些预先定义好的全局变量都存储在内部的 SRAM 中。

（1）定义线程函数

线程实际上就是一个无限循环且不带返回值的 C 函数。目前创建一个这样的线程，让开发板上面的 LED 灯以 500ms 的频率闪烁，具体实现代码如下。

定义线程函数：

```
1   static void led1_thread_entry(void* parameter)
2   {
3     while (1)
4     {
```

```
5        LED1_ON;
6        rt_thread_delay(500); /*延时 500 个 tick */
7
8        LED1_OFF;
9
10       rt_thread_delay(500); /*延时 500 个 tick */
11    }
12 }
```

线程里面的 rt_thread_delay(500)延时函数必须使用 RT-Thread 里面提供的延时函数,并不能使用裸机编程中的那种延时。RT-Thread 里面的延时是阻塞延时,即调用 rt_thread_delay()函数的时候,当前线程会被挂起,调度器会切换到其他就绪的线程,从而实现多线程。如果还是使用裸机编程中的那种延时,那么整个线程就成了一个死循环,如果恰好该线程的优先级是最高的,那么系统永远都在这个线程中运行,根本无法实现多线程。

目前只创建了一个线程。当线程进入延时的时候,因为没有另外就绪的用户线程,那么系统就会进入空闲线程,空闲线程是 RT-Thread 系统自己启动的一个线程,优先级最低。当整个系统都没有就绪线程的时候,系统必须保证有一个线程在运行,空闲线程就是为这个设计的。当用户线程延时到期时,又会从空闲线程切换回用户线程。

（2）定义线程栈

在 RT-Thread 系统中,每一个线程都是独立的,运行环境都单独地保存在栈空间当中。那么在定义好线程函数之后,还要为线程定义一个栈,目前使用的是静态内存,所以线程栈是一个独立的全局变量。线程的栈占用的是 MCU 内部的 RAM,当线程越多的时候,需要使用的栈空间就越大,即需要使用的 RAM 空间就越多。一个 MCU 能够支持多少线程,就得看 RAM 空间有多少。

在大多数系统中需要做栈空间地址对齐,例如在 ARM 体系结构中需要向 4B 地址对齐。实现栈对齐的方法为,在定义栈之前,放置一条 ALIGN(RT_ALIGN_SIZE)语句,指定接下来定义的变量的地址对齐方式。

（3）定义线程控制块

定义好线程函数和线程栈之后,还需要为线程定义一个线程控制块,通常称这个线程控制块为线程的身份证。在 C 代码上,线程控制块就是一个结构体,里面有非常多的成员,这些成员共同描述了线程的全部信息。

（4）初始化线程

线程的三要素包括线程主体函数、线程栈、线程控制块,那么怎么把这 3 个要素联合在一起?RT-Thread 里面有一个线程初始化函数 rt_thread_init(),可以实现这个任务。它将线程主体函数、线程栈（静态的）和线程控制块（静态的）这三者联系在一起,让线程可以随时被系统启动。

（5）启动线程

线程初始化后处于线程初始状态（RT_THREAD_INIT）,并不能够参与操作系统的调度,只有当线程进入就绪状态（RT_THREAD_READY）后才能参与操作系统的调度。线程由初始态进入就绪态可由函数 rt_thread_startup()来实现。

（6）main.c 文件内容

现在把线程主体、线程栈、线程控制块这 3 部分代码统一放到 main.c 中,具体内容如下。

main.c 文件内容:

```
1 /*
2 ****************************************************************
```

```
 3 *   包含的头文件
 4 **********************************************************************
 5 */
 6    #include "board.h"
 7    #include "rtthread.h"
 8
 9
10 /*
11 **********************************************************************
12 * 变量
13 **********************************************************************
14 */
15    /* 定义线程控制块 */
16    static struct rt_thread led1_thread;
17
18    /* 定义线程栈时要求 RT_ALIGN_SIZE 个字节对齐 */
19    ALIGN(RT_ALIGN_SIZE)
20    /* 定义线程栈 */
21    static rt_uint8_t rt_led1_thread_stack[1024];
22 /*
23 **********************************************************************
24 * 函数声明
25 **********************************************************************
26 */
27    static void led1_thread_entry(void* parameter);
28
29
30 /*
31 **********************************************************************
32 * main()函数
33 **********************************************************************
34 */
35 /**
36  * @brief   主函数
37  * @param 无
38  * @retval 无
39  */
40    int main(void)
41    {
42    /*
43     * 开发板硬件初始化，RTT 系统初始化已经在 main()函数之前完成
44     * 即在 component.c 文件中的 rtthread_startup()函数中完成了
45     * 所以在 main()函数中，只需要创建线程和启动线程即可
46     */
47
48    rt_thread_init(&led1_thread,                    /* 线程控制块 */
49                   "led1",                          /* 线程名字 */
```

```
50                led1_thread_entry,              /* 线程入口函数 */
51                RT_NULL,                        /* 线程入口函数参数 */
52                &rt_led1_thread_stack[0],       /* 线程栈起始地址 */
53                sizeof(rt_led1_thread_stack),   /* 线程栈大小 */
54                3,                              /* 线程的优先级 */
55                20);                            /* 线程时间片 */
56    rt_thread_startup(&led1_thread);           /* 启动线程, 开启调度 */
57 }
58
59 /*
60 ************************************************************************
61 * 线程定义
62 ************************************************************************
63 */
64
65 static void led1_thread_entry(void* parameter)
66 {
67    while (1)
68    {
69    LED1_ON;
70    rt_thread_delay(500);  /* 延时 500 个 tick */
71
72    LED1_OFF;
73    rt_thread_delay(500);  /* 延时 500 个 tick */
74
75    }
76 }
77
78 /***************************END OF FILE*************************/
```

3. 下载验证

将程序编译好，用 DAP 仿真器把程序下载到野火 STM32 开发板，可以看到开发板上面的 LED 灯已经在闪烁，说明创建的单线程（使用静态内存）已经跑起来了。

当前这个例程、线程的栈、线程的控制块用的都是静态内存，必须由用户预先定义，这种方法在使用 RT-Thread 的时候用得比较少，通常的方法是在线程创建的时候动态地分配**线程栈**和线程控制块的内存空间。

9.5　消息队列

消息队列是另一种常用的线程间通信方式，是邮箱的扩展。它可以应用于多种场合：线程间的消息交换、使用串口接收不定长数据等。

RT-Thread 中使用队列数据结构实现线程异步通信工作，具有如下特性：

1）消息支持先进先出方式排队与优先级方式排队，支持异步读写工作方式。

2）读队列支持超时机制。

3）支持发送紧急消息，这里的紧急消息是往队列头发送消息。

4）可以允许不同长度（不超过队列节点最大值）的任意类型消息。

5）一个线程能够从任意一个消息队列接收和发送消息。

6）多个线程能够从同一个消息队列接收和发送消息。

7）当队列使用结束后，需要通过删除队列操作释放内存函数。

9.5.1　消息队列的工作机制

消息队列能够接收来自线程或中断服务例程中不固定长度的消息，并把消息缓存在自己的内存空间中。其他线程也能够从消息队列中读取相应的消息，而当消息队列是空的时候，可以挂起读取线程。当有新的消息到达时，挂起的线程将被唤醒以接收并处理消息。消息队列是一种异步的通信方式。

如图 9-21 所示，线程或中断服务例程可以将一条或多条消息放入消息队列中。同样，一个或多个线程也可以从消息队列中获得消息。当有多个消息发送到消息队列时，通常将先进入消息队列的消息传给线程，也就是说，线程先得到的是最先进入消息队列的消息，即先进先出（FIFO）原则。

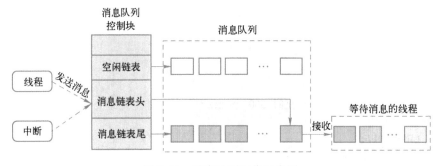

图 9-21　消息队列工作示意图

RT-Thread 操作系统的消息队列对象由多个元素组成，当消息队列被创建时，它就被分配了消息队列控制块：消息队列名称、内存缓冲区、消息大小及队列长度等。

9.5.2　消息队列控制块

在 RT-Thread 中，消息队列控制块是操作系统用于管理消息队列的一个数据结构，由结构体 struct rt_messagequeue 表示。另外一种 C 表达方式 rt_mq_t，表示的是消息队列的句柄，在 C 语言中是消息队列控制块的指针。消息队列控制块结构的详细定义请见以下代码：

```
struct rt_messagequeue
{
struct rt_ipc_object parent;
void* msg_pool1,              /*指向存放消息的消息池的指针*/
rt_uint16_t msg_size,         /*每个消息的长度*/
rt_uint16_t.max_msgs,         /*最大能够容纳的消息数*/
rt_uint16_t entry             /*队列中已有的消息数*/
void* msg_queue_head,         /*消息链表头*/
void* msg_queue_tail,         /*消息链表尾*/
void* msg_queue_free,         /*空闲消息链表*/
};
typedef struct rt_messagequeue* rt_mq_ti
```

rt_messagequeue 对象从 rt_ipc_object 中派生，由 IPC 容器所管理。

9.5.3　消息队列的管理方式

消息队列控制块是一个结构体，其中含有消息队列相关的重要参数，在消息队列的功能实现中起着重要的作用。消息队列的相关接口如图 9-22 所示，对一个消息队列的操作包括创建/初始化消息队列、发送消息、接收消息、删除/脱离消息队列。

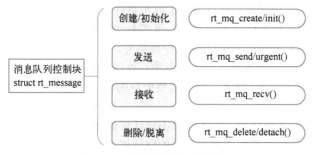

图 9-22　消息队列的相关接口

9.5.4　常用消息队列的函数

使用队列模块的典型流程如下：
1）消息队列创建函数：rt_mq_create()。
2）消息队列发送消息函数：rt_mq_send()。
3）消息队列接收消息函数：rt_mq_recv()。
4）消息队列删除函数：rt_mq_delete()。

1. 消息队列创建函数 rt_mq_create()

消息队列创建函数 rt_mq_create()用于用户自定义创建消息队列的参数，如长度、句柄和节点大小。定义队列句柄并不等于创建队列，必须调用此函数进行实际创建。函数成功创建时返回消息队列句柄，失败时返回 RT_NULL。

2. 消息队列发送消息函数 rt_mq_send()

rt_mq_send() 允许线程或中断服务程序向消息队列发送消息。当消息队列有空闲消息块时，发送成功，否则返回错误码 -RT_EFULL。发送者需要指定消息队列的句柄、消息内容和消息大小。发送的消息会被复制到消息队列尾部。

3. 消息队列接收消息函数 rt_mq_recv()

rt_mq_recv() 用于从消息队列接收消息，支持阻塞机制，用户可定义等待时间。接收成功后，消息队列头部的消息会被转移到空闲消息链表中。此函数将接收到的消息存储到用户定义的地址和大小的缓冲区中。

4. 消息队列删除函数 rt_mq_delete()

消息队列删除函数 rt_mq_delete() 用于删除指定的消息队列并释放其所有资源。删除操作会唤醒因访问此队列而阻塞的线程，并从阻塞链表中移除它们。如果传入的消息队列句柄无效，则无法删除该队列。

9.6　信号

信号（又称为软中断信号）在软件层次上是对中断机制的一种模拟。在原理上，一个线程收到一个信号与处理器收到一个中断请求是类似的。

9.6.1　信号的工作机制

信号在 RT-Thread 中用作异步通信。POSIX 标准定义了 sigsett 类型来定义一个信号集，然而 sigset_t 类型在不同的系统中可能有不同的定义方式，在 RT-Thread 中将 sigsett 定义为 unsigned long 型，并命名为 rtsigsett，应用程序能够使用的信号为 SIGUSR1（10）和 SIGUSR2（12）。

信号的本质是软中断，用来通知线程发生了异步事件，用作线程之间的异常通知、应急处理。一个线程不必通过任何操作来等待信号的到达，事实上，线程也不知道信号到底什么时候到达，线程之间可以通过互相调用 rt_thread_kill() 发送软中断信号。

收到信号的线程对各种信号有不同的处理方法，处理方法可以分为 3 类：

1）第一种是类似中断的处理程序，对于需要处理的信号，线程可以指定处理函数，由该函数来处理。

2）第二种方法是忽略某个信号，对该信号不做任何处理，就像未发生过一样。

3）第三种方法是对该信号的处理保留系统的默认值。

信号工作机制如图 9-23 所示，假设线程 1 需要对信号进行处理，首先线程 1 安装一个信号并解除阻塞，并在安装的同时设定对信号的异常处理方式；然后其他线程可以给线程 1 发送信号，触发线程 1 对该信号的处理。

当信号被传递给线程 1 时，如果它正处于挂起状态，那么会把状态改为就绪状态去处理对应的信号。如果它正处于运行状态，那么会在它当前的线程栈基础上建立新栈帧空间去处理对应的信号。需要注意的是，使用的线程栈大小也会相应增加。

9.6.2　信号的管理方式

对于信号的操作，有以下几种：安装信号、阻塞信号、解除阻塞信号、发送信号、等待信号。信号的相关接口如图 9-24 所示。

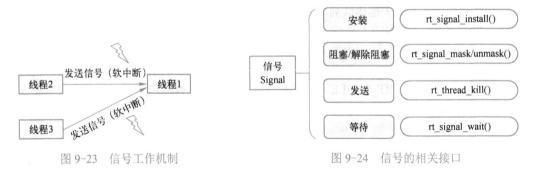

图 9-23　信号工作机制　　　　图 9-24　信号的相关接口

1. 安装信号

如果线程要处理某一信号，那么就要在线程中安装该信号。安装信号主要用来确定信号值及线程针对该信号值的动作之间的映射关系，即线程将要处理哪个信号，该信号被传递给线程时将执行何种操作。其详细定义请见以下代码：

```
rt_sighandlert rtsignal_install(int signo, rt_sighandler_t handler);
```

其中，rt_sighandlert 是定义信号处理函数的函数指针类型。

在安装信号时设定 handler 参数，决定了该信号的不同处理方法。处理方法可以分为 3 种：

1）类似中断的处理方式，参数指向信号发生时用户自定义的处理函数，由该函数来处理。

2）参数设置为 SIG_IGN，忽略某个信号，对该信号不做任何处理，就像未发生过一样。

3）参数设置为 SIG_DFL，系统会调用默认的处理函数_signal_default_handler()。

2. 阻塞信号

阻塞信号，也可以理解为屏蔽信号。如果该信号被阻塞，则该信号将不会传达给安装此信号的线程，也不会引发软中断处理。调用 rt_signal_mask()可以使信号阻塞：

> void rt_signal_mask(int signo);

3. 解除阻塞信号

线程中可以安装好几个信号，使用此函数可以对其中的一些信号给予"关注"，那么发送这些信号会引发该线程的软中断。调用 rt_signal_unmask()可以解除阻塞信号：

> void rt_signal_unmask(int signo);

4. 发送信号

当需要进行异常处理时，可以给设定了处理异常的线程发送信号，调用 rt_thread_kill()可以向任何线程发送信号：

> int rt_thread_kill(rt_threadt tid, int sig);

5. 等待信号

等待 set 信号的到来，如果没有等到该信号，则将线程挂起，直到等到该信号或者等待时间超过指定的超时时间 timeout。如果等到了该信号，则将指向该信号体的指针存入 si，下面是等待信号的函数。

> int rt_signal_wait(const rt_sigsett *set,rt_siginfo_t *si, rt_int32t timeout);

其中，rt_siginfo_t 是定义信号信息的数据类型。

9.6.3　常用信号函数接口

在 RT-Thread 中，无论是二值信号还是计数信号，都是由用户自己创建的。二值信号的最大计数值为 1，并且都是使用 RT-Thread 的同一个释放与获取函数，所以在将信号当二值信号使用的时候要注意：用完信号及时释放，并且不要调用多次信号释放函数。

1. 信号创建函数 rt_sem_create()

信号创建函数 rt_sem_create() 用于创建二值信号或计数信号。用户需要传入信号名称、初始值、阻塞唤醒策略和信号句柄。二值信号的取值为 0 和 1，计数信号可用个数范围是 0~65535。

2. 信号删除函数 rt_sem_delete()

信号删除函数 rt_sem_delete()可删除指定信号并释放其资源。删除操作会唤醒因访问此信号而阻塞的线程，并从阻塞链表中移除它们。如果信号未创建，则无法删除。

3. 信号释放函数 rt_sem_release()

rt_sem_release() 用于释放信号，每调用一次该函数就释放一个信号。二值信号的取值为 0 和 1，计数信号的范围为 0~65535，不能无限制释放信号。释放信号后，其他线程可以获取已释放的信号。

4. 信号获取函数 rt_sem_take()

信号获取函数 rt_sem_take() 用于获取信号。当信号有效时，线程获取后信号值减一，信号值为零时，线程将进入阻塞态。获取信号时需指定等待时间，超时未获取到信号时返回RT_ETIMEOUT。

9.7　互斥量

9.7.1　互斥量的基本概念

互斥量又称互斥型信号，是一种特殊的二值信号。和信号不同的是，它支持互斥量所有权、递归访问以及防止优先级翻转的特性，用于实现对临界资源的独占式处理。任意时刻互斥量的状态都只有两种：开锁或闭锁。当互斥量被线程持有时，该互斥量处于闭锁状态，这个线程获得互斥量的所有权。当该线程释放这个互斥量时，该互斥量处于开锁状态，线程失去该互斥量的所有权。当一个线程持有互斥量时，其他线程将不能再对该互斥量进行开锁或持有。持有该互斥量的线程也能够再次获得这个锁而不被挂起，这就是递归访问。这个特性与一般的二值信号有很大的不同，在信号中，由于已经不存在可用的信号，因此线程递归获取信号时会主动挂起（最终形成死锁）。

如果想要用于实现同步（线程之间或者线程与中断之间），那么二值信号或许是更好的选择，虽然互斥量也可以用于线程与线程、线程与中断的同步，但是互斥量更多的是用于保护资源的互锁。

用于互锁的互斥量可以充当保护资源的令牌。当一个线程希望访问某个资源时，它必须先获取令牌。当线程使用完资源后，必须还回令牌，以便其他线程可以访问该资源。在二值信号里也是一样的，用于保护临界资源，保证多线程的访问井然有序。当线程获取到信号的时候才能使用被保护的资源，使用完就释放信号，下一个线程才能获取到信号，从而可以使用被保护的资源。但是信号会导致的另一个潜在问题是线程优先级翻转（具体会在下文讲解）。而 RT-Thread 提供的互斥量通过优先级继承算法，可用降低优先级翻转问题产生的影响，所以用于临界资源的保护一般建议使用互斥量。

9.7.2　互斥量的优先级继承机制

在 RT-Thread 操作系统中，为了降低优先级翻转问题，利用了优先级继承算法。优先级继承算法是指暂时提高某个占有某种资源的低优先级线程的优先级，使之与所有等待该资源的线程中优先级最高的那个线程的优先级相等，而当这个低优先级线程执行完毕并释放该资源时，优先级重新回到初始设定值。因此，继承优先级的线程避免了系统资源被任何中间优先级的线程抢占。

互斥量与二值信号最大的不同是：互斥量具有优先级继承机制，而二值信号没有。也就是说，某个临界资源受到一个互斥量保护，如果这个资源正在被一个低优先级线程使用，那么此时的互斥量是闭锁状态，也代表了没有线程能申请到这个互斥量。如果此时一个高优先级线程想要对这个资源进行访问，去申请这个互斥量，那么高优先级线程会因为申请不到互斥量而进入阻塞态，系统会将现在持有该互斥量线程的优先级临时提升到与高优先级线程的优先级相同，这个优先级提升的过程称为优先级继承。这个优先级继承机制确保高优先级线程进入阻塞状态的时间尽可能短，以及将已经出现的"优先级翻转"危害降低到最小。

举个例子，现在有 3 个线程，分别为 H（High）线程、M（Middle）线程、L（Low）线程，3个线程的优先级顺序为 H 线程>M 线程>L 线程。正常运行的时候，H 线程可以打断 M 线程与 L 线程，M 线程可以打断 L 线程，假设系统中有一个资源被保护了，此时该资源正在被 L 线程使用。某一刻，H 线程需要使用该资源，但是 L 线程还没使用完，H 线程则因为申请不到资源而进入阻塞态，L 线程继续使用该资源。此时已经出现了"优先级翻转"现象，高优先级线程在等着低优先级的线程执行，如果 L 线程执行的时候，M 线程刚好被唤醒了，由于 M 线程优先级比 L 线程优先级高，那么会打断 L 线程，抢占了 CPU 的使用权，直到 M 线程执行完，再把 CUP 使用权归还给 L 线程。L 线程继续执行，执行完毕之后释放该资源，H 线程此时才从阻塞态解除，使用该资源。这个过程中，本来是最高优先级的 H 线程在等待更低优先级的 L 线程与 M 线程，其阻塞的时间是 M 线程运行时间+L 线程运行时间。这是只有 3 个线程的系统，假如有很多个这种线程打断最低优先级的线程，那么这个系统的最高优先级线程岂不是崩溃了，这种现象是绝对不允许出现的，高优先级的线程必须能及时响应。所以，在没有优先级继承的情况下，使用资源保护，其危害极大。优先级翻转图解如图 9-25 所示。

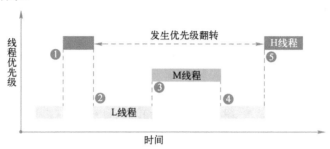

图 9-25　优先级翻转图解

在这个过程中，H 线程的等待时间过长，这对系统来说是很致命的，所以这种情况不允许出现，而互斥量可用来降低优先级翻转产生的危害。

假如有优先级继承呢？那么，在 H 线程申请该资源的时候，由于申请不到资源会进入阻塞状态，那么系统就会把当前正在使用资源的 L 线程的优先级临时提高到与 H 线程的优先级相同，此时 M 线程被唤醒了，因为它的优先级比 H 线程低，所以无法打断 L 线程，因为此时 L 线程的优先级被临时提升到 H 线程，所以当 L 线程使用完该资源后进行释放。此时 H 线程的优先级最高，并将抢占 CPU 的使用权，H 线程的阻塞时间仅仅是 L 线程的执行时间，此时优先级的危害降到了最低。这就是优先级继承的优势。优先级继承如图 9-26 所示。

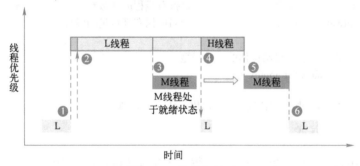

图 9-26　优先级继承

9.7.3　互斥量的工作机制

多线程环境下会存在多个线程访问同一临界资源的场景，该资源会被线程独占处理。其他线程在资源被占用的情况下不允许对该临界资源进行访问，这个时候就需要用到 RT-Thread 的互斥量来进行资源保护，那么互斥量怎样来避免这种冲突？

用互斥量处理不同线程对临界资源的同步访问时，线程想要获得互斥量才能进行资源访问。如果一旦有线程成功获得了互斥量，则互斥量立即变为闭锁状态。此时，其他线程会因为获取不到互斥量而不能访问这个资源，线程会根据用户自定义的等待时间进行等待，直到互斥量被持有的线程释放后，其他线程才能获取互斥量，从而得以访问该临界资源。此时互斥量再次上锁，如此一来就可以确保每个时刻只有一个线程正在访问这个临界资源，保证了临界资源操作的安全性。互斥量工作机制如图 9-27 所示。

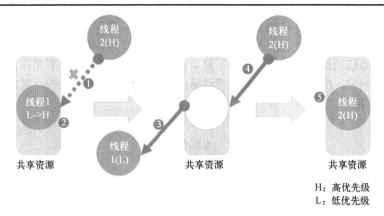

图 9-27   互斥量工作机制

9.7.4   互斥量控制块

在 RT-Thread 中，互斥量控制块是操作系统用于管理互斥量的一个数据结构，由结构体 struct rt_mutex 表示。另外一种 C 表达方式 rt_mutext，表示的是互斥量的句柄，在 C 语言中是指互斥量控制块的指针。互斥量控制块结构的详细定义如下：

```
struct rt_mutex
{
    struct rt_ipc_object parent;        /*继承自 rt_ipc_object 类*/
    rt_uint16_t         value;          /*互斥量的值*/
    rt_uint8_t          original priority;  /*持有线程的原始优先级*/
    rt_uint8_t          hold;           /*持有线程的次数*/
    struct rt_thread    *owner;         /*当前拥有互斥量的线程*/
};
/* rt_mutex_t 为指向互斥量结构体的指针类型*/
typedef struct rt_mutex* rt_mutex_t;
```

rt_mutex 对象从 rt_ipc_object 中派生，由 IPC 容器所管理。

9.7.5   互斥量的管理方式

互斥量控制块中含有互斥量相关的重要参数，在互斥量功能的实现中起着重要的作用。互斥量相关接口如图 9-28 所示，对一个互斥量的操作包含创建/初始化互斥量、获取互斥量、释放互斥量、删除/脱离互斥量。

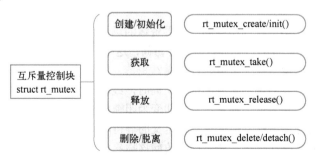

图 9-28   互斥量相关接口

1. 创建和删除互斥量

创建一个互斥量时，内核首先创建一个互斥量控制块，然后完成对该控制块的初始化工作。创建互斥量使用下面的函数接口：

> rt_mutex_t　rt_mutex_create (const char* name, rt_uint8_t flag);

可以调用 rt_mutex_create()函数创建一个互斥量，它的名字由 name 指定。当调用这个函数时，系统将先从对象管理器中分配一个 mutex 对象，并初始化这个对象，然后初始化父类 IPC 对象以及与 mutex 相关的部分。互斥量的 flag 标志设置为 RT_IPC_FLAGPRIO，表示在多个线程等待资源时，将由优先级高的线程优先获得资源。flag 设置为 RT_IPC_FLAG_FIFO，表示在多个线程等待资源时，按照先来先得的顺序获得资源。

当不再使用互斥量时，可通过删除互斥量以释放系统资源，这适用于动态创建的互斥量。删除互斥量使用下面的函数接口：

> rt_err_t　rt_mutex_delete (rt_mutex_t mutex);

当删除一个互斥量时，所有等待此互斥量的线程都将被唤醒，等待线程获得的返回值是-RTERROR。然后系统将该互斥量从内核对象管理器链表中删除，并释放互斥量占用的内存空间。

2. 初始化和脱离互斥量

静态互斥量对象的内存是在系统编译时由编译器分配的，一般位于读写数据段或未初始化数据段中。在使用这类静态互斥量对象前，需要先进行初始化。初始化互斥量使用下面的函数接口：

> rt_err_t　rt_mutex_init (rt_mutex_t mutex, const char* name, rt_uint8_t flag);

使用该函数接口时，需指定互斥量对象的句柄（即指向互斥量控制块的指针）、互斥量名称及互斥量标志。互斥量标志可使用上面创建互斥量函数里提到的标志。

脱离互斥量指把互斥量对象从内核对象管理器中脱离，适用于静态初始化的互斥量。脱离互斥量使用下面的函数接口：

> rt_err_t　rt_mutex_detach (rt_mutex_t mutex);

使用该函数接口后，内核先唤醒所有挂在该互斥量上的线程（线程的返回值是-RT__ERROR），然后系统将该互斥量从内核对象管理器中脱离。

3. 获取互斥量

当线程获取了互斥量后，该线程就有了该互斥量的所有权，即某一时刻一个互斥量只能被一个线程持有。获取互斥量使用下面的函数接口：

> rt_err_t　rt_mutex_take (rt_mutex_t mutex, rt_int32_t time);

如果互斥量没有被其他线程控制，那么申请该互斥量的线程将成功获得该互斥量。如果互斥量已经被当前线程控制，则该互斥量的持有计数加 1，当前线程也不会挂起等待。如果互斥量已经被其他线程占有，则当前线程在该互斥量上挂起等待，直到其他线程释放或者等待时间超过指定的超时时间。

4. 释放互斥量

当线程完成互斥资源的访问后，应尽快释放它占有的互斥量，使得其他线程能及时获取该互斥量。释放互斥量使用下面的函数接口：

      rt_err_t　rt_mutex_release(rtmutex_t mutex);

　　使用该函数接口时，只有已经拥有互斥量控制权的线程才能释放它，每释放一次该互斥量，它的持有计数减 1。当该互斥量的持有计数为零时（即持有线程已经释放所有的持有操作），它变为可用，等待该信号量上的线程被唤醒。如果线程在运行过程中因持有互斥量而导致其优先级被临时提升（即优先级反转保护机制），那么在互斥量被释放后，线程的优先级将自动恢复到持有互斥量之前的原始优先级。这一机制确保了系统优先级的合理性和稳定性。

9.7.6　互斥量函数接口

　　1. 互斥量创建函数 rt_mutex_create()

　　rt_mutex_create() 用于创建互斥量，保护临界资源。用户需定义互斥量句柄，指定互斥量名称。创建成功后返回互斥量句柄，否则返回 RT_NULL。

　　2. 互斥量删除函数 rt_mutex_delete()

　　rt_mutex_delete() 根据互斥量句柄删除互斥量，系统回收资源。删除时，所有阻塞在互斥量的线程被唤醒，返回错误码 -RT_ERROR，互斥量句柄失效。

　　3. 互斥量释放函数 rt_mutex_release()

　　线程使用资源后调用 rt_mutex_release() 释放互斥量。此函数减少持有计数，持有计数为零时，互斥量变为开锁状态，等待线程被唤醒。线程优先级恢复原设定。

　　4. 互斥量获取函数 rt_mutex_take()

　　线程调用 rt_mutex_take()来获取互斥量的所有权。当互斥量处于开锁状态时，线程可成功获取，否则线程被挂起，等待持有线程释放互斥量，持有值会递增。

9.8　事件集

9.8.1　事件集的基本概念

　　事件集是一种实现线程间通信的机制，主要用于实现线程间的同步，但事件通信只能是事件类型的通信，无数据传输。与信号不同的是，它可以实现一对多、多对多的同步。也就是说，一个线程可以等待多个事件的发生：可以是任意一个事件发生时唤醒线程进行事件处理，也可以是几个事件都发生后才唤醒线程进行事件处理。同样，事件也可以是多个线程同步多个事件。

　　事件集合用 32 位无符号整型变量来表示，每一位都代表一个事件，线程通过"逻辑与"或"逻辑或"与一个或多个事件建立关联，形成一个事件集。事件的"逻辑或"也称作独立型同步，指的是线程感兴趣的所有事件中的任一件发生即可被唤醒；事件"逻辑与"也称为关联型同步，指的是线程感兴趣的若干事件都发生时才被唤醒。

　　多线程环境下，线程之间往往需要同步操作，一个事件发生即是一个同步。事件可以提供一对多、多对多的同步操作。一对多同步模型：一个线程等待多个事件的触发。多对多同步模型：多个线程等待多个事件的触发。

　　线程可以通过创建事件来实现事件的触发和等待操作。RT-Thread 的事件仅用于同步，不提供数据传输功能。

　　RT-Thread 提供的事件集具有如下特点：

　　1）事件只与线程相关联，事件相互独立，一个 32 位的事件集合（set 变量）用于标识该线程发生的事件类型，其中的每一位都表示一种事件类型（0 表示该事件类型未发生，1 表示该事件类型已经发生），一共有 32 种事件类型。

2）事件仅用于同步，不提供数据传输功能。

3）事件无排队性，即多次向线程发送同一事件（如果线程还未来得及读走）等效于只发送一次。

4）允许多个线程对同一事件进行读写操作。

5）支持事件等待超时机制。

在 RT-Thread 实现中，每个线程都拥有一个事件信息标志，它有 3 个属性，分别是 RT_EVENT_FLAG_AND（逻辑与）、RT_EVENT_FLAG_OR（逻辑或）及 RT_EVENT_FLAG_CLEAR（清除标志）。当线程等待事件同步时，可以通过 32 个事件标志和这个事件信息标志来判断当前接收的事件是否满足同步条件。

9.8.2　事件集的工作机制

接收事件时，可以根据感兴趣的事件类型接收事件的单个或者多个事件类型。事件接收成功后，必须使用 RT_EVENT_FLAG_CLEA 选项来清除已接收到的事件类型，否则不会清除已接收到的事件。用户可以自定义通过传入参数选择读取模式 option，即等待所有感兴趣的事件，还是等待感兴趣的任意一个事件。

发送事件时，对指定事件写入指定的事件类型，设置事件集合 set 的对应事件位为 1，可以一次同时写多个事件类型，发送事件会触发线程调度。

清除事件时，系统会根据传入的事件句柄及指定要清除的事件类型，对事件对应位进行清 0 操作。事件不与线程相关联，事件相互独立，一个 32 位的变量（事件集合 set）用于标识该线程发生的事件类型，其中的每一位都表示一种事件类型（0 表示该事件类型未发生，1 表示该事件类型已经发生），一共有 32 种事件类型，具体如图 9-29 所示。

图 9-29　事件集合 set（一个 32 位的变量）

如图 9-29 所示，Thread#1 的事件标志中，第 1 位和第 30 位被置位。如果事件信息标志位设为逻辑与，则表示 Thread#1 只有在事件 1 和事件 30 都发生以后才会被触发唤醒；如果事件信息标志位设为逻辑或，则事件 1 或事件 30 中的任意一个发生都会触发唤醒 Thread#1。如果信息标志同时设置了清除标志位，则当 Thread#1 唤醒后，将主动把事件 1 和事件 30 清零，否则事件标志将依然存在（即置 1）。

在事件唤醒机制下，当线程因为等待某个或者多个事件发生而进入阻塞状态时，事件发生时会被唤醒，事件唤醒线程示意图如图 9-30 所示。

线程 1 对事件 3 或事件 5 感兴趣（采用逻辑或 RT_EVENT_FLAG_OR 方式），这意味着，只要事件 3 或事件 5 中的任何一个被触发，线程 1 都会被唤醒，并随即执行相应的处理逻辑。而线程 2 对事件 3 与事件 5 感兴趣（逻辑与 RT_EVENT_FLAG_AND），当且仅当事件 3 与事件 5 都发生的时候，线程 2 才会被唤醒，如果只有其中一个事件发生，那么线程还是会继续等待事件发生。如果在接收事件函数中，option 设置了清除事件位，那么当线程唤醒后将把事件 3 和事件 5 的事件标志清零，否则事件标志将依然存在。

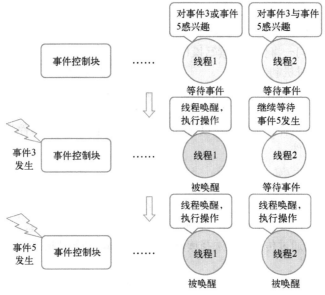

图 9-30　事件唤醒线程示意图

9.8.3　事件集控制块

在 RT-Thread 中，事件集控制块是操作系统用于管理事件的一个数据结构，由结构体 struct rt_event 表示。另外一种 C 表达方式 rt_eventt 表示的是事件集的句柄，在 C 语言中是事件集控制块的指针。事件集控制块结构的详细定义如下：

```
struct rt_event
{
    struct rt_ipc_object parent;    /*继承自 rt_ipc_object 类*/
    /*事件集合，每一位都表示一个事件，位的值可以标记某事件是否发生*/
    rt_uint32t set;
};
/*rt_eventt 是指向事件结构体的指针类型*/
typedef   struct rt_event* rt_event_t;
```

rt_event 对象从 rt_ipc_object 中派生，由 IPC 容器所管理。

9.8.4　事件集的管理方式

事件集控制块中含有与事件集相关的重要参数，在事件集功能的实现中起着重要的作用。事件集相关接口如图 9-31 所示，对一个事件集的操作包含创建/初始化事件集、发送事件、接收事件、删除/脱离事件集。

图 9-31　事件集相关接口

1．创建和删除事件集

当创建一个事件集时，内核首先创建一个事件集控制块，然后对该事件集控制块进行基本的初始化。创建事件集使用下面的函数接口：

rt_event_t   rt_event_create(const char* name, rt_uint8_t flag);

调用该函数接口时，系统会从对象管理器中分配事件集对象，并初始化这个对象，然后初始化父类 IPC 对象。

系统不再使用 rt_event_create()创建的事件集对象时，可通过删除事件集对象控制块来释放系统资源。删除事件集可以使用下面的函数接口：

rt_err_t   rt_event_delete(rtevent_t event);

在调用 rt_event_delete()函数删除一个事件集对象时，应该确保该事件集不再被使用。在删除前会唤醒所有挂起在该事件集上的线程（线程的返回值是-RT_ERROR），然后释放事件集对象占用的内存块。

2．初始化和脱离事件集

静态事件集对象的内存是在系统编译时由编译器分配的，一般放于读写数据段或未初始化数据段中。

在使用静态事件集对象前，需要先对它进行初始化操作。初始化事件集使用下面的函数接口：

rt_err_t   rt_event_init(rt_eventt event, const char* name, rt_uint8_t flag),

调用该接口时，需指定静态事件集对象的句柄（即指向事件集控制块的指针），然后系统会初始化事件集对象，并将其加入系统对象容器中进行管理。

系统不再使用 rt_event_init()初始化的事件集对象时，可通过脱离事件集对象控制块来释放系统资源。脱离事件集是指将事件集对象从内核对象管理器中脱离。脱离事件集使用下面的函数接口：

rt_err_t   rt_event_detach(rt_event_t event);

用户调用这个函数时，系统首先唤醒所有挂在该事件集等待队列上的线程（线程的返回值是-RT_ERROR），然后将该事件集从内核对象管理器中脱离。

3．发送事件

发送事件函数可以发送事件集中的一个或多个事件，如下：

rt_err_t   rt_event_send(rt_event_t event, rt_uint32_t set);

使用该函数接口时，通过参数 set 指定的事件标志来设定 event 事件集对象的事件标志值，然后遍历 event 事件集对象上的等待线程链表，判断是否有线程的事件激活要求与当前 event 对象事件标志值匹配，如果有，则唤醒该线程。

4．接收事件

内核使用 32 位的无符号整数来标识事件集，它的每一位都代表一个事件，因此一个事件集对象可同时等待或接收 32 个事件，内核可以通过指定"逻辑与"或"逻辑或"参数来选择如何激活线程。使用"逻辑与"参数表示只有当所有等待的事件都发生时才激活线程，而使用"逻辑或"参数，则表示只要有一个等待的事件发生就激活线程。接收事件使用下面的函数接口：

rt_err_t   rt_event_recv(rt_event_t event,
                    rt_uint32_t set,
                    rt_uint8_t option,

rt_int32_t timeout,
rt_uint32_t* recved);

当用户调用该接口时，系统首先根据 set 参数和接收选项 option 来判断它要接收的事件是否发生，如果已经发生，则根据参数 option 上是否设置了 RTEVENT_FLAG_CLEAR 来决定是否重置事件的相应标志位，然后返回（其中，recved 参数返回接收到的事件）；如果没有发生，则把等待的 set 和 option 参数填入线程本身的结构中，然后把线程挂起在此事件上，直到其等待的事件满足条件或等待时间超过指定的超时时间。如果超时时间设置为零，则表示当线程要接收的事件没有满足其要求时就不等待，而直接返回-RT_ETIMEOUT。

9.8.5 事件函数接口

1．事件创建函数 rt_event_create()

rt_event_create() 用于创建事件对象。内核初始化事件控制块，成功时返回事件句柄，否则返回 RT_NULL。需要定义指向事件控制块的指针，即事件句柄。

2．事件删除函数 rt_event_delete()

rt_event_delete() 用于删除事件对象，释放系统资源。要删除一个事件，需传递该事件的句柄给函数。这一操作通常在事件不再被需要时进行，如对于一次性事件或那些已经确定不再使用的事件。删除这些不再必要的事件对象，可以确保系统资源得到高效利用，避免不必要的资源占用和潜在的内存泄露问题。

3．事件发送函数 rt_event_send()

rt_event_send() 通过参数设定事件标志位，遍历等待线程列表，唤醒符合条件的线程，即设置事件标志位为 1，并查看是否有线程等待该事件，从而唤醒线程。

4．事件接收函数 rt_event_recv()

rt_event_recv() 检查事件是否发生，并获取事件标记。用户通过"逻辑与""逻辑或"等操作接收感兴趣的事件。函数实现了超时等待机制，返回 RT_EOK、-RT_ETIMEOUT 或 -RT_ERROR。

9.9 软件定时器

9.9.1 软件定时器的基本概念

定时器是指从指定的时刻开始，经过指定时间，触发一个超时事件，用户可以自定义定时器的周期与频率。类似生活中的闹钟，我们可以设置闹钟每天什么时候响，还能设置响的次数，是响一次还是每天都响。

定时器有硬件定时器和软件定时器之分。

硬件定时器是芯片本身提供的定时功能。一般由外部晶振提供给芯片输入时钟，芯片向软件模块提供一组配置寄存器，接收控制输入，到达设定时间值后，芯片中断控制器产生时钟中断。硬件定时器的精度一般很高，可以达到纳秒级别，并且是中断触发方式。

软件定时器是由操作系统提供的一类系统接口，它构建在硬件定时器基础之上，使系统能够提供不受硬件定时器资源限制的定时器服务。它实现的功能与硬件定时器也是类似的。

使用硬件定时器时，每次在定时时间到达之后就会自动触发一个中断，用户在中断中处理信息；而使用软件定时器时，需要在创建软件定时器时指定时间到达后要调用的函数（也称超时函数/回调函数，为了统一，下文均用超时函数描述），在超时函数中处理信息。

软件定时器在被创建之后，经过设定的时钟计数值后会触发用户定义的超时函数。定时精度与系统时钟的周期有关。一般，系统利用 SysTick 作为软件定时器的基础时钟，超时函数类似硬件的中断服务函数，所以超时函数也要快进快出，而且超时函数中不能有任何阻塞线程运行的情况，比如 rt_thread_delay()及其他能阻塞线程运行的函数。两次触发超时函数的时间间隔 Tick 称为定时器的定时周期。

RT-Thread 操作系统提供软件定时器功能。软件定时器的使用相当于扩展了定时器的数量，允许创建更多的定时业务。

RT-Thread 软件定时器具有如下功能：

1）静态裁剪：能通过宏关闭软件定时器功能。

2）软件定时器创建。

3）软件定时器启动。

4）软件定时器停止。

5）软件定时器删除。

RT-Thread 提供的软件定时器支持单次模式和周期模式。单次模式和周期模式的定时时间到了之后都会调用定时器的超时函数，用户可以在超时函数中加入要执行的工程代码。

单次模式：当用户创建了定时器并启动了定时器后，定时时间到了，只执行一次超时函数就将该定时器删除，不再重新执行。

周期模式：这个定时器会按照设置的定时时间循环执行超时函数，直到用户将定时器删除。

软件定时器的单次模式与周期模式如图 9-32 所示。

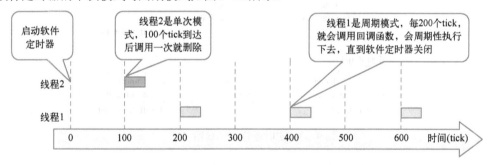

图 9-32　软件定时器的单次模式与周期模式

在 RT-Thread 中创建定时器 API 接口可以选择软件定时器与硬件定时器，但是硬件定时器超时函数的上下文环境中断，而软件定时器超时函数的上下文是线程。下文所说的定时器均为软件定时器工作模式，RT-Thread 中，在 rtdef.h 中定义了相关的宏定义来选择定时器的工作模式：

1）RT_TIMER_FLAG_HARD_TIMER 为硬件定时器。

2）RT_TIMER_FLAG_SOFT_TIMER 为软件定时器。

9.9.2　软件定时器的工作机制

软件定时器是系统资源，在创建定时器的时候会分配一块内存空间。当用户创建并启动一个软件定时器时，RT-Thread 会根据当前系统时间 rt_tick 及用户设置的定时确定该定时器唤醒时间 timeout，并将该定时器控制块挂入软件定时器列表 rt_soft_timer_list。

在 RT-Thread 定时器模块中维护着两个重要的全局变量：

1）rt_tick。它是一个 32 位无符号的变量，用于记录当前系统经过的 tick 时间。当硬件定时器中断来临时，它将自动增加 1。

2）软件定时器列表 rt_soft_timer_list。系统新创建并激活的定时器都会以超时时间升序的方式插入 rt_soft_timer_list 列表中。系统在定时器线程中扫描 rt_soft_timer_list 中的第一个定时器，看是否已超时。若已经超时，则调用软件定时器超时函数，否则退出软件定时器线程，因为定时时间是升序插入软件定时器列表的，如果列表中第一个定时器的定时时间还没到，那么后面的定时器定时时间自然没到。

例如，系统当前时间 rt_tick 的值为 0，在当前系统中已经创建并启动了一个定时器 Timer1；系统继续运行，当系统的时间 rt_tick 为 20 时，用户创建并且启动一个定时时间为 100 的定时器 Timer2，此时 Timer2 的溢出时间 timeout 就为定时时间＋系统当前时间（100+20=120），然后将 Timer2 按 timeout 升序插入软件定时器列表中；假设当前系统时间 rt_tick 为 40 时，用户创建并且启动了一个定时时间为 50 的定时器 Timer3，那么此时 Timer3 的溢出时间 timeout 就为 40+50=90，同样，安装 timeout 的数值升序插入软件定时器列表中，定时器链表示意图（1）如图 9-33 所示。同理，如果用户在已有定时器之间创建并启动新的定时器，那么这些定时器也会根据其 timeout 值，按照升序被准确地插入定时器链表中。这样的插入操作确保了定时器能够按照其预设的触发时间顺序被依次处理。此时，定时器链表示意图（2）如图 9-34 所示。

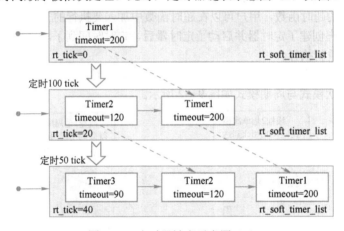

图 9-33　定时器链表示意图（1）

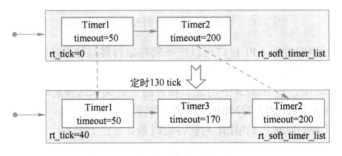

图 9-34　定时器链表示意图（2）

那么系统如何处理软件定时器列表？系统在不断运行，而 rt_tick 随着 SysTick 的触发一直在增长（每一次硬件定时器中断来临，rt_tick 变量都会加 1），在软件定时器线程中扫描 rt_soft_timer_list，比较当前系统时间 rt_tick 是否大于或等于 timeout，若是则表示超时，定时器线程调用对应定时器的超时函数，否则退出软件定时器线程。以图 9-35 为例，讲解软件定时器调用超时函数的过程，在创建定时器 Timer1 并且启动后，假如系统经过了 50 个 tick，rt_tick 从 0 增长到 50，与 Timer1 的 timeout 值相等，这时会触发与 Timer1 对应的超时函数，从而转到超时函数中执行用户代码，同时将 Timer1 从 rt_timer_list 中删除。同理，在 rt_tick=40 的时候创建的 Timer3，在经过 130 个 tick 后（此时，系统时间 rt_tick 是 40，130 个 tick 就是系统时间 rt_tick 为 170 的时候），与 Timer3 定时器对应的超时函数会被触发，接着将 Timer3 从 rt_timer_list 中删除。

使用软件定时器时要注意以下几点：

1）软件定时器的超时函数应快进快出，绝对不允许使用任何可能引软件定时器线程挂起或者阻塞的 API 接口，在超时函数中也绝对不允许出现死循环。

2）软件定时器使用了系统的一个队列和一个线程资源，软件定时器线程的优先级默认为 RT_TIMER_THREAD_PRIO。

3）创建单次软件定时器，该定时器超时并执行完超时函数后，系统会自动删除该软件定时器，并回收资源。

4）定时器线程的堆栈大小默认为 RT_TIMER_THREAD_STACK_SIZE，即 512 个字节。

9.9.3　软件定时器的使用

RT-Thread 给用户提供的只是一些基础函数，使用任何一个内核的资源都需要用户自己去创建，就像线程、信号等这些 RT-Thread 的资源，所以使用软件定时器也是需要我们自己去创建的。

软件定时器的创建函数使用起来是很简单的，软件定时器的超时函数需要自己实现，软件定时器的工作模式以及定时器的定时时间按需选择即可。

9.10　邮箱

9.10.1　邮箱的基本概念

邮箱在操作系统中是一种常用的 IPC 通信方式，邮箱可以在线程与线程之间、中断与线程之间进行消息的传递。此外，邮箱相比于信号与消息队列来说，其开销更低，效率更高，所以常用来进行线程与线程、中断与线程间的通信。邮箱中的每一封邮件都只能容纳固定的 4B 内容（STM32 是 32 位处理系统，一个指针的大小即为 4B，所以一封邮件恰好能够容纳一个指针），当需要在线程间传递比较大的消息时，可以把指向一个缓冲区的指针作为邮件发送到邮箱中。

线程能够从邮箱里面读取邮件消息，当邮箱中的邮件为空时，根据用户自定义的阻塞时间决定是否挂起读取线程；当邮箱中有新邮件时，挂起的读取线程被唤醒，邮箱也是一种异步的通信方式。

通过邮箱，线程或中断服务函数可以将一个或多个邮件放入邮箱中。同样，一个或多个线程可以从邮箱中获得邮件消息。当有多个邮件发送到邮箱时，通常应将先进入邮箱的邮件传给线程，也就是说，线程先得到的是最先进入邮箱的消息，即先进先出原则（FIFO）。同时，RT-Thread 中的邮箱支持优先级，也就是说，在所有等待邮件的线程中，优先级最高的会先获得邮件。

RT-Thread 中使用邮箱实现线程异步通信工作，具有如下特性：

1）邮件支持先进先出方式排队与优先级方式排队，支持异步读写工作方式。

2）发送与接收邮件均支持超时机制。

3）一个线程能够从任意一个消息队列接收和发送邮件。

4）多个线程能够向同一个邮箱发送邮件和从中接收邮件。

5）邮箱中的每一封邮件都只能容纳固定的 4B 内容（可以存放地址）。

6）当队列使用结束后，需要通过删除邮箱以释放内存。

邮箱与消息队列很相似，消息队列中消息的长度是可以由用户配置的，但邮箱中的邮件却只能固定容纳 4B 的内容，所以，使用邮箱的开销是很小的，因为传递的只能是 4B 以内的内容，其效率会更高。

9.10.2　邮箱的工作机制

RT-Thread 操作系统的邮箱用于线程间通信，特点是开销比较低，效率较高。邮箱中的每一封邮件都只能容纳固定的 4B 内容（针对 32 位处理系统，指针的大小即为 4B，所以一封邮件恰好能够容纳一个指针）。邮箱工作示意图如图 9-35 所示，线程或中断服务例程把一封 4B 长度的邮件发送到邮箱中，而一个或多个线程可以从邮箱中接收这些邮件并进行处理。

图 9-35　邮箱工作示意图

非阻塞方式的邮件发送过程能够安全地应用于中断服务中，是线程、中断服务、定时器向线程发送消息的有效手段。通常来说，邮件收取过程可能是阻塞的，这取决于邮箱中是否有邮件，以及收取邮件时设置的超时时间。当邮箱中不存在邮件且超时时间不为 0 时，邮件收取过程将变成阻塞方式。在这类情况下，只能由线程进行邮件的收取。

当一个线程向邮箱发送邮件时，如果邮箱没满，则把邮件复制到邮箱中。如果邮箱已经满了，那么发送线程可以设置超时时间，选择挂起等待或直接返回-RTEFULL。如果发送线程选择挂起等待，那么当邮箱中的邮件被收取而空出空间来时，等待挂起的发送线程将被唤醒而继续发送。

当一个线程从邮箱中接收邮件时，如果邮箱是空的，那么接收线程可以选择是否等待挂起，直到收到新的邮件而唤醒，或可以设置超时时间。当达到设置的超时时间，邮箱依然未收到邮件时，这个选择超时等待的线程将被唤醒并返回-RTETIMEOUT。如果邮箱中存在邮件，那么接收线程将复制邮箱中的 4B 邮件到接收缓存中。

9.10.3　邮箱控制块

在 RT-Thread 中，邮箱控制块是操作系统用于管理邮箱的一个数据结构，由结构体 struct rt_mailbox 表示。另外一种 C 表达方式 rtmailboxt，表示的是邮箱的句柄，在 C 语言中是邮箱控制块的指针。邮箱控制块结构的详细定义请见以下代码：

```
struct rt_mailbox
{
struct rt_ipc_object    parent;
rt_uint32_t  * msg_pool,          /*邮箱缓冲区的开始地址*/
rt_uint16_t    size;              /*邮箱缓冲区的大小*/

rt_uint16_t    entry;             /*邮箱中邮件的数目*/
rt_uint16_t   in_offset, out_offset;   /*邮箱缓冲的进出指针*/
rt_list_t   suspend_sender_thread;    /*发送线程的挂起等待队列*/
};
typedef struct   rt_mailbox* rt_mailbox_t,
```

rt_mailbox 对象从 rt_ipc_object 中派生，由 IPC 容器所管理。

9.10.4　邮箱的管理方式

邮箱控制块是一个结构体，其中含有事件相关的重要参数，在邮箱的功能实现中起着重要的作用。邮箱的相关接口如图 9-36 所示，对一个邮箱的操作包含创建/初始化邮箱、发送邮件、接收邮件、删除/脱离邮箱。

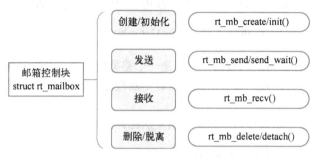

图 9-36　邮箱的相关接口

1. 创建和删除邮箱

要动态创建一个邮箱对象，可以调用如下的函数接口：

rt_mailbox_t　rt_mb_create (const char* name, rt_size_t size, rt_uint8_t flag);

创建邮箱对象时会先从对象管理器中分配一个邮箱对象，然后给邮箱动态分配一块内存空间用来存放邮件，这块内存的大小等于邮件大小（4B）与邮箱容量的乘积，接着初始化接收邮件数目和发送邮件在邮箱中的偏移量。

当用 rt_mb_create()创建的邮箱不再被使用时，应该删除它来释放相应的系统资源，一旦操作完成，邮箱就将被永久性地删除。删除邮箱的函数接口如下：

rt_err_t　rt_mb_delete (rt_mailbox_t mb);

删除邮箱时，如果有线程被挂起在该邮箱对象上，那么内核先唤醒挂起在该邮箱上的所有线程（线程返回值是-RT_ERROR），然后释放邮箱使用的内存，最后删除邮箱对象。

2. 初始化和脱离邮箱

初始化邮箱与创建邮箱类似，只是初始化邮箱用于静态邮箱对象的初始化。与创建邮箱不同的是，静态邮箱对象的内存是在系统编译时由编译器分配的，一般放于读写数据段或未初始化数据段中，其余的初始化工作与创建邮箱时相同。函数接口如下：

rt_err_t　rt_mb_init(rt_mailbox_t mb,
　　　　　　　　const char* name,
　　　　　　　　void* msgpool,
　　　　　　　　rt_size_t size,
　　　　　　　　rt_uint8_t flag)

初始化邮箱时，该函数接口需要获得用户已经申请并获得的邮箱对象控制块、缓冲区的指针，以及邮箱名称和邮箱容量（能够存储的邮件数）。

这里的 size 参数指定的是邮箱的容量，即如果 msgpool 指向的缓冲区的字节数是 N，那么邮箱容量应该是 $N/4$。

脱离邮箱将把静态初始化的邮箱对象从内核对象管理器中脱离。脱离邮箱使用下面的接口：

```
rt_err_t    rt_mb_detach(rt_mailbox_t mb);
```

使用该函数接口后，内核先唤醒所有挂在该邮箱上的线程（线程获得的返回值是-RT ERROR），然后将该邮箱对象从内核对象管理器中脱离。

3. 发送邮件

线程或者中断服务程序可以通过邮箱给其他线程发送邮件。发送邮件的函数接口如下：

```
rt_err_t    rt_mb_send (rt_mailbox_t mb, rt_uint32_t value);
```

发送的邮件是 32 位任意格式的数据，可以是一个整型值或者一个指向缓冲区的指针。

当邮箱中的邮件已满时，发送邮件的线程或者中断程序会收到-RT_EFULL 的返回值。

4. 等待方式发送邮件

用户也可以通过如下的函数接口向指定邮箱发送邮件：

```
rt_err_t rt_mb_send_wait (rt_mailbox_t mb,
                          rt_uint32_t value,
                          rt_int32_t timeout);
```

rt_mb_send_wait()与 rt_mb_send()的区别在于是否有等待时间。如果邮箱已经满了，那么发送线程将根据设定的 timeout 参数等待邮箱中因为收取邮件而空出空间。如果设置的超时时间到达但依然没有空出空间，那么发送线程将被唤醒并返回错误码。

5. 接收邮件

只有当接收者接收的邮箱中有邮件时，接收者才能立即取到邮件并返回 RTEOK 的返回值，否则接收线程会根据超时时间设置，或挂起在邮箱的等待线程队列上，或直接返回。接收邮件函数接口如下：

```
rt_err_t    rt_mb_recv (rtmailbox_t mb, rt_uint32_t* value, rt_int32_t timeout);
```

接收邮件时，接收者需指定接收邮件的邮箱句柄，并指定接收到邮件的存放位置及最多能够等待的超时时间。如果接收时设定了超时，那么当在指定的时间内依然未收到邮件时将返回-RT_ETIMEOUT。

9.10.5　邮箱的函数接口

1. 邮箱创建函数 rt_mb_create()

rt_mb_create() 用于创建邮箱。内核初始化邮箱控制块，并分配内存空间存放邮件，成功时返回邮箱句柄，失败时返回 RT_NULL。用户需定义邮箱句柄。

2. 邮箱删除函数 rt_mb_delete()

rt_mb_delete() 用于删除邮箱对象，释放系统资源。在调用此函数时，需传入待删除的邮箱对象的句柄。一旦操作完成，该邮箱将被永久移除，其所占用的资源也将被系统回收。此函数是管理邮箱对象生命周期的重要工具，能确保邮箱不再需要时系统资源得到及时且有效的释放。

3. 邮箱邮件发送函数 rt_mb_send_wait()（阻塞）

rt_mb_send_wait()用于发送邮件，当邮箱未满时可成功发送。邮箱满，则线程挂起指定时间，超时返回-RT_EFULL。邮件内容可为 4B 数据或指针。

4. 邮箱邮件发送函数 rt_mb_send()（非阻塞）

rt_mb_send() 是非阻塞邮件发送函数，实际上调用的是 rt_mb_send_wait()，但不等待（timeout=0）。该函数常用于中断与线程通信，只需传递邮箱对象与邮件内容。

5．邮箱邮件接收函数　rt_mb_recv()

rt_mb_recv()用于接收邮件。邮箱有邮件时立即取出；若无邮件，则挂起线程等待，直到接收完成或超时。成功时返回 RT_EOK，超时返回-RT_ETIMEOUT。

习题

1．什么是 RT-Thread？

2．RT-Thread 实时核心的功能特点是什么？

3．RT-Thread 设备框架的功能特点是什么？

4．设备虚拟文件系统主要面向小型设备，其功能特点是什么？

5．RT-Thread 协议栈的功能特点是什么？

6．说明 RT-Thread 架构的组成。

7．RT-Thread 实时内核的实现包括哪些内容？

8．说明 RT-Thread 启动流程。

9．RT-Thread 线程管理的主要功能是什么？

10．什么是消息队列？

11．什么是信号？

12．什么是互斥量？

13．什么是事件集？

14．什么是软件定时器？

15．什么是邮箱？

第10章 RT-Thread Studio 集成开发环境

本章介绍 RT-Thread Studio 集成开发环境的使用。首先，讲解了 RT-Thread Studio 软件的下载及安装过程。随后，逐步展示了如何在 RT-Thread Studio 软件测试中创建项目、编译项目、将程序下载至目标设备，并观察运行结果的全过程。通过本章的学习，读者将能够快速上手 RT-Thread Studio，进行嵌入式开发环境的搭建和调试，为项目开发提供有力支持。

10.1 RT-Thread Studio 软件下载及安装

RTT 支持 RT-Thread Studio、ARM-MDK、IAR 等主流开发工具。其中，RT-Thread Studio 是睿赛德为 RTT 量身定做的免费集成开发环境，目前已支持 STM32 全系列芯片。本书采用 RT-Thread Studio 进行 RTT 开发。

RT-Thread Studio 可从 RTT 官网下载（https://www.rt-thread.org/page/download.html）。

下载后的 RT-Thread Studio 的软件包为 RT-Thread Studio_2.2.8-setup-x86_64_202405200930.exe。

RT-Thread Studio 的软件包如图 10-1 所示。

RT-Thread Studio_2.2.8-setup-x86_64_202405200930.exe

图 10-1 RT-Thread Studio 的软件包

下载完成后，双击安装程序即可开始安装，注意安装路径不能包含中文。RT-Thread Studio 软件安装的欢迎界面如图 10-2 所示。

图 10-2 RT-Thread Studio 软件安装的欢迎界面

单击图 10-2 中的"下一步"按钮，弹出图 10-3 所示的选择目标位置界面。

图 10-3　选择目标位置界面

将 RT-Thread Studio 软件安装在 D 盘，单击图 10-3 中的"下一步"按钮，弹出图 10-4 所示的选择开始菜单文件夹界面。

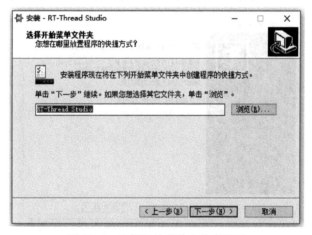

图 10-4　选择开始菜单文件夹界面

单击图 10-4 中的"下一步"按钮，弹出图 10-5 所示的准备安装界面。

图 10-5　准备安装界面

单击图 10-5 中的"安装"按钮，弹出图 10-6 所示的正在安装界面。

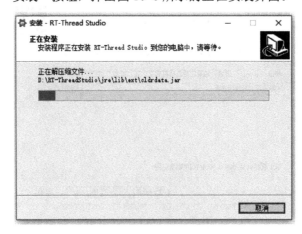

图 10-6　正在安装 RT-Thread Studio 界面

等待 RT-Thread Studio 软件安装完成，弹出图 10-7 所示的 RT-Thread Studio 安装向导完成界面。

图 10-7　RT-Thread Studio 安装向导完成界面

单击图 10-7 中的"完成"按钮，进入图 10-8 所示的 RT-Thread Studio 装入工作台过程界面。

图 10-8　RT-Thread Studio 装入工作台过程界面

安装完成后，也可通过双击打开计算机桌面上的 RT-Thread Studio 软件，RT-Thread Studio 图标如图 10-9 所示。

首次打开 RT-Thread Studio 时，需要联网注册或登录（已注册过）。RT-Thread Studio 软件账户登录界面如图 10-10 所示。输入账号和密码，单击"登录"按钮，即可进入 RT-Thread Studio 集成开发环境。

图 10-9　RT-Thread Studio 图标　　　　　图 10-10　RT-Thread Studio 软件账户登录界面

10.2　RT-Thread Studio 软件测试

登录完成后即可打开软件，显示为欢迎界面。为了确保开发环境可用，首先要对其进行测试，测试过程包括创建项目、编译项目、下载程序和观察运行结果 4 个步骤。

10.2.1　创建项目

在 F 盘新建一个存放 RT-Thread 项目的文件夹。在 RT-Thread 开发环境中选择"文件"→"新建"→"RT-Thread 项目"命令，如图 10-11 所示。

图 10-11　选择"文件"→"新建"→"RT-Thread 项目"命令

此时打开"新建项目"对话框,如图 10-12 所示,根据图 10-12 中的所示内容,填写项目信息。输入项目名称为 RTTProject,项目保存位置为 F:\RT-ThreadProject,芯片选择 ST 公司的 STM32F407ZG,调试器选择 ST-LINK,接口选择 SWD。

单击"完成"按钮,弹出图 10-13 所示的"进度提示"界面。

图 10-12 "新建项目"对话框   图 10-13 "进度提示"界面

需要说明的是,RT-Thread Studio 安装好并启用时,并没有 ST 公司的 STM32F4 等系列芯片的资源包。

单击图 10-14 所示的 RT-Thread Studio 工具栏上的 SDK Manager(SDK 管理器)按钮,弹出图 10-15 所示的"RT-Thread SDK 管理器"窗口。从图 11-15 可以看出,STM32F4 系列芯片的资源包没有安装,此前曾安装过 STM32F1 和 STM32L4 系列芯片的资源包。

图 10-14 SDK 管理器

选中图 10-15 中的 STM32F4,单击"安装 1 资源包"按钮,弹出图 10-16 所示的下载资源包界面。

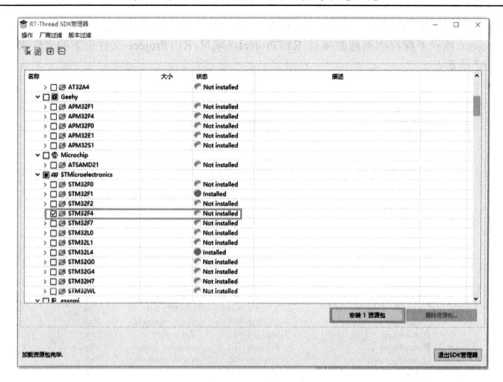

图 10-15　"RT-Thread SDK 管理器"窗口

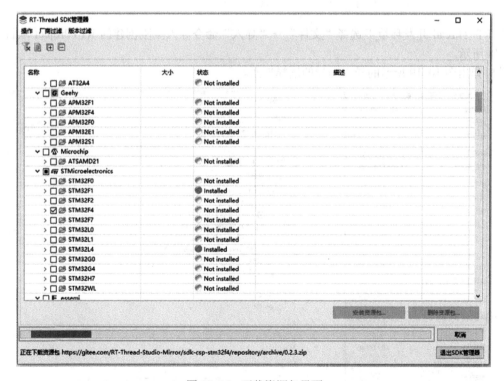

图 10-16　下载资源包界面

STM32F4 系列芯片的资源包安装完毕后，图 10-16 中的 STM32F4 变成 Installed（已安装）状态。

STM32F4 系列芯片的资源包下载完成后，继续等待片刻即可完成项目创建。在 F:\RT-ThreadProject 路径下保存刚创建的项目 RTTProject，项目 RTTProject 文件夹下的文件夹和文件如图 10-17 所示。

名称	修改日期	类型	大小
.settings	2024/6/4 19:03	文件夹	
applications	2024/6/4 19:02	文件夹	
build	2024/6/4 19:03	文件夹	
drivers	2024/6/4 19:03	文件夹	
libraries	2024/6/4 19:02	文件夹	
linkscripts	2024/6/4 19:02	文件夹	
rt-thread	2024/6/4 19:03	文件夹	
.config	2024/6/4 19:03	Configuration 源…	37 KB
.config.old	2024/6/4 19:03	OLD 文件	13 KB
.cproject	2024/6/4 19:03	CPROJECT 文件	38 KB
.gitattributes	2024/6/4 19:02	文本文档	1 KB
.gitignore	2024/6/4 19:02	文本文档	1 KB
.project	2024/6/4 19:03	PROJECT 文件	1 KB
.sconsign.dblite	2024/6/4 19:03	DBLITE 文件	0 KB
cconfig.h	2024/6/4 19:03	C/C++ Header F…	1 KB
Kconfig	2024/6/4 19:02	文件	1 KB
makefile.targets	2024/6/4 19:02	TARGETS 文件	1 KB
rtconfig.h	2024/6/4 19:02	C/C++ Header F…	7 KB
rtconfig.py	2024/6/4 19:02	Python File	1 KB
rtconfig.pyc	2024/6/4 19:03	Compiled Pytho…	1 KB
rtconfig_preinc.h	2024/6/4 19:03	C/C++ Header F…	1 KB
SConscript	2024/6/4 19:02	文件	1 KB
SConstruct	2024/6/4 19:02	文件	1 KB

图 10-17　项目 RTTProject 文件夹下的文件夹和文件

在 RT-Thread 开发环境下选择"文件"→"导入"命令导入刚刚创建的 RTTProject 项目，如图 10-18 所示。

此时弹出图 10-19 所示的导入向导的选择界面。

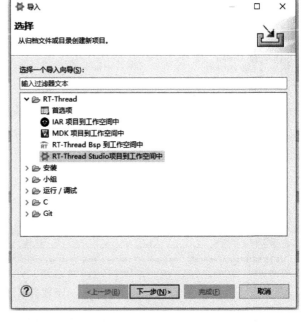

图 10-18　选择"文件"→"导入"命令　　　　　　图 10-19　导入向导的选择界面

单击图 10-19 中的 ▷ RT-Thread Studio项目到工作空间中 选项，弹出图 10-20 所示的导入项目界面，在 "选择根目录" 文本框中输入 F:\RT-Thread。

图 10-20　导入项目界面

单击图 10-20 中的 "完成" 按钮，弹出图 10-21 所示 RT-Thread Studio 集成开发环境窗口。

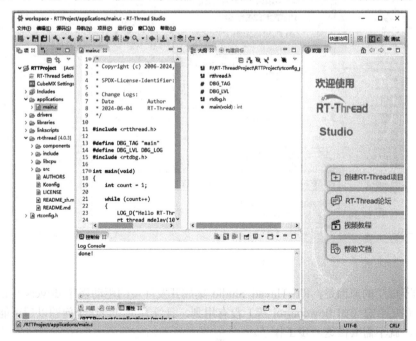

图 10-21　RT-Thread Studio 集成开发环境窗口

10.2.2　编译项目

项目创建完成后，打开 main.c 文件，选择"项目"→"构建项目"命令，完成程序编译，如图 10-22 所示。

图 10-22　选择"项目"→"构建项目"命令

程序并没有编译成功，编译结果出现 5 个 errors（错误），如图 10-23 所示。

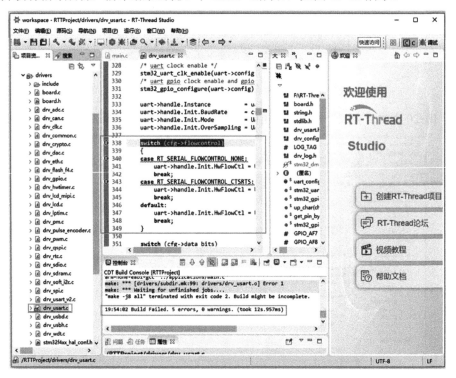

图 10-23　编译项目不成功

项目编译不成功的原因是，RT-Thread Studio 集成开发环境的驱动程序 drivers 中的 drv_usart.c 程序不完善，有几个宏（如 flowcontrol 等）没有用到，且没有定义。这个问题以后可能会解决，当该问题解决后，就不需要做这一步工作了。

将图 10-23 中的一段代码注释掉，重新编译项目，项目编译成功，如图 10-24 所示。

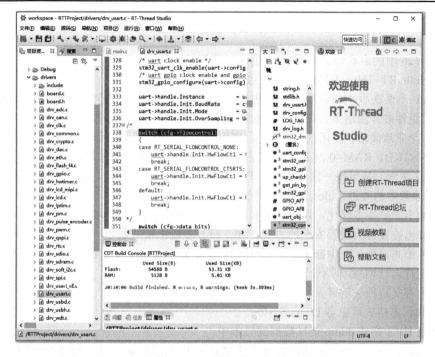

图 10-24　编译项目成功

注释掉代码后不影响程序的运行结果，也不会产生其他错误。

10.2.3　下载程序

利用 ST-LINK/V2 下载工具连接开发板和计算机，单击图 10-25 中的下载按钮 ，完成程序下载。

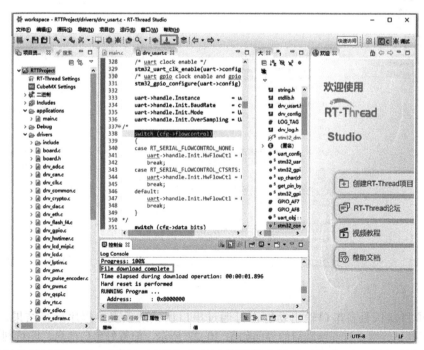

图 10-25　下载程序

10.2.4 观察运行结果

单击图 10-26 中的启动调试按钮 ![icon]，进入程序调试阶段。

LOG_D(Hello RT-THread)为调试级别日志函数。

RT-Thread 一直缺少小巧、实用的日志组件，而 ulog 的诞生补全了这个短板。它作为 RT-Thread 的基础组件被开源出来，让开发者也能用上简洁易用的日志系统，提高开发效率。

ulog 是一个非常简洁、易用的 C/C++ 日志组件，第一个字母 u 代表 μ，即微型的意思。它能做到最低 ROM<1KB、RAM<0.2KB 的资源占用。ulog 不仅有小巧的体积，同样也有非常全面的功能，其设计理念参考的是另外一款 C/C++ 开源日志库——EasyLogger（简称 elog），并在功能和性能等方面做了非常多的改进。ulog 的主要特性如下：

1）日志输出的后端多样化，可支持串口、网络、文件、闪存等后端形式。

2）日志输出被设计为线程安全的方式，并支持异步输出模式。

3）日志系统高可靠，在中断 ISR、Hardfault 等复杂环境下依旧可用。

4）日志支持运行期/编译期设置输出级别。

5）日志内容支持按关键词及标签方式进行全局过滤。

6）API 和日志格式可兼容 Linux Syslog。

7）支持以 HEX 格式 dump 调试数据到日志中。

8）兼容 rtdbg（RT-Thread 早期的日志头文件）及 EasyLogger 的日志输出 API，启动调试如图 10-26 所示。

图 10-26　启动调试

创建的项目默认具备串口输出功能，可通过串口调试助手观察程序运行结果。RT-Thread Studio 集成了调试终端，打开终端后的界面如图 10-27 所示，配置好串口信息，即可利用终端进行调试，调试结果如图 10-28 所示。如果能够下载程序并看到运行结果，则表明开发环境搭建成功。

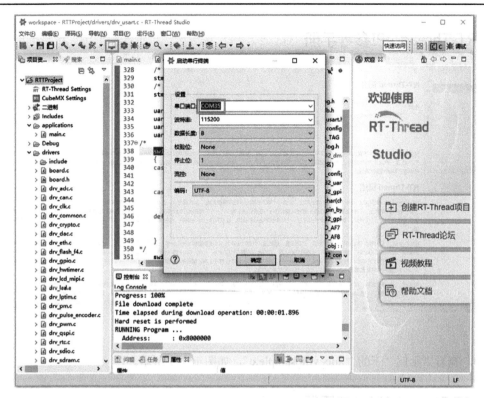

图 10-27 打开终端后的界面

图 10-28 调试结果

找到"打开 RT-Thread RTOS API 文档"按钮，如图 10-29 所示。

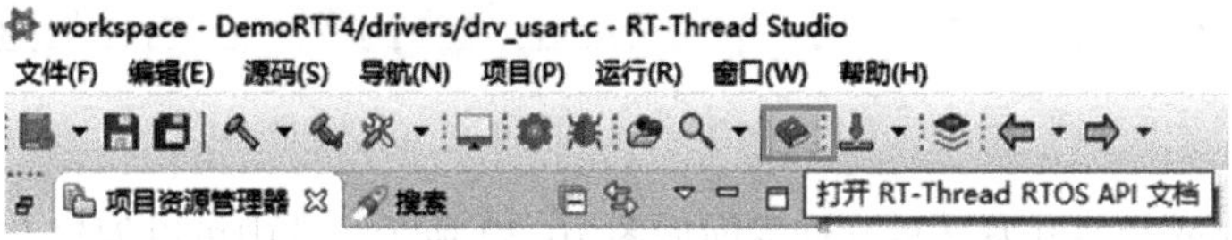

图 10-29 "打开 RT-Thread RTOS API 文档"按钮

单击 ◈ 按钮，弹出图 10-30 所示的 RT-Thread API 参考手册界面，可以查看 RT-Thread Studio 的操作方法。

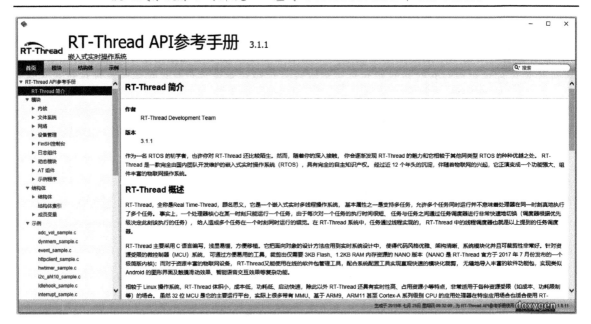

图 10-30　RT-Thread API 参考手册界面

例如，查看"示例"下的"adc_vol_sample.c"，如图 10-31 所示。

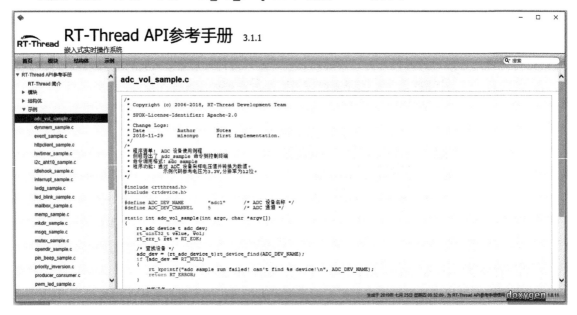

图 10-31　查看"示例"下的"adc_vol_sample.c"

RT-Thread Studio 集成开发环境欢迎界面如图 10-32 所示，从中可以创建 RT-Thread 项目、查看 RT-thread 论坛、观看视频教程、阅读帮助文档。

RT-Thread 文档中心网址：

https://www.rt-thread.org/document/site/#/

RT-Thread Studio 用户手册网址：

https://www.rt-thread.org/document/site/#/development-tools/rtthread-studio/um/studio-user-manual

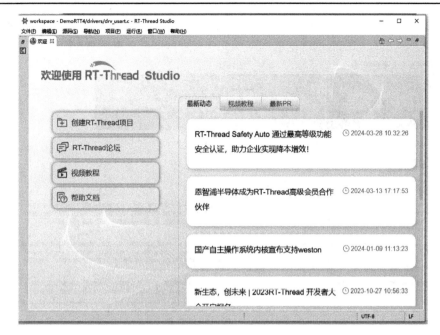

图 10-32　RT-Thread Studio 集成开发环境欢迎界面

通过 RT-Thread Studio 用户手册网址，进入图 10-33 所示的 RT-Thread Studio 用户手册阅读界面。

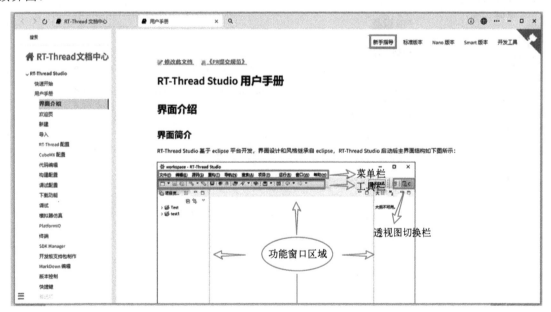

图 10-33　RT-Thread Studio 用户手册阅读界面

选择图 10-33 中的"新手指导"选项，进入图 10-34 所示的新手指导界面。

选择图 10-34 中的"标准版本"选项，进入图 10-35 所示的 RT-Thread 文档中心界面，从中可查看相关内容。

图 10-34　新手指导界面

图 10-35　RT-Thread 文档中心界面

习题

RT-Thread Studio 软件测试包括哪几个步骤？

第11章 RT–Thread I/O 设备和软件包

本章介绍 RT-Thread 操作系统中的 I/O 设备和软件包。首先概述了 I/O 设备模型框架、模型及类型。接着详细讲解了 I/O 设备的创建和注册、访问，并提供了具体的设备访问示例。之后介绍了 PIN 设备，包括引脚的基本概念、访问 PIN 设备及 PIN 设备使用示例。最后概述了 RT-Thread 软件包的相关内容。通过本章的学习，读者可以掌握 I/O 设备的管理与操作，提升嵌入式开发的实战能力。

11.1 I/O 设备介绍

嵌入式系统包括一些 I/O（Input/Output，输入/输出）设备。仪器上的数据显示屏、工业设备上的串口通信、数据采集设备上用于保存数据的 Flash 或 SD 卡，以及网络设备的以太网接口等，都是嵌入式系统中容易找到的 I/O 设备。

11.1.1 I/O 设备模型框架

如图 11-1 所示，RT-Thread 提供了一套简单的 I/O 设备模型框架，位于硬件和应用程序之间，共分成 3 层，从上到下分别是 I/O 设备管理层、设备驱动框架层、设备驱动层。

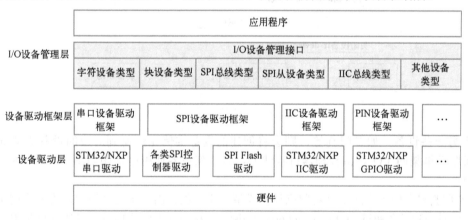

图 11-1 I/O 设备模型框架

应用程序通过 I/O 设备管理接口获得正确的设备驱动，然后通过这个设备驱动与底层 I/O 硬件设备进行数据交互。

1. 设备驱动层

I/O 设备驱动层负责对设备驱动程序进行封装，为应用程序提供了一套标准接口，以便它们能够访问底层设备。借助这一驱动层，设备驱动程序的升级或更换不会对上层应用造成任何干扰。这种设计方式确保了设备硬件操作代码与应用程序相互独立，双方可以专注于各自的功能实现，无须相互依赖。因此，这不仅降低了代码的耦合性和复杂性，还显著提升了系统的可靠性。

2. 设备驱动框架层

设备驱动框架层是对同类硬件设备驱动的再次抽象，提取了不同厂家同类硬件设备驱动中的相同部分，不同部分留出接口，由设备驱动层实现。设备驱动框架层的源码位于 rt-thread/components/drivers 目录中。

3. I/O 设备管理层

I/O 设备管理层对设备驱动程序进行第三次抽象，提供标准接口供应用程序调用以访问底层设备。设备驱动程序的升级、更替不会对上层应用产生影响，使得硬件操作相关程序独立于应用程序，双方只需关注各自的功能实现，降低了程序的耦合性、复杂性，提高了系统的可靠性。

I/O 设备管理层是一组驱使硬件设备工作的程序，实现访问硬件设备的功能。它负责创建和注册 I/O 设备，对于操作逻辑简单的设备，可以不经过设备驱动框架层，直接将设备注册到 I/O 设备管理器中。简单 I/O 设备使用序列图如图 11-2 所示，主要有以下两点：

1）设备驱动根据设备模型定义，创建出具备硬件访问能力的设备实例，将该设备通过 rt_device_register() 接口注册到 I/O 设备管理器中。

2）应用程序通过 rt_device_find() 接口查找设备，然后使用 I/O 设备管理接口来访问硬件。

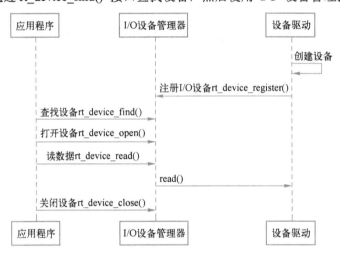

图 11-2　简单 I/O 设备使用序列图

对于另一些设备，如看门狗等，则会将创建的设备实例先注册到对应的设备驱动框架中，再由设备驱动框架向 I/O 设备管理器进行注册，看门狗设备使用序列图如图 11-3 所示。主要有以下几点：

1）看门狗设备驱动程序根据看门狗设备模型定义，创建出具备硬件访问能力的看门狗设备实例，并将该看门狗设备通过 rt_hw_watchdog_register() 接口注册到看门狗设备驱动框架中。

2）看门狗设备驱动框架通过 rt_device_register()接口将看门狗设备注册到 I/O 设备管理器中。

3）应用程序通过 I/O 设备管理接口来访问看门狗设备硬件。

11.1.2　I/O 设备模型

RT-Thread 的设备模型是建立在内核对象模型基础之上的，设备被认为是一类对象，被纳入对象管理器的范畴。每个设备对象都由基对象派生而来，每个具体设备都可以继承其父类对象的属性，并派生出其私有属性，设备继承关系如图 11-4 所示。

图 11-3　看门狗设备使用序列图

图 11-4　设备继承关系

设备对象的具体定义如下：

```
struct rt_device
{
    struct rt_object          parent;                /* 内核对象基类 */
    enum rt_device_class_type type;                  /* 设备类型 */
    rt_uint16_t               flag;                  /* 设备参数 */
    rt_uint16_t               open_flag;             /* 设备打开标志 */
    rt_uint8_t                ref_count;             /* 设备被引用次数 */
    rt_uint8_t                device_id;             /* 设备 ID, 0~255 */

    /* 数据收发回调函数 */
```

```
        rt_err_t (*rx_indicate)(rt_device_t dev, rt_size_t size);
        rt_err_t (*tx_complete)(rt_device_t dev, void *buffer);

        const struct rt_device_ops *ops;        /* 设备操作方法 */

        /* 设备的私有数据 */
        void *user_data;
    };
    typedef struct rt_device *rt_device_t;
```

11.1.3　I/O 设备类型

RT-Thread 支持多种 I/O 设备类型，主要设备类型如下：

```
RT_Device_Class_Char              /* 字符设备 */
RT_Device_Class_Block             /* 块设备 */
RT_Device_Class_NetIf             /* 网络接口设备 */
RT_Device_Class_MTD               /* 内存设备 */
RT_Device_Class_RTC               /* RTC 设备 */
RT_Device_Class_Sound             /* 声音设备 */
RT_Device_Class_Graphic           /* 图形设备 */
RT_Device_Class_I2CBUS            /* IIC 总线设备 */
RT_Device_Class_USBDevice         /* USB Device 设备 */
RT_Device_Class_USBHost           /* USB Host 设备 */
RT_Device_Class_SPIBUS            /* SPI 总线设备 */
RT_Device_Class_SPIDevice         /* SPI 设备 */
RT_Device_Class_SDIO              /* SDIO 设备 */
RT_Device_Class_Miscellaneous     /* 杂类设备 */
```

其中，字符设备、块设备是常用的设备类型，它们的分类依据是设备数据与系统之间的传输处理方式。

字符设备允许非结构的数据传输，即通常数据传输采用串行的形式，每次一个字节。字符设备通常是一些简单设备，如串口、按键。

块设备每次传输一个数据块，例如每次传输 512 个字节的数据。这个数据块是硬件强制性的，数据块可能使用某类数据接口或某些强制性的传输协议，否则就可能发生错误。因此，有时块设备驱动程序对读或写操作必须执行附加的工作，块设备结构如图 11-5 所示。

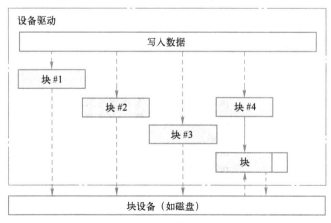

图 11-5　块设备结构

当系统服务于一个具有大量数据的写操作时，设备驱动程序必须首先将数据划分为多个包，每个包都采用设备指定的数据尺寸。而在实际过程中，最后一部分数据的尺寸有可能小于正常的设备块尺寸。在图 11-5 中，每个块都使用单独的写请求写入设备中，前 3 个直接进行写操作。最后一个数据块尺寸小于设备块尺寸，设备驱动程序必须使用不同于前 3 个块的方式处理最后的数据块。通常情况下，设备驱动程序需要首先执行相对应的设备块的读操作，然后把写入数据覆盖到读出数据上，再把这个"合成"的数据块作为一个整块写到设备中。例如图 11-5 中的块#4，驱动程序需要先把块#4 所对应的设备块读出来，然后将需要写入的数据覆盖至从设备块读出的数据上，使其合并成一个新的块，最后写到块设备中。

11.2　创建和注册 I/O 设备

驱动层负责创建设备实例，并注册到 I/O 设备管理器中，可以通过静态申明的方式创建设备实例，也可以用下面的接口进行动态创建：

```
rt_device_t rt_device_create(int type, int attach_size);
```

函数参数说明如下：

type：设备类型，可取前面小节列出的设备类型值。

attach_size：用户数据大小。

调用该接口时，系统会从动态堆内存中分配一个设备控制块，大小为 struct rt_device 和 attach_size 的和，设备的类型由参数 type 设定。设备被创建后，需要实现它访问硬件的操作方法。

```
struct  rt_device_ops
{
/* common device interface */
rt_err_t   (*init)    (rt_device_t dev);
rt_err_t   (*open)    (rt_device_t dev, rt_uint16_t oflag);
rt_err_t   (*close)   (rt_device_t dev);
rt_size_t (*read)    (rt_device_t dev, rt_off_t pos, void *buffer, rt_size_t size);
rt_size_t (*write)   (rt_device_t dev, rt_off_t pos, const void *buffer, rt_size_t size);
rt_err_t   (*control)(rt_device_t dev, int cmd, void *args);
};
```

通用 I/O 设备的操作方法及描述如表 11-1 所示。

表 11-1　通用 I/O 设备的操作方法及描述

方法名称	方法描述
init	初始化设备。设备初始化完成后，设备控制块的 flag 会被置成已激活状态（RT__DEVICE__FLAG__ ACTIVATED）。如果设备控制块中的 flag 标志已经设置成激活状态，那么再运行初始化接口时会立刻返回，而不会重新进行初始化
open	打开设备。有些设备并不是系统一启动就已经打开并开始运行，或者设备需要进行数据收发，但如果上层应用还未准备好，设备也不应默认已经使能并开始接收数据。所以建议在写底层驱动程序时，在调用 open 接口时才使能设备
close	关闭设备。在打开设备时，设备控制块会维护一个打开计数，在打开设备时进行+1 操作，在关闭设备时进行-1 操作，当计数器变为 0 时，才会进行真正的关闭操作
read	从设备读取数据。参数 pos 表示读取数据的偏移量，但是有些设备并不一定需要指定偏移量，如串口设备，设备驱动应忽略这个参数。而对于块设备来说，pos 以及 size 都是以块设备的数据块大小为单位的。例如，块设备的数据块大小是 512 个，而参数中 pos=10，size=2，那么驱动应该返回设备中的第 10 个块（从第 0 个块作为起始）开始共计两个块的数据。这个接口返回的类型是 rt_sizet，即读到的字节数或块数目。正常情况下应该会返回参数中 size 的数值，如果返回零，则应设置对应的 errno 值

（续）

方法名称	方法描述
write	向设备写入数据。参数 pos 表示写入数据的偏移量。与读操作类似，对于块设备来说，pos 以及 size 都是以块设备的数据块大小为单位的。这个接口返回的类型是 rt__size__t，即真实写入数据的字节数或块数目。正常情况下应该会返回参数中 size 的数值，如果返回零，则应设置对应的 errno 值
control	根据 cmd 命令控制设备。命令往往是由底层各类设备驱动自定义实现的。如参数 RT__DEVICE__CTRL__BLK__GETGEOME，意思是获取块设备的大小信息

11.3 访问 I/O 设备

应用程序通过 I/O 设备管理接口来访问硬件设备，经过 I/O 设备模型框架对设备驱动进行 3 次封装，应用程序可通过标准的 I/O 设备管理接口实现硬件设备的访问。I/O 设备管理接口与 I/O 设备操作方法的映射关系如图 11-6 所示。标准 I/O 设备管理接口包括初始化设备（rt_device_init()）、打开设备（rtdevice_open()）、关闭设备（rt_deviceclose()）、读设备（rt_device_read()）、写设备（rt_device_write()）和控制设备（rtdevice_control()）。I/O 设备管理接口对应具体的 I/O 设备管理方法。需要注意的是，I/O 设备管理方法与设备驱动有关，可能与图 11-6 中有所不同。

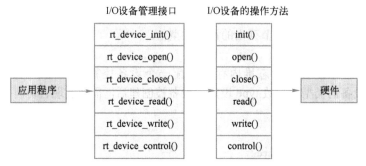

图 11-6 I/O 设备管理接口与 I/O 设备操作方法的映射关系

1．查找设备

应用程序根据设备名称获取设备句柄，进而可以操作设备。查找设备的函数如下：

rt_device_t rt_device_find(const char* name);

2．初始化设备

获得设备句柄后，应用程序可使用如下函数对设备进行初始化操作：

rt_err_t rt_device_init(rt_device_t dev);

3．打开和关闭设备

通过设备句柄，应用程序可以打开和关闭设备。打开设备时，会检测设备是否已经初始化，没有初始化则会默认调用初始化接口初始化设备。通过如下函数打开设备：

rt_err_t rt_device_open(rt_device_t dev, rt_uint16_t oflags);

4．控制设备

通过命令控制字，应用程序也可以对设备进行控制，通过如下函数完成：

rt_err_t rt_device_control(rt_device_t dev, rt_uint8_t cmd, void* arg);

5．读写设备

应用程序从设备中读取数据可以通过如下函数完成：

rt_size_t rt_device_read(rt_device_t dev, rt_off_t pos, void* buffer, rt_size_t size);

调用这个函数，会从 dev 设备中读取数据，并存放在 buffer 缓冲区中，这个缓冲区的最大长度是 size，pos 根据不同的设备类别有不同的意义。

6. 数据收发回调

当硬件设备收到数据时，可以通过如下函数回调另一个函数来设置数据接收指示，通知上层应用线程有数据到达：

rt_err_t rt_device_set_rx_indicate(rt_device_t dev, rt_err_t (*rx_ind)(rt_device_t dev, rt_size_t size));

该函数的回调函数由调用者提供。当硬件设备接收到数据时，会回调这个函数并把收到的数据长度放在 size 参数中以传递给上层应用。上层应用线程应在收到指示后，立刻从设备中读取数据。

在应用程序调用 rt_device_write() 写入数据时，如果底层硬件能够支持自动发送，那么上层应用可以设置一个回调函数。这个回调函数会在底层硬件数据发送完成后（如 DMA 传送完成或 FIFO 已经写入完毕产生完成中断时）调用。可以通过如下函数设置设备发送完成指示：

rt_err_t rt_device_set_tx_complete(rt_device_t dev, rt_err_t (*tx_donc)(rt_device_t dev, void *buffer));

11.4　设备访问示例

下面的代码为用程序访问设备的示例，首先通过 rt_device_find() 接口查找看门狗设备以获得设备句柄，然后通过 rt_device_init() 接口初始化设备，通过 rt_device_control() 接口设置看门狗设备溢出时间。

```
#include <rtthread.h>
#include <rtdevice.h>

#define IWDG_DEVICE_NAME        "wdt"

static rt_device_t wdg_dev;

static void idle_hook(void)
{
    /* 在空闲线程的回调函数里 "喂狗" */
    rt_device_control(wdg_dev, RT_DEVICE_CTRL_WDT_KEEPALIVE, NULL);
    rt_kprintf("feed the dog!\n ");
}

int main(void)
{
    rt_err_t res = RT_EOK;
    rt_uint32_t timeout = 10;      /* 溢出时间 */

    /* 根据设备名称查找看门狗设备，获取设备句柄 */
    wdg_dev = rt_device_find(IWDG_DEVICE_NAME);
    if (!wdg_dev)
    {
        rt_kprintf("find %s failed!\n", IWDG_DEVICE_NAME);
        return RT_ERROR;
```

```
    }
    /* 初始化设备 */
    res = rt_device_init(wdg_dev);
    if (res != RT_EOK)
    {
        rt_kprintf("initialize %s failed!\n", IWDG_DEVICE_NAME);
        return res;
    }
    /* 设置看门狗溢出时间 */
    res = rt_device_control(wdg_dev, RT_DEVICE_CTRL_WDT_SET_TIMEOUT, &timeout);
    if (res != RT_EOK)
    {
        rt_kprintf("set %s timeout failed!\n", IWDG_DEVICE_NAME);
        return res;
    }
    /* 设置空闲线程回调函数 */
    rt_thread_idle_sethook(idle_hook);

    return res;
}
```

11.5　PIN 设备

11.5.1　引脚简介

芯片上的引脚一般分为 4 类：电源、时钟、控制与 I/O。I/O 接口在使用模式上又分为通用输入输出端口（General Purpose Input Output，GPIO）与功能复用 I/O（如 SPI/I2C/UART 等）。

大多数 MCU 的引脚都具有不止一个功能。不同的引脚，内部结构不一样，拥有的功能也不一样，可以通过不同的配置切换引脚的实际功能。通用 I/O 接口的主要特性如下。

1. 可编程控制中断

中断触发模式可配置，一般有图 11-7 所示的 5 种中断触发模式。

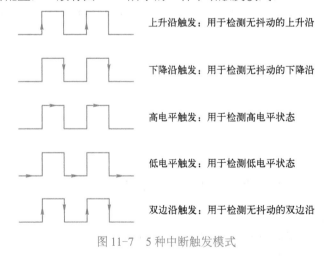

图 11-7　5 种中断触发模式

2. 输入/输出模式可控制

1）输出模式：一般包括推挽、开漏、上拉、下拉。引脚为输出模式时，可以通过配置引脚输出的电平状态为高电平或低电平来控制连接的外围设备。

2）输入模式：一般包括浮空、上拉、下拉、模拟。引脚为输入模式时，可以读取引脚的电平状态，即高电平或低电平。

11.5.2　访问 PIN 设备

应用程序通过 RT-Thread 提供的 PIN 设备管理接口来访问 GPIO，相关接口如下：

1）rt_pin_get()：获取引脚编号。

2）rt_pin_mode()：设置引脚模式。

3）rt_pin_write()：设置引脚电平。

4）rt_pin_read()：读取引脚电平。

5）rt_pin_attach_irq()：绑定引脚中断回调函数。

6）rt_pin_irq_enable()：使能引脚中断。

7）rt_pin_detach_irq()：脱离引脚中断回调函数。

1. 获取引脚编号

RT-Thread 提供的引脚编号需要和芯片的引脚号区分开来，它们并不是同一个概念。引脚编号由 PIN 设备驱动程序定义，和具体的芯片相关。有 3 种方式可以获取引脚编号：使用 API 接口获取、使用宏定义或者查看 PIN 驱动文件。

1）使用 API 接口。

使用 rt_pin_get() 获取引脚编号，以下内容可获取 PF9 的引脚编号：

```
pin_number = rt_pin_get("PF9");
```

2）使用宏定义。

如果使用 rt-thread/bsp/stm32 目录下的 BSP，则可以使用下面的宏获取引脚编号：

```
GET_PIN(port, pin)
```

获取引脚号为 PF9 的 LED0 对应的引脚编号的示例代码如下：

```
#define LED0_PIN    GET_PIN(F, 9)
```

3）查看 PIN 驱动文件。

如果使用其他 BSP，则需要查看 PIN 驱动代码 drv_gpio.c 文件来确认引脚编号。此文件里有一个数组，存放了每个 PIN 引脚对应的编号信息，内容如下：

```
static const rt_uint16_t pins[] =
{
    __STM32_PIN_DEFAULT,
    __STM32_PIN_DEFAULT,
    __STM32_PIN(2, A, 15),
    __STM32_PIN(3, B, 5),
    __STM32_PIN(4, B, 8),
    __STM32_PIN_DEFAULT,
    __STM32_PIN_DEFAULT,
    __STM32_PIN_DEFAULT,
    __STM32_PIN(8, A, 14),
```

```
        __STM32_PIN(9, B, 6),
        ...
    }
```

以__STM32_PIN(2,A,15)为例，2 为 RT-Thread 使用的引脚编号，A 为端口号，15 为引脚号，所以 PA15 对应的引脚编号为 2。

2．设置引脚模式

引脚在使用前需要先设置好输入或者输出模式，可通过如下函数完成：

```
        void rt_pin_mode(rt_base_t pin, rt_base_t mode);
```

pin：引脚编号。

mode：引脚工作模式。

目前，RT-Thread 支持的引脚工作模式可取如下的 5 种宏定义值之一，每种模式对应的芯片实际支持的模式需参考 PIN 设备驱动程序的具体实现：

```
        #define PIN_MODE_OUTPUT 0x00            /* 输出 */
        #define PIN_MODE_INPUT 0x01             /* 输入 */
        #define PIN_MODE_INPUT_PULLUP 0x02      /* 上拉输入 */
        #define PIN_MODE_INPUT_PULLDOWN 0x03    /* 下拉输入 */
        #define PIN_MODE_OUTPUT_OD 0x04         /* 开漏输出 */
```

使用示例如下：

```
        #define BEEP_PIN_NUM        35    /* PB0 */

        /* 蜂鸣器引脚为输出模式 */
        rt_pin_mode(BEEP_PIN_NUM, PIN_MODE_OUTPUT);
```

3．设置引脚电平

设置引脚输出电平的函数如下：

```
        void rt_pin_write(rt_base_t pin, rt_base_t value);
```

pin：引脚编号。

value：电平逻辑值，可取两种宏定义值之一，即 PIN_LOW（低电平）、PIN_HIGH（高电平）。

使用示例如下：

```
        #define BEEP_PIN_NUM            35    /* PB0 */

        /* 蜂鸣器引脚为输出模式 */
        rt_pin_mode(BEEP_PIN_NUM, PIN_MODE_OUTPUT);
        /* 设置低电平 */
        rt_pin_write(BEEP_PIN_NUM, PIN_LOW);
```

4．读取引脚电平

读取引脚电平的函数如下：

```
        int rt_pin_read(rt_base_t pin);
```

pin：引脚编号。

返回：无。
PIN_LOW：低电平。
PIN_HIGH：高电平。
使用示例如下：

```
#define BEEP_PIN_NUM          35    /* PB0 */
int status;

/* 蜂鸣器引脚为输出模式 */
rt_pin_mode(BEEP_PIN_NUM, PIN_MODE_OUTPUT);
/* 设置低电平 */
rt_pin_write(BEEP_PIN_NUM, PIN_LOW);

status = rt_pin_read(BEEP_PIN_NUM);
```

5. 绑定引脚中断回调函数

若要使用引脚的中断功能，则可以使用如下函数将某个引脚配置为某种中断触发模式，并绑定一个中断回调函数到对应引脚，当引脚中断发生时，就会执行回调函数：

```
rt_err_t rt_pin_attach_irq(rt_int32_t pin, rt_uint32_t mode, void (*hdr)(void *args), void *args);
```

参数说明：
pin：引脚编号。
hdr：中断回调函数，用户需要自行定义这个函数。
args：中断回调函数的参数，不需要时设置为 RT_NULL。
返回：无。
RT_EOK：绑定成功。
错误码：绑定失败。
mode：中断触发模式。
可取如下 5 种宏定义值之一：

```
#define PIN_IRQ_MODE_RISING 0x00            /* 上升沿触发 */
#define PIN_IRQ_MODE_FALLING 0x01           /* 下降沿触发 */
#define PIN_IRQ_MODE_RISING_FALLING 0x02    /* 边沿触发（上升沿和下降沿都触发）*/
#define PIN_IRQ_MODE_HIGH_LEVEL 0x03        /* 高电平触发 */
#define PIN_IRQ_MODE_LOW_LEVEL 0x04         /* 低电平触发 */
```

使用示例如下：

```
#define KEY0_PIN_NUM              55    /* PD8 */
/* 中断回调函数 */
void beep_on(void *args)
{
    rt_kprintf("turn on beep!\n");

    rt_pin_write(BEEP_PIN_NUM, PIN_HIGH);
}
static void pin_beep_sample(void)
{
```

```
    /* 按键 0，引脚为输入模式 */
    rt_pin_mode(KEY0_PIN_NUM, PIN_MODE_INPUT_PULLUP);
    /* 绑定中断，下降沿模式，回调函数名为 beep_on */
    rt_pin_attach_irq(KEY0_PIN_NUM, PIN_IRQ_MODE_FALLING, beep_on, RT_NULL);
}
```

6. 使能引脚中断

绑定好引脚中断回调函数后，使用下面的函数使能引脚中断：

```
rt_err_t rt_pin_irq_enable(rt_base_t pin, rt_uint32_t enabled);
```

参数说明：

pin：引脚编号。

enabled：状态，可取两种值之一，即 PIN_IRQ_ENABLE（开启）、PIN_IRQ_DISABLE（关闭）。

返回：无。

RT_EOK：使能成功。

错误码：使能失败。

使用示例如下：

```
#define KEY0_PIN_NUM                55   /* PD8 */
/* 中断回调函数 */
void beep_on(void *args)
{
    rt_kprintf("turn on beep!\n");

    rt_pin_write(BEEP_PIN_NUM, PIN_HIGH);
}
static void pin_beep_sample(void)
{
    /* 按键 0，引脚为输入模式 */
    rt_pin_mode(KEY0_PIN_NUM, PIN_MODE_INPUT_PULLUP);
    /* 绑定中断，下降沿模式，回调函数名为 beep_on */
    rt_pin_attach_irq(KEY0_PIN_NUM, PIN_IRQ_MODE_FALLING, beep_on, RT_NULL);
    /* 使能中断 */
    rt_pin_irq_enable(KEY0_PIN_NUM, PIN_IRQ_ENABLE);
}
```

7. 脱离引脚中断回调函数

可以使用如下函数脱离引脚中断回调函数：

```
rt_err_t rt_pin_detach_irq(rt_int32_t pin);
```

参数说明：

pin：引脚编号。

返回：无。

RT_EOK：脱离成功。

错误码：脱离失败。

引脚脱离了中断回调函数以后，中断并没有关闭，还可以调用绑定中断回调函数再次绑定其他回调函数。

```
#define KEY0_PIN_NUM    55   /* PD8 */
/* 中断回调函数 */
void beep_on(void *args)
{
    rt_kprintf("turn on beep!\n");
    rt_pin_write(BEEP_PIN_NUM, PIN_HIGH);
}
static void pin_beep_sample(void)
{
    /* 按键 0，引脚为输入模式 */
    rt_pin_mode(KEY0_PIN_NUM, PIN_MODE_INPUT_PULLUP);
    /* 绑定中断，下降沿模式，回调函数名为 beep_on */
    rt_pin_attach_irq(KEY0_PIN_NUM, PIN_IRQ_MODE_FALLING, beep_on, RT_NULL);
    /* 使能中断 */
    rt_pin_irq_enable(KEY0_PIN_NUM, PIN_IRQ_ENABLE);
    /* 脱离中断回调函数 */
    rt_pin_detach_irq(KEY0_PIN_NUM);
}
```

11.5.3　PIN 设备使用示例

　　PIN 设备的具体使用方式可以参考如下示例代码。示例代码的主要步骤如下：

1）设置蜂鸣器对应引脚为输出模式，并给出一个默认的低电平状态。

2）设置按键 0 和按键 1 对应引脚为输入模式，然后绑定中断回调函数并使能中断。

3）按下按键 0，蜂鸣器开始响；按下按键 1，蜂鸣器停止响。

```
/*
 * 程序清单：这是一个 PIN 设备使用例程
 * 例程导出了 pin_beep_sample 命令到控制终端
 * 命令调用格式：pin_beep_sample
 * 程序功能：通过按键控制蜂鸣器对应引脚的电平状态来控制蜂鸣器
 */

#include <rtthread.h>
#include <rtdevice.h>

/* 引脚编号，通过查看设备驱动文件 drv_gpio.c 确定 */
#ifndef BEEP_PIN_NUM
    #define BEEP_PIN_NUM            35   /* PB0 */
#endif
#ifndef KEY0_PIN_NUM
    #define KEY0_PIN_NUM            55   /* PD8 */
#endif
#ifndef KEY1_PIN_NUM
    #define KEY1_PIN_NUM            56   /* PD9 */
#endif

void beep_on(void *args)
```

```
{
    rt_kprintf("turn on beep!\n");

    rt_pin_write(BEEP_PIN_NUM, PIN_HIGH);
}

void beep_off(void *args)
{
    rt_kprintf("turn off beep!\n");

    rt_pin_write(BEEP_PIN_NUM, PIN_LOW);
}

static void pin_beep_sample(void)
{
    /* 蜂鸣器引脚为输出模式 */
    rt_pin_mode(BEEP_PIN_NUM, PIN_MODE_OUTPUT);
    /* 默认低电平 */
    rt_pin_write(BEEP_PIN_NUM, PIN_LOW);

    /* 按键 0，引脚为输入模式 */
    rt_pin_mode(KEY0_PIN_NUM, PIN_MODE_INPUT_PULLUP);
    /* 绑定中断，下降沿模式，回调函数名为 beep_on */
    rt_pin_attach_irq(KEY0_PIN_NUM, PIN_IRQ_MODE_FALLING, beep_on, RT_NULL);
    /* 使能中断 */
    rt_pin_irq_enable(KEY0_PIN_NUM, PIN_IRQ_ENABLE);

    /* 按键 1，引脚为输入模式 */
    rt_pin_mode(KEY1_PIN_NUM, PIN_MODE_INPUT_PULLUP);
    /* 绑定中断，下降沿模式，回调函数名为 beep_off */
    rt_pin_attach_irq(KEY1_PIN_NUM, PIN_IRQ_MODE_FALLING, beep_off, RT_NULL);
    /* 使能中断 */
    rt_pin_irq_enable(KEY1_PIN_NUM, PIN_IRQ_ENABLE);
}
/* 导出到 msh 命令列表中 */
MSH_CMD_EXPORT(pin_beep_sample, pin beep sample);
```

11.6 RT-Thread 软件包

软件包运行于 RT-Thread 操作系统上，是由官方或开发者开发维护的面向不同应用领域的通用软件，由软件包开放平台统一管理。绝大多数软件包都有详细的说明文档及使用示例，具有很强的可重用性，极大地方便了开发者在最短的时间内完成应用开发，是 RT-Thread 生态的重要组成部分。截至目前，平台提供的软件包已超过 400 个，软件包下载量超过 800 万。平台对软件包进行了分类管理，软件包分类情况如表 11-2 所示，共分为九大类，包括物联网软件包、外设软件包、系统软件包、编程语言软件包、多媒体软件包等。随着 RT-Thread 生态的完善，软件包的数量逐渐增多，读者可随时参阅官网，了解及应用相关软件包（https://packages.rt-thread.org/）。

表 11-2　软件包分类情况

序号	类别	说明	举例	数量
1	物联网	网络、云接入等物联网相关软件包	paho-mqtt、webclient、tcpserver 等	70
2	外设	底层外设硬件相关软件包	aht10、bh1750、oled 等	137
3	系统	其他文件系统等系统级软件包	sqlite、USBStack、CMSIS 等	58
4	编程语言	各种编程语言、脚本或解释器	cJSON、Lua、MicroPython 等	15
5	工具	辅助使用的工具软件包	EasyFlash、gps_rmc、Urlencode 等	43
6	多媒体	音视频软件包	openmv、persimmon UI、LVGL 等	27
7	安全	加密/解密算法及安全传输软件包	libhydrogen、mbedtls、tinycrypt 等	6
8	嵌入式 AI	嵌入式人工智能软件包	elapack、libann、nnom 等	9
9	杂类	未归类的软件包，主要为 demo	crclib、filsystem_samples、lwgps 等	48

　　RT-Thread Studio 集成了软件包开放平台，开发者利用 RT-Thread Settings 可方便地下载、更新、删除及使用软件包。在使用软件包时要保证联网，并已安装 Git 工具。

习题

　　1．说明 RT-Thread I/O 设备模型框架。

　　2．I/O 设备类型有哪些？

　　3．RT-Thread 软件包包括哪些内容？

第 12 章 RT-Thread 开发应用实例

本章通过实际应用实例详细阐述 RT-Thread 的开发方法。首先介绍了 RT-Thread 线程管理应用实例，重点讲解线程的设计要点和具体的线程管理实例。接着介绍了 STM32F407-RT-SPARK 开发板，包括其基本概念、基于该开发板的模板工程创建项目实例，以及 RT-Thread 项目架构、配置 RT-Thread 项目。最后，通过基于 STM32F407-RT-SPARK 开发板的实例，系统展示了如何创建模板工程。通过本章的学习，读者不仅能掌握 RT-Thread 实际应用中的线程管理和开发板相关技术，还能在实际项目中灵活应用 RT-Thread，提升开发效率和项目质量。

12.1 RT-Thread 线程管理应用实例

12.1.1 线程的设计要点

嵌入式开发人员要对自己设计的嵌入式系统了如指掌。线程的优先级信息，线程与中断的处理，线程的运行时间、逻辑、状态等都要明确，才能设计出好的系统，所以在设计时需要根据需求制定框架。在设计之初就应该考虑下面几点因素：线程运行的上下文环境、线程的执行时间应合理。

RT-Thread 中程序运行的上下文包括以下 3 种：

1）中断服务函数。

2）普通线程。

3）空闲线程。

1. 中断服务函数

中断服务函数是一种需要特别注意的上下文环境，它运行在非线程的执行环境下［一般为芯片的一种特殊运行模式（也被称作特权模式）］。在这个执行环境中不能使用挂起当前线程的操作，不允许调用任何会阻塞运行的 API 函数接口。另外，需要注意的是，中断服务程序最好保持精简短小、快进快出，一般在中断服务函数中只标记事件的发生，让对应线程去执行相关处理，因为中断服务函数的优先级高于任何优先级的线程。如果中断处理时间过长，那么将会导致整个系统的线程无法正常运行。所以在设计时必须考虑中断的频率、中断的处理时间等重要因素，以便配合对应中断处理线程的工作。

2. 普通线程

普通线程中看似没有什么限制程序执行的因素，似乎所有的操作都可以执行。但是作为一个优先级明确的实时系统，如果一个线程中的程序出现了死循环操作（此处的死循环是指没有不带阻塞机制的线程循环体），那么比这个线程优先级低的线程都将无法执行，当然也包括空闲线程，因为产生死循环时，线程不会主动让出 CPU，低优先级的线程是不可能得到 CPU 的使用权的，而高优先级的线程就可以抢占 CPU。这种情况在实时操作系统中是必须注意的，所以在线程中不允许出现死循环。如果一个线程只有就绪状态而无阻塞状态，那么势必会影响其他低优先级线程的执行，所以在进行线程设计时，就应该保证线程在不活跃时可以进入阻塞状态以交出 CPU 使用权，这就需要我们明确在什么情况下让线程进入阻塞状态，保证低优先级线程可以正常运行。在实际设计中，一般会将紧急的处理事件的线程优先级设置得高一些。

3. 空闲线程

空闲线程（idle 线程）是 RT-Thread 系统中没有其他工作进行时自动进入的系统线程。用户可以通过空闲线程钩子方式，在空闲线程上钩入自己的功能函数。通常，这个空闲线程钩子能够完成一些额外的特殊功能，如系统运行状态的指示、系统省电模式等。除了空闲线程钩子，RT-Thread 系统还把空闲线程用于一些其他的功能，比如当系统删除一个线程或一个动态线程运行结束时，会先行更改线程状态为非调度状态，然后挂入一个待回收队列中，真正的系统资源回收工作在空闲线程中完成。空闲线程是唯一不允许出现阻塞情况的线程，因为 RT-Thread 需要保证系统都有一个可运行的线程。

在空闲线程钩子上挂接的空闲钩子函数，应该满足以下条件：

1）不会挂起空闲线程。

2）不应该陷入死循环，需要留出部分时间用于处理系统资源回收。

4. 线程的执行时间

线程的执行时间一般指两个方面，一是线程从开始到结束的时间，二是线程的周期。

在设计系统时，对这两个时间都需要考虑。例如，对于事件 A 对应的服务线程 Ta，系统要求的实时响应指标是 10ms，而 Ta 的最大运行时间是 1ms，那么 10ms 就是线程 Ta 的周期了，1ms 则是线程的运行时间。简单来说，线程 Ta 在 10ms 内完成对事件 A 的响应即可。此时，系统中还存在以 50ms 为周期的另一线程 Tb，它每次运行的最长时间是 100μs。在这种情况下，即使把线程 Tb 的优先级设置得比 Ta 更高，对系统的实时性指标也没什么影响，因为即使在 Ta 的运行过程中，Tb 抢占了 Ta 的资源，等到 Tb 执行完毕，消耗的时间也只不过是 100μs，还是在事件 A 规定的响应时间内（10ms），Ta 能够安全完成对事件 A 的响应。但是假如系统中还存在线程 Tc，其运行时间为 20ms，假如将 Tc 的优先级设置得比 Ta 更高，那么在 Ta 运行时突然间被 Tc 打断，等到 Tc 执行完毕，Ta 已经错过对事件 A（10ms）的响应了，这是不允许的。所以在设计时，必须考虑线程的时间，一般来说，处理时间更短的线程优先级应设置得更高一些。

12.1.2　线程管理实例

本实例通过 RT-Thread 实时操作系统实现在野火 STM32 开发板上创建线程管理。本实例创建了两个线程，一个是 LED 线程，另一个是按键线程。LED 线程可显示线程运行的状态，而按键线程可通过检测按键的按下与否来对 LED 线程进行挂起与恢复。

RT-Thread 线程管理 MDK 工程架构如图 12-1 所示。

RT-Thread 线程管理代码清单如下。

图 12-1　RT-Thread 线程管理 MDK 工程架构

1. main.c 文件

```
/*
*******************************************************************************
*                          包含的头文件
*******************************************************************************
*/
#include "board.h"
#include "rtthread.h"
/*
*******************************************************************************
*                          变量
*******************************************************************************
*/
/* 定义线程控制块 */
static rt_thread_t led1_thread = RT_NULL;
static rt_thread_t key_thread = RT_NULL;
/*
*******************************************************************************
*                          函数声明
*******************************************************************************
*/
static void led1_thread_entry(void* parameter);
static void key_thread_entry(void* parameter);
/*
*******************************************************************************
*                          main()函数
*******************************************************************************
*/
/**
  * @brief    主函数
  * @param    无
  * @retval   无
  */
int main(void)
{
    /*
    * 开发板硬件初始化，RTT 系统初始化已经在 main()函数之前完成
    * 即在 component.c 文件中的 rtthread_startup()函数中完成了
    * 所以在 main()函数中，只需要创建线程和启动线程即可
    */
    rt_kprintf("这是一个[野火]-STM32F407 霸天虎-RTT 线程管理实验！\n\n");
    rt_kprintf("按下 K1 挂起线程，按下 K2 恢复线程\n");
    led1_thread =                              /* 线程控制块指针 */
        rt_thread_create( "led1",              /* 线程名字 */
                        led1_thread_entry,     /* 线程入口函数 */
                        RT_NULL,               /* 线程入口函数参数 */
                        512,                   /* 线程栈大小 */
```

```
                              3,                   /* 线程的优先级 */
                              20);                 /* 线程时间片 */

    /* 启动线程，开启调度 */
    if (led1_thread != RT_NULL)
        rt_thread_startup(led1_thread);
    else
        return -1;

    key_thread =                                   /* 线程控制块指针 */
     rt_thread_create( "key",                       /* 线程名字 */
                       key_thread_entry,            /* 线程入口函数 */
                       RT_NULL,                     /* 线程入口函数参数 */
                       512,                         /* 线程栈大小 */
                       2,                           /* 线程的优先级 */
                       20);                         /* 线程时间片 */

    /* 启动线程，开启调度 */
    if (key_thread != RT_NULL)
        rt_thread_startup(key_thread);
    else
        return -1;
}
/*
*************************************************************************
*                              线程定义
*************************************************************************
*/
static void led1_thread_entry(void* parameter)
{
    while (1)
    {
        LED1_ON;
        rt_thread_delay(500);      /* 延时 500 个 tick */
        rt_kprintf("led1_thread running,LED1_ON\r\n");

        LED1_OFF;
        rt_thread_delay(500);      /* 延时 500 个 tick */
        rt_kprintf("led1_thread running,LED1_OFF\r\n");
    }
}
static void key_thread_entry(void* parameter)
{
    rt_err_t uwRet = RT_EOK;
    while (1)
    {
        if( Key_Scan(KEY1_GPIO_PORT,KEY1_PIN) == KEY_ON )/* K1 被按下 */
```

```
        {
          rt_kprintf("挂起 LED1 线程！\n");
          uwRet = rt_thread_suspend(led1_thread);/* 挂起 LED1 线程 */
          if(RT_EOK == uwRet)
          {
            rt_kprintf("挂起 LED1 线程成功！\n");
          }
          else
          {
            rt_kprintf("挂起 LED1 线程失败！失败代码：0x%lx\n",uwRet);
          }
        }
        if( Key_Scan(KEY2_GPIO_PORT,KEY2_PIN) == KEY_ON )/* K2 被按下 */
        {
          rt_kprintf("恢复 LED1 线程！\n");
          uwRet = rt_thread_resume(led1_thread);/* 恢复 LED1 线程！ */
          if(RT_EOK == uwRet)
          {
            rt_kprintf("恢复 LED1 线程成功！\n");
          }
          else
          {
            rt_kprintf("恢复 LED1 线程失败！失败代码：0x%lx\n",uwRet);
          }
        }
        rt_thread_delay(20);
      }
    }
```

这段代码是一个在 RT-Thread 实时操作系统上运行的多线程应用程序，主要实现两个功能：控制 LED 灯的闪烁以及通过按键操作挂起和恢复 LED 控制线程。下面是对这段代码的详细功能说明。

（1）包含的头文件

board.h：包含关于开发板硬件初始化和操作的定义。

rtthread.h：包含 RT-Thread 操作系统的核心定义和功能函数声明。

（2）变量定义和函数声明

```
        static rt_thread_t led1_thread = RT_NULL;
        static rt_thread_t key_thread = RT_NULL;
```

（3）定义了两个线程控制块指针 led1_thread 和 key_thread，分别用于管理 LED 控制线程和按键检测线程。声明了两个线程入口函数 led1_thread_entry()和 key_thread_entry()。

（4）主函数 int main(void)

1）初始化。

打印当前应用的信息，包括开发板名称和实验说明。

提示用户按下 K1 挂起线程，按下 K2 恢复线程。

2）创建和启动线程。

创建 led1_thread 线程：线程名为"led1"，入口函数为 led1_thread_entry()，栈大小为 512 字

节，优先级为 3，时间片为 20。

在成功创建 led1_thread 后，启动该线程。如果创建失败，则返回-1。

创建 key_thread 线程：线程名为"key"，入口函数为 key_thread_entry()，栈大小为 512 字节，优先级为 2，时间片为 20。

在成功创建 key_thread 后，启动该线程。如果创建失败，则返回-1。

（5）LED 控制线程 static void led1_thread_entry(void* parameter)的功能

永久循环：

打开 LED1，并延时 500 个 tick。

输出打印信息："led1_thread running,LED1_ON"。

关闭 LED1，并延时 500 个 tick。

输出打印信息："led1_thread running,LED1_OFF"。

（6）按键检测线程 static void key_thread_entry(void* parameter)的功能

永久循环：

1）检测 K1 按键是否被按下。

如果按下，则打印"挂起 LED1 线程！"信息，并尝试挂起 led1_thread 线程。

成功挂起后打印"挂起 LED1 线程成功！"，否则打印失败信息和错误代码。

2）检测 K2 按键是否被按下。

如果按下，则打印"恢复 LED1 线程！"信息，并尝试恢复 led1_thread 线程。

成功恢复后打印"恢复 LED1 线程成功！"，否则打印失败信息和错误代码。

3）延时 20 个 tick，避免频繁检测。

（7）核心功能总结

LED 控制：通过 led1_thread 线程实现周期性 LED 闪烁。

按键检测和线程管理：通过 key_thread 线程检测按键操作，通过控制 LED 控制线程的挂起和恢复。

这段代码示例展示了如何在 RT-Thread 环境中使用多线程管理来实现硬件的控制和响应。通过这种方式，可以将复杂的系统任务划分成独立的线程，增强系统的实时性和响应能力。

2. bsp_led.c 文件

```c
#include "bsp_led.h"
/**
 * @brief   初始化控制 LED 的 I/O
 * @param   无
 * @retval 无
 */
void LED_GPIO_Config(void)
{
    /*定义一个 GPIO_InitTypeDef 类型的结构体*/
    GPIO_InitTypeDef GPIO_InitStructure;

    /*开启 LED 相关的 GPIO 外设时钟*/
    RCC_AHB1PeriphClockCmd ( LED1_GPIO_CLK | LED2_GPIO_CLK | LED3_GPIO_CLK, ENABLE);
    /*选择要控制的 GPIO 引脚*/
    GPIO_InitStructure.GPIO_Pin = LED1_PIN;
    /*设置引脚模式为输出模式*/
    GPIO_InitStructure.GPIO_Mode = GPIO_Mode_OUT;
```

```
        /*设置引脚的输出类型为推挽输出*/
        GPIO_InitStructure.GPIO_OType = GPIO_OType_PP;
        /*设置引脚为上拉模式*/
        GPIO_InitStructure.GPIO_PuPd = GPIO_PuPd_UP;
         /*设置引脚频率为 2MHz */
        GPIO_InitStructure.GPIO_Speed = GPIO_Speed_2MHz;
        /*调用库函数，使用上面配置的 GPIO_InitStructure 初始化 GPIO*/
        GPIO_Init(LED1_GPIO_PORT, &GPIO_InitStructure);
        /*选择要控制的 GPIO 引脚*/
        GPIO_InitStructure.GPIO_Pin = LED2_PIN;
        GPIO_Init(LED2_GPIO_PORT, &GPIO_InitStructure);
        /*选择要控制的 GPIO 引脚*/
        GPIO_InitStructure.GPIO_Pin = LED3_PIN;
        GPIO_Init(LED3_GPIO_PORT, &GPIO_InitStructure);
        /*关闭 RGB 灯*/
        LED_RGBOFF;
    }
```

上面的代码功能是初始化控制 3 个 LED 灯的 GPIO（通用输入输出端口）。具体地，它设置了 3 个 LED 灯的 GPIO 引脚的模式和特性，使这些引脚能够作为输出引脚使用。下面是代码的分析和每个步骤的详细解释。

（1）头文件

#include "bsp_led.h"包含 LED 相关的硬件抽象层头文件。

（2）函数定义

    void LED_GPIO_Config(void)

该函数用于初始化控制 LED 的 I/O 引脚。

（3）GPIO 初始化结构体定义

    GPIO_InitTypeDef GPIO_InitStructure

定义一个 GPIO 初始化结构体 GPIO_InitTypeDef 类型的变量 GPIO_InitStructure，这个结构体用来配置 GPIO 引脚的模式和特性。

（4）开启 GPIO 时钟

调用库函数 RCC_AHB1PeriphClockCmd()，开启与 LED1、LED2、LED3 相关的 GPIO 外设时钟，使能它们的时钟。

（5）配置 LED1 的 GPIO 引脚函数 GPIO_Init(LED1_GPIO_PORT, &GPIO_InitStructure)

1）设置 GPIO 引脚为 LED1_PIN。

2）配置引脚模式为输出模式。

3）配置引脚的输出类型为推挽输出。

4）配置引脚为上拉模式。

5）配置引脚频率为 2MHz。

调用 GPIO_Init(LED1_GPIO_PORT, &GPIO_InitStructure)函数，初始化 LED1 引脚。

（6）配置 LED2 的 GPIO 引脚函数 GPIO_Init(LED2_GPIO_PORT, &GPIO_InitStructure)

与 LED1 类似，配置 LED2 的 GPIO 引脚。

（7）配置 LED3 的 GPIO 引脚

配置 GPIO_Init(LED3_GPIO_PORT, &GPIO_InitStructure)。

与 LED1 类似，配置 LED3 的 GPIO 引脚

（8）关闭 RGB 灯的宏函数 LED_RGBOFF

调用宏或函数 LED_RGBOFF，关闭所有 RGB 灯。

通过这段代码，开发板上的 3 个 LED 灯的 GPIO 引脚被配置为输出模式，并且设置为推挽输出、上拉模式以及 2MHz 的频率。初始化完成之后，RGB 灯会被关闭。这是为后续控制 LED 灯的操作（如点亮、关闭或闪烁）做准备的。

3．bsp_key.c 文件

```
#include "bsp_key.h"
//不精确的延时
void Key_Delay(__IO u32 nCount)
{
    for(; nCount != 0; nCount--);
}
/**
  * @brief   配置按键用到的 I/O 口
  * @param   无
  * @retval  无
  */
void Key_GPIO_Config(void)
{
    GPIO_InitTypeDef GPIO_InitStructure;
    /*开启按键 GPIO 口的时钟*/
    RCC_AHB1PeriphClockCmd(KEY1_GPIO_CLK|KEY2_GPIO_CLK,ENABLE);
    /*选择按键的引脚*/
    GPIO_InitStructure.GPIO_Pin = KEY1_PIN;
    /*设置引脚为输入模式*/
    GPIO_InitStructure.GPIO_Mode = GPIO_Mode_IN;
    /*设置引脚不上拉也不下拉*/
    GPIO_InitStructure.GPIO_PuPd = GPIO_PuPd_NOPULL;
    /*使用上面的结构体初始化按键*/
    GPIO_Init(KEY1_GPIO_PORT, &GPIO_InitStructure);
    /*选择按键的引脚*/
    GPIO_InitStructure.GPIO_Pin = KEY2_PIN;
    /*使用上面的结构体初始化按键*/
    GPIO_Init(KEY2_GPIO_PORT, &GPIO_InitStructure);
}
/**
  * @brief   检测是否有按键按下
  * @param   GPIOx：具体的端口, x 可以是（A～K）
  * @param   GPIO_PIN：具体的端口位，可以是 GPIO_PIN_x（x 可以是 0～15）
  * @retval  按键的状态
  *          @arg KEY_ON：按键按下
  *          @arg KEY_OFF：按键没按下
  */
```

```
uint8_t Key_Scan(GPIO_TypeDef* GPIOx,uint16_t GPIO_Pin)
{
        /*检测是否有按键按下  */
        if(GPIO_ReadInputDataBit(GPIOx,GPIO_Pin) == KEY_ON )
        {
            /*等待按键释放  */
            while(GPIO_ReadInputDataBit(GPIOx,GPIO_Pin) == KEY_ON);
            return    KEY_ON;
        }
        else
            return KEY_OFF;
}
```

上述代码的功能是初始化用于按键（或者开关）的 GPIO（通用输入输出端口），以及检测按键的按下状态。具体而言，代码实现了按键引脚的配置和按键按下的扫描检测。下面是代码的详细解析。

（1）头文件

#include "bsp_key.h"包含按键相关的硬件抽象层头文件。

（2）按键 GPIO 配置函数 void Key_GPIO_Config(void)

函数 Key_GPIO_Config()用于配置按键用到的 GPIO 引脚。

1）定义 GPIO 初始化结构体：定义一个 GPIO_InitTypeDef 类型的结构体变量 GPIO_InitStructure。

2）开启 GPIO 时钟：通过调用 RCC_AHB1PeriphClockCmd()函数来开启与按键相关的 GPIO 时钟。

3）配置 KEY1 引脚：设置按键的引脚 GPIO_Pin 为 KEY1_PIN；设置引脚模式为输入模式 GPIO_Mode_IN；设置引脚不使用上下拉电阻 GPIO_PuPd_NOPULL；调用 GPIO_Init(KEY1_GPIO_PORT, &GPIO_InitStructure)函数，用上面的设置初始化 KEY1 引脚。

4）配置 KEY2 引脚：与 KEY1 的配置相同，使用上述结构体来初始化 KEY2 引脚。

（3）按键扫描函数 uint8_t Key_Scan(GPIO_TypeDef* GPIOx,uint16_t GPIO_Pin)

函数 Key_Scan()用于检测是否有按键按下，并返回按键的状态。

1）参数。

GPIOx：具体的 GPIO 端口，可以是 A~K 中的一个。

GPIO_Pin：具体的 GPIO 引脚，可以是 GPIO_PIN_x，其中 x 的范围是 0~15。

2）返回值。

KEY_ON：表示按键按下。

KEY_OFF：表示按键没有按下。

3）流程。通过 GPIO_ReadInputDataBit(GPIOx,GPIO_Pin)读取指定端口引脚的电平，如果等于 KEY_ON，则进入按键按下处理流程。

等待按键释放，即在按键仍旧处于按下状态时不断循环读取引脚电平，直到按键释放为止。

返回 KEY_ON 表示按下。否则，返回 KEY_OFF 表示没有按下。

上述代码通过配置按键引脚的 GPIO 端口，使其能够检测按键的按压与释放状态。初始化函数 Key_GPIO_Config()负责配置按键相关的 GPIO 引脚为输入模式，且不使用上拉或下拉电阻。扫描函数 Key_Scan()则用于检测按键是否被按下，并等待按键释放后返回按下状态。这段代码可以作为按键检测和处理的基础，用于更复杂的应用场景中。

4. 程序调试

将程序编译好，用 USB 线连接计算机和开发板的 USB 接口（对应丝印为 USB 转串口），用 DAP 仿真器把配套程序下载到野火 STM32 开发板，在计算机上打开串口调试助手，然后复位开发板，就可以在调试助手中看到 rt_kprintf() 的打印信息，在开发板上可以看到 LED 在闪烁，按下开发板的 KEY1 键挂起线程，按下 KEY2 键恢复线程。按下 KEY1 键，可以看到开发板上的灯也不闪烁了，同时在串口调试助手中也输出了相应的信息，说明线程已经被挂起。再按下 KEY2 键，可以看到开发板上的灯恢复闪烁了，同时在串口调试助手中也输出了相应的信息，说明线程已经被恢复。串口调试助手打印的函数任务执行顺序如图 12-2 所示。

图 12-2　串口调试助手打印的函数任务执行顺序

12.2　STM32F407-RT-SPARK 开发板

12.2.1　STM32F407-RT-SPARK 开发板简介

RT-Thread 官方开发板 STM32F407-RT-SPARK （星火 1 号）是一款专为工程师和高校学生设计的嵌入式 RTOS 开发学习板。在这个科技飞速发展的时代，嵌入式系统已经成了现代工业、交通、通信等众多领域的核心驱动力。而 RTOS 实时操作系统作为嵌入式领域的基石，更是工程师们必须熟练掌握的核心技术。RT-Thread 作为业界主流的 RTOS 实时操作系统，为帮助更多开发者掌握这项技术，RT-Thread 官方精心打造了一款专为工程师和高校学生设计的嵌入式开发板 STM32F407-RT-SPARK。

STM32F407-RT-SPARK 开发板选用 ST 公司的 STM32F407ZGT6 微控制器，能够满足嵌入式入门的需求。此开发板不仅具有众多的板载资源（Flash 存储、Wi-Fi 通信、多个传感器），还支持丰富的扩展接口，让用户轻松应对各种复杂的应用场景。通过使用这款开发板，用户将能够深入了解 RT-Thread 实时操作系统的工作原理。STM32F407-RT-SPARK 开发板资源如图 12-3 所示。

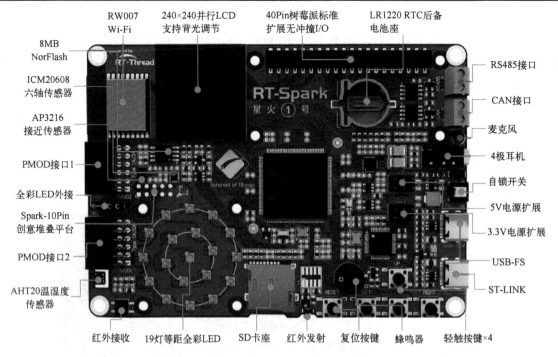

图 12-3　STM32F407-RT-SPARK 开发板资源

板载资源如下：

1）复位按键、轻触按键×4、自锁开关。

2）蜂鸣器。

3）LR1220 RTC 后备电池座。

4）ST-LINK。

5）USB-FS。

6）麦克风、4 极耳机。

7）SD 卡座。

8）8MB NorFlash。

9）红外发射、红外接收。

10）ICM20608 六轴传感器、AP3216 接近传感器、AHT20 温湿度传感器。

11）RW007 Wi-Fi。

12）240×240 并行 LCD 支持背光调节。

13）19 灯等距全彩 LED。

14）全彩 LED 外接。

15）3.3V 电源扩展、5V 电源扩展。

扩展接口如下：

1）RS485 接口。

2）CAN 接口。

3）40Pin 树莓派标准扩展无冲撞 I/O。

4）Spark-10Pin 创意堆叠平台。

5）PMOD 接口×2。

12.2.2　基于 STM32F407–RT–SPARK 开发板的模板工程创建项目实例

在计算机的 F 盘新建文件夹 F:\RT-ThreadProject。打开 RT-Thread Studio 集成开发环境，选择菜单栏中的"文件"→"新建"→"RT-Thread 项目"，如图 12-4 所示。

图 12-4　选择"文件"→"新建"→"RT-Thread 项目"命令

在弹出的"新建项目"对话框中创建一个 RT-Thread 项目，设置如图 12-5 所示。在"Project name"（项目名称）文本框中输入项目名称 RT-SPARKProject（名称可以由用户定）取消选择"使用缺省位置"，将项目保存路径设置为"F:\RT-ThreadProject"，选择"基于开发板"创建项目，选择"STM32F407-RT-SPARK"开发板，类型选择"模板工程"，调试器选择"ST-LINK"，接口选择"SWD"。

单击图 12-5 中的"完成"按钮，弹出图 12-6 所示的创建 RT-Thread 项目进度提示界面。

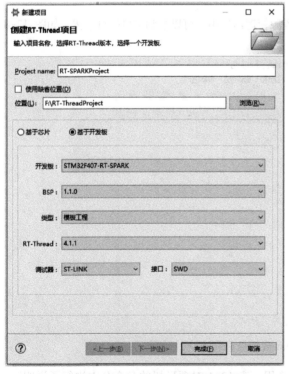

图 12-5　创建 RT-Thread 项目设置

图 12-6　创建 RT-Thread 项目进度提示界面

等待 RT-SPARKProject 项目创建完成，进入图 12-7 所示的 RT-SPARKProject 项目调试窗口。

图 12-7   RT-SPARKProject 项目调试窗口

12.2.3   RT-Thread 项目架构

新建项目后，在 RT-Thread Studio 的"项目资源管理器"中，可以看到项目的目录树，如图 12-8 所示。

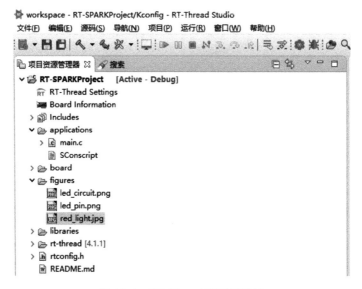

图 12-8   RT-Thread 项目目录树

项目树包含多个分支，每个分支都有各自的作用。表 12-1 对项目树的各个分支进行了说明。

表 12-1 RT-Thread 项目树结构描述

目录	描述
RT-Thread Settings	双击可以打开 RT-Thread 的图形化配置工具
CubeMX Settings	双击可以打开 STM32CubeMX 图形化配置工具，对 STM32 芯片的硬件外设进行配置
applications	用户应用程序目录，所有应用程序都可以放到这里，其中包括 main.c 文件
Debug	项目编译过程文件目录，如编译过程产生的.o 文件等
drivers	与硬件平台相关的设备驱动文件目录
figures	实例中用到的电路图等
libraries	与平台相关的底层驱动库。对于 STM32 平台，目前版本使用 STM32 官方的 HAL 库作为平台底层驱动库
rt-thread	RT-Thread 内核代码
rtconfig.h	RT-Thread 的配置头文件，在 RT-Thread Settings 中所做的修改都会同步到此处，该文件不能手动修改

12.2.4 配置 RT-Thread 项目

前面提到，RT-Thread 不仅是一个实时操作系统内核，还包含各种组件和应用软件包，在开发过程中，可以根据项目实际需求，对内核参数、使用的硬件、使用的组件和应用软件包进行配置（不是所有项目都必须进行配置）。本节讲解具体配置方法。

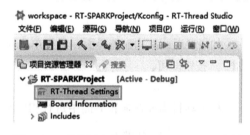

图 12-9 项目树中的 RT-Thread Seltings 文件

1. 打开配置界面

在"项目资源管理器"中，双击图 12-9 所示的项目树中的 RT-Thread Seltings 文件，打开 RT-Thread 项目配置界面。配置界面默认显示"软件包""组件和服务层"的架构配置图界面、如图 12-10 所示。

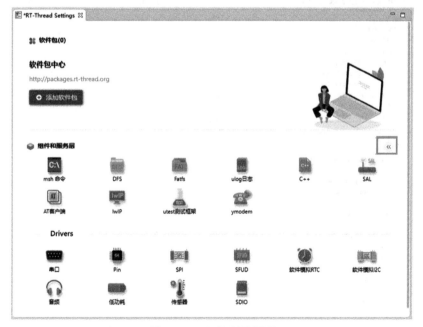

图 12-10 架构配置界面

在图 12-10 中，单击架构配置界面右边的侧边栏 « 按钮，即可转到 RT-Thread Settings 配置树配置界面，如图 12-11 所示。

图 12-11　RT-Thread Settings 配置树配置界面

如果要返回架构配置界面，只要单击图 12-11 中 RT-Thread Seltings 配置树配置界面左边的侧边栏 》按钮即可。

2. 配置并保存

根据项目需要在配置界面中进行相应配置，图 12-12 所示为配置使用 ADC 设备驱动程序。

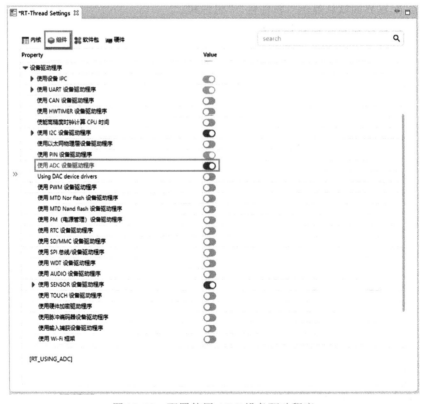

图 12-12　配置使用 ADC 设备驱动程序

配置完成后，按下〈Ctrl+S〉组合键，保存配置。在 RT-Thread Studio 关闭 RT-Thread Settings 配置树配置界面，退出配置。RT-Thread Studio 会自动将配置应用到项目中，比如会自动下载相关资源文件到项目中并设置好项目配置，确保项目配置后能够构建成功，正在保存配置如图 12-13 所示。

RT-Thread Settings 配置完成后，在 STM32F4xx_HAL_Driver 驱动中增加了 stm32f4xx_hal_adc_ex.c 和 stm32f4xx_hal_adc.c 驱动代码，添加 ADC 的 HAL 库如图 12-14 所示。

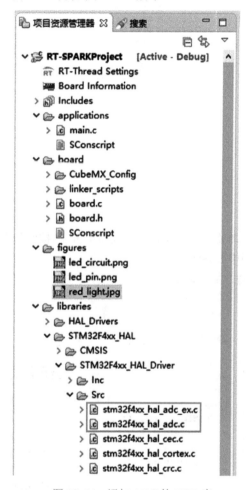

图 12-13　正在保存配置　　　　　图 12-14　添加 ADC 的 HAL 库

应用程序通过 RT-Thread 提供的 ADC 设备管理接口来访问 ADC 硬件，相关接口函数如下：

1）rt_device_find()：根据 ADC 设备名称查找设备，获取设备句柄。

2）rt_adc_enable()：使能 ADC 设备。

3）rt_adc_read()：读取 ADC 设备数据。

4）rt_adc_disable()：关闭 ADC 设备。

ADC 的使用与 Keil MDK 集成开发环境中的不同，RT-Thread 对 ADC 等设备的使用进行了二次封装。

其他设备的使用也同 ADC 设备的使用一样。

将鼠标指针移动到图 12-10 中"组件和服务层"下的"msh 命令"图标上并单击，会弹出图 12-15 所示的 msh 命令图标界面。

图 12-15　msh 命令图标界面

单击"API 文档"选项与单击 🗢 按钮具有同样的功能，此时弹出图 12-16 所示的 RT-Thread 文档中心界面。

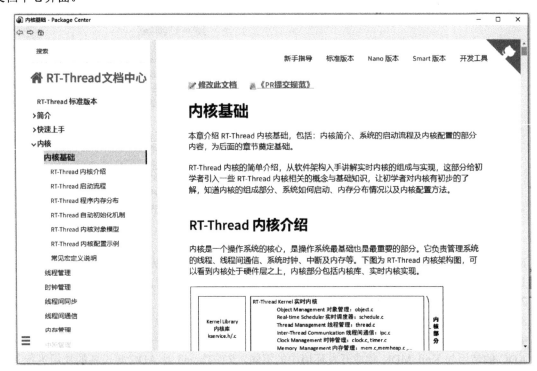

图 12-16　RT-Thread 文档中心界面

12.3　基于 STM32F407-RT-SPARK 开发板的示例工程创建项目实例

基于开发板的示例工程创建一个 RT-Thread 项目，示例工程中可以选择的示例如图 12-17
所示。

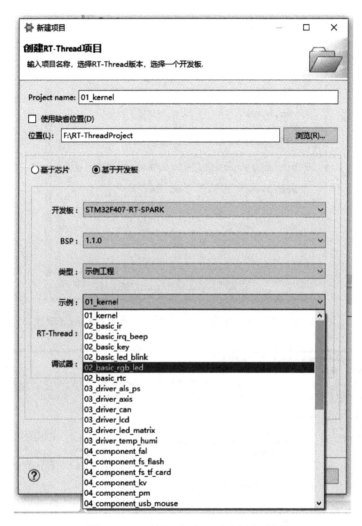

图 12-17　示例工程中可以选择的示例

在图 12-18 中的"Project name"（项目名称）文本框中输入项目名称，这里不需要输入，当选
择了某一个示例（如 02_basic_rgb_led）时，项目名称自动配置为 02_basic_rgb_led，当然项目名称
也可以由用户定义。不使用缺省位置，项目保存路径设置为"F:\RT-ThreadProject"，选择"基于开
发板"创建项目，选择"STM32F407-RT-SPARK"开发板，类型选择"示例工程"，调试器选择
"ST-LINK"，接口选择"SWD"。

单击图 12-18 中的"完成"按钮，开始创建 RT-Thread 项目。等待项目创建完成，进入图 12-19
所示的 02_basic_rgb_led 项目的 RT-Thread Studio 调试界面。

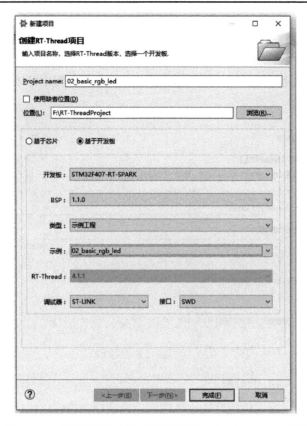

图 12-18   基于开发板的示例工程创建一个 RT-Thread 项目

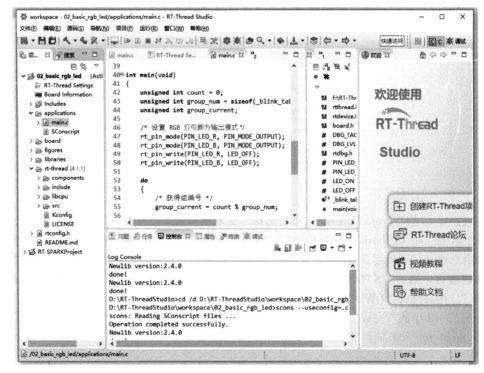

图 12-19   02_basic_rgb_led 项目的 RT-Thread Studio 调试界面

　　用户还可以选择示例工程的其他项目，基于 STM32F407-RT-SPARK 开发板学习 RT-Thread 的项目示例。

　　STM32F407-RT-SPARK 开发板 RT-Thread 的项目示例如图 12-20 所示。

名称	修改日期	类型
01_kernel	2024/6/8 22:21	文件夹
02_basic_ir	2024/6/8 22:21	文件夹
02_basic_irq_beep	2024/6/8 22:21	文件夹
02_basic_key	2024/6/8 22:21	文件夹
02_basic_led_blink	2024/6/8 22:21	文件夹
02_basic_rgb_led	2024/6/8 22:21	文件夹
02_basic_rtc	2024/6/8 22:21	文件夹
03_driver_als_ps	2024/6/8 22:21	文件夹
03_driver_axis	2024/6/8 22:21	文件夹
03_driver_can	2024/6/8 22:21	文件夹
03_driver_lcd	2024/6/8 22:21	文件夹
03_driver_led_matrix	2024/6/8 22:21	文件夹
03_driver_temp_humi	2024/6/8 22:21	文件夹
04_component_fal	2024/6/8 22:21	文件夹
04_component_fs_flash	2024/6/8 22:21	文件夹
04_component_fs_tf_card	2024/6/8 22:21	文件夹
04_component_kv	2024/6/8 22:21	文件夹
04_component_pm	2024/6/8 22:21	文件夹
04_component_usb_mouse	2024/6/8 22:21	文件夹
05_iot_cloud_ali_iotkit	2024/6/8 22:21	文件夹
05_iot_cloud_onenet	2024/6/8 22:22	文件夹
05_iot_http_client	2024/6/8 22:22	文件夹
05_iot_mbedtls	2024/6/8 22:22	文件夹
05_iot_mqtt	2024/6/8 22:22	文件夹
05_iot_netutils	2024/6/8 22:22	文件夹
05_iot_ota_http	2024/6/8 22:22	文件夹
05_iot_ota_ymodem	2024/6/8 22:22	文件夹
05_iot_web_server	2024/6/8 22:22	文件夹
05_iot_wifi_manager	2024/6/8 22:22	文件夹
06_demo_factory	2024/6/8 22:22	文件夹
06_demo_lvgl	2024/6/8 22:22	文件夹
06_demo_micropython	2024/6/8 22:22	文件夹
06_demo_nes_simulator	2024/6/8 22:23	文件夹
06_demo_rs485_led_matrix	2024/6/8 22:23	文件夹
07_module_key_matrix	2024/6/8 22:23	文件夹
07_module_spi_eth_enc28j60	2024/6/8 22:23	文件夹

图 12-20　STM32F407-RT-SPARK 开发板 RT-Thread 的项目示例

习题

1. 线程的设计要点是什么？
2. STM32F407-RT-SPARK 开发板资源有哪些？

参 考 文 献

[1] 李正军，李潇然. 嵌入式系统设计与全案例实践[M]. 北京：机械工业出版社，2024.

[2] 李正军，李潇然.STM32 嵌入式单片机原理与应用[M]. 北京：机械工业出版社，2024.

[3] 李正军，李潇然.STM32 嵌入式系统设计与应用[M]. 北京：机械工业出版社，2023.

[4] 李正军，李潇然. 基于 STM32Cube 的嵌入式系统应用[M]. 北京：机械工业出版社，2023.

[5] 李正军，李潇然. Arm Cortex-M4 嵌入式系统：基于 STM32Cube 和 HAL 库的编程与开发[M]. 北京：清华大学出版社，2024.

[6] 李正军. 计算机控制系统[M]. 4 版. 北京：机械工业出版社，2022.

[7] 李正军. 计算机控制技术[M]. 北京：机械工业出版社，2022.

[8] 李正军. 零基础学电子系统设计[M]. 北京：清华大学出版社，2024.

[9] 胡永涛. 嵌入式系统原理及应用：基于 STM32 和 RT-Thread[M]. 北京：机械工业出版社，2023.

[10] 邱祎，熊谱翔，朱天龙. 嵌入式实时操作系统：RT-Thread 设计与实现[M]. 北京：机械工业出版社，2019.